개정판

단체급식

INSTITUTIONAL FOOD SERVICE

머리말

우리나라의 단체급식은 경험적이고 영세적인 차원의 급식산업에서 비롯하여 급속한 사회 변화와 경제 성장에 힘입어 단기간 동안 급격한 발전과 성장을 해왔고, 이제는 현대인의 생활속에서 너무 친숙하고 필수적인 부문으로 자리 잡아 학문 분야에서 길지 않은 역사임에도 불구하고 하루가 다르게 변화하는 급식산업과 함께 거대한 서비스 산업으로 발전하고 있습니다.

단체급식은 식품학과 영양학, 조리과학 분야의 첨단 과학기술뿐만 아니라 회계, 재무 등 급식 정보관리 그리고 최근까지 중요성이 강조되는 식품의 위생·안전관리를 포함할 뿐 아니라 외식과의 경계도 무너지는 등 융합 학문 분야로 그 영역이 점차 확대되고 있습니다.

이 책은 식품영양학의 진로 분야 확대로 급식경영 및 외식 영역으로 진출할 모든 전공자에게는 필요한 급식관리 가이드이며, 단체급식을 관리하는 급식관리자인 영양사가 알아야 할 여러 가지 관리 분야의 기본 지식과, 현행 식품영양학과 교과 과정 중 학습해야 할 필수 관리이론을 영양사 국가고시 출제기준에 맞춰 학습할 수 있도록 하였습니다. 또 현장에서 영양사 직무를 수행할 수 있도록 그 내용을 담아 쉽게 읽을 수 있도록 노력하였습니다.

이 책은 총 7장으로 되어 있습니다. 그 구성을 살펴보면 제1장 단체급식관리 개요,

제2장 식단관리, 제3장 구매관리, 제4장 생산 및 작업 관리, 제5장 위생·안전관리, 제6장 시설·설비관리, 제7장 원가 및 정보 관리로 구성되어 있습니다. 특히 최근 그 중요성이 강조되고 있는 위생관리 부문을 현장 실무에서 적용할 수 있도록 깊이 있게 설명하였고, 원가 및 정보 관리에서는 웹사이트를 이용한 급식 가격 정보 부문까지 다루었습니다. 또한 가급적 급식 현장 실무에 학생들이 쉽고 빨리 적응할수 있도록 최근의 급식시장 트렌드 및 동향을 정리하였고, 새롭게 개정된 '한국인 영양소 섭취기준'을 제시하여 식단 작성에 도움을 주고자 하였습니다.

시시각각 변하는 현장 상황에 적응하려면 기초지식과 적극적인 사고능력 및 문제 해결방법을 찾도록 하는 것임을 알지만 유감스럽게도 교재에 담기에는 한계가 있었습니다. 하지만 이 책은 식품영양학과에서 단체급식을 수년간 강의한 저자들이 좀 더 쉽고 편리하게 학생들을 이해시키기 위한 목적으로 자료를 정리하여 성실하게 원고를 집필했습니다. 시간과 노력의 부족으로 생각만큼 다듬지 못한 아쉬움이 크지만 여러 교수님의 혜안으로 메워지길 바랄 뿐입니다.

이 책의 출판을 위해 수고해 주신 파워북의 유제구 대표님과 김재원 전무님을 비롯한 직원 여러분께도 진심으로 감사를 드립니다.

저자 일동

차례

CHAPTER 1

단체급식관리 개요

CHAPTER 2

식단관리

CHAPTER 3

구매관리

CHAPTER 4

생산 및 작업 관리

CHAPTER 5

위생·안전관리

CHAPTER 6

시설 · 설비관리

CHAPTER 7

원가 및 정보 관리

1 단체급식관리 개요

1. 급식 유형 및 체계
2. 급식 계획 및 조직

1

학습목표

1 단체급식의 유형별 특징을 설명할 수 있다.
2 단체급식의 운영 형태를 구분할 수 있다.
3 단체급식 체계별 특징과 장단점을 설명할 수 있다.
4 급식 흐름을 이해하고 현장에 적용할 수 있다.
5 급식 조직을 이해하고 이를 활용할 수 있다.

1. 급식 유형 및 체계

현대인은 가정 내보다 가정 외 식생활의 비중이 높아지면서 외식의 증대와 더불어 편의지향적인 급식산업food service industry을 발전시켰다. 급식산업은 고객에게 식사와 함께 인적 서비스, 분위기, 식사의 편이 등을 제공하는 서비스 업종이며, 또한 숙박, 관광, 레저 등을 포괄하는 환대산업hospitality industry의 일종이다.

급식산업은 식사와 관련된 서비스를 제공함에 있어 영리를 주요 목적으로 하는 상업성 급식commercial food service과 비상업성 급식institutional/noncommercial food service인 단체급식으로 분류한다. 영리를 목적으로 하는 외식업은 일반 및 휴게 음식점, 출장음식 및 도시락업, 호텔 및 숙박시설, 스포츠 시설 및 휴양지, 교통기관, 제과점, 커피숍, 편의점 등의 식당을 말한다. 한편, 단체급식은 기숙사, 학교, 병원, 사회복지시설, 산업체, 공공기관 및 그밖의 후생시설에서 영리를 목적으로 하지 아니하면서 특정 다수인에게 계속하여 음식물을 공급하는 급식시설로서 대통령령으로 정하는 시설을 말한다(「식품위생법」 제2조 제12호).

집단급식소는 1회 50명 이상에게 식사를 제공하는 급식소를 말한다(「식품위생법 시행령」 제2조). 집단급식소는 2014년 통계에 따르면 4만 4,948개가 신고·운영되었고, 이 중 9,654개소가 위탁 운영된 것으로 집계되었다(2016 식품의약품통계연보). 집단급식소에서 반드시 준수해야 할 사항들은 「식품위생법」(제2조, 제51조, 제52조, 제56조, 제86조, 제88조)에 명시되어 있다.

단체급식 관련 법률

급식관련 사항을 자세히 규정하고 있는 「학교급식법」에는 영양관리, 구매관리 등에 대한 내용이 구체적으로 포함되어 있고, 「유아교육법」(제17조, 시행규칙 제3조)과 「영유아보육법」(제33조, 제34조)에도 해당 시설의 급식관리 내용이 일부 포함되어 있다. 2010년 제정된 「국민영양관리법」(제4조, 제15~23조), 「어린이식생활안전관리특별법」 등에도 급식관리 조항이 포함되어 있다. 그밖에도 「농수산물의 원산지 표시에 관한 법률」, 「축산물위생관리법」, 「먹는물관리법」, 「학교보건법」, 「감염병 예방 및 관리에 관한 법률」, 성매개감염병 및 후천성면역결핍증 건강진단규칙, 식품위생분야 종사자의 건강진단 규칙 등이 관련된다(국가법령정보센터 http://www.law.go.kr/main.html).

1) 단체급식의 유형

(1) 급식대상별

① 영유아급식

1회 100인 미만의 영유아에게 식사를 제공하는 가정어린이집, 국공립·민간 어린이집, 지역아동센터 등은 집단급식소에 속하지 않으므로 영양사를 고용할 의무가 없다. 따라서 식품의약품안전처에서는 중앙정부와 지방자치단체의 예산을 바탕으로 2011년부터 전국적으로 어린이급식관리지원센터를 설치하여 급식관리를 지원하고 수혜 대상을 점차 확대하고 있다.

② 학교급식

초·중·고등학교 급식은 성장기 아동과 청소년에게 필요한 영양을 적절히 공급함으로써 심신의 발달과 편식 교정, 식습관 지도, 공동체 의식 고취 등을 통한 전인적인 교육을 돕고, 나아가 국민 식생활 개선과 국가 식량정책에 기여함을 목표로 한다. 2003년부터 전국적으로 초등학교 급식을 실시하고, 현재 대부분의 초·중·고등학교는 직영급식을 채택하고 있다. 2021년 2월 기준으로 전국에서 11,903개교에서 538만 명의 학생이 학기 중에 매일 한 끼 이상의 급식을 받고 있다.

대학교 급식은 기숙사, 학생 및 교직원 식당에서 주로 위탁급식으로 운영된다. 양질의 저렴한 급식을 제공하기에는 학기 중과 방학기간의 식수 인원 차이가 크고, 급식에 대한 고객의 기대감이 높아 규모가 작은 곳은 실제 경영에 어려움을 겪기도 한다.

③ 산업체급식

산업체급식은 근로자의 건강 증진과 작업 능률에 기여하여 기업의 생산성 향상을 도모하고 복리후생에 기여한다. 사무실, 공장, 관공서, 연수원 등에서 대부분 급식전문 위탁회사가 수탁을 하여 급식의 다양화, 고급화를 이끌며 외식업체와의 치열한 경쟁에서 전문성 있는 메뉴 개발과 급식 품질 개선을 위한 다양한 방안들을 모색하고 있다. 100인 이상의 모든 산업체 급식소는 영양사와 조리사를 의무 고용하여야 한다.

④ 병원급식

급식을 통해 진료지원 측면에서 환자에게 적절한 식사를 제공함으로써 질병의 치료와

회복을 촉진한다. 일반식과 치료식(당뇨식, 저염식 또는 무염식, 멸균식, 연하곤란식, 기타 등)으로 나누며, 환자뿐만 아니라 보호자에게도 영양교육을 실시하여 식행동 변화를 유도함으로써 치료를 돕는다. 2006년부터 입원환자 급식비에 건강보험이 적용되고 있으며, 상시 입원환자 30인 이상인 곳은 영양사를 고용하고 있다.

⑤ 사회복지시설급식

허약자, 노약자, 정신적·신체적으로 취약한 사람들을 대상으로 한 아동복지시설, 구호시설, 노인복지시설, 기타 후생시설 등에서 정부나 개인 보호단체의 지원을 받아 급식을 통하여 복지사업에 기여한다.

⑥ 특수급식

군대급식, 교정시설급식, 기숙사, 합숙소 등에서도 규칙적으로 균형 잡힌 식사를 제공하여 생활의 규범은 물론 건강 유지와 체력을 얻게 한다.

(2) 운영형태별

① 직영급식

집단 구성원들을 위해 급식소를 직접 운영하는 형태이다. 원활한 급식 운영을 위해 필요한 자본, 인원, 시설을 급식기관이나 기업에서 식비의 일부 또는 전부를 보조하는 이상적인 운영 형태이다. 영양 및 위생 관리가 철저하고 비영리 목적으로 재료비를 충실히 사용할 수 있으나, 인건비 증가와 서비스 결여가 단점이 될 수 있다. 한편, 조직 운영자와 이용자가 함께 출자하여 생활협동조합 또는 소비조합을 결성하고 급식 운영의 수익에 따라 배당금을 지급받는 형태도 있다.

② 위탁급식

전문업체에게 위탁하여 경영의 합리화와 직영급식의 단점을 보완한 급식 형태이다. 대량유통체계를 통해 구입식품의 원가 절감, 운영비 절약과 노사갈등 해소 등의 장점을 지닌다. 그러나 계약기간이 짧은 경우는 경영 수지의 개선이 어렵고, 잦은 인력 교체, 위탁사 입장에서 계약기간 중에는 급식 품질 개선 통제에 어려움이 따를 수 있다.

③ **임대**

기관이나 기업에서 급식관련 시설의 일체를 임대하여 계약된 임대료를 받는 형태이다. 손익은 임차업자의 운영 성과에 달려 있고, 급식의 운영은 계약조건 내에서 이루어진다.

(3) 급식횟수별

① 1일 1식 : 학교, 공공기관, 사무실 등에서 주로 한 끼의 점심식사만 제공
② 1일 2식 : 기숙사, 산업체 급식에서 두 끼의 식사 제공
③ 1일 3식 : 병원, 복지시설, 교정시설, 군대, 연수원 등에서 3식 또는 그 이상의 간식과 야식 제공

2) 단체급식의 체계

급식산업의 최근 환경 변화는 인건비의 상승과 전통적인 급식소 업무의 기피 등으로 숙련된 조리원이 부족하게 되었고, 이와 함께 다양한 기능의 급식설비와 기기가 발달되면서 기술적인 급식 생산·운영을 위한 새로운 급식체계를 모색하고 있다. 새로운 급식체계는 생산과 소비가 분리되는 등 그 운영 형태는 다르지만 급식비용의 감소, 생산성 증가 등에 따른 경영의 합리화라는 공통의 목적을 갖고 있다.

(1) 전통적 급식체계conventional food service system

대다수의 급식기관에서 사용하는 방법으로, 식품을 구입하여 조리하고 배식하기까지 한 장소에서 이루어지며 같은 장소에서 피급식자에게 제공된다. 생산부터 소비되기까지의 시간이 짧고 배식 직전에 음식이 생산되므로 적온배식이 가능하며, 생산에서 배식까지의 보유시간을 줄여 주므로 음식의 미생물적, 관능적, 영양적 품질 수준을 유지하기 쉽다.

식재료 (주로 원재료, 반제품 구입) → 조리 생산 → 온장 또는 냉장 유지 → 배식

장점 ① 고객들의 다양한 요구에 부응하여 식단을 작성할 수 있다.

② 품질기준을 설정하여 독창적인 음식을 생산할 수 있다.

③ 계절적 영향이나 식재료 가격 변동이 심해도 메뉴 조정이 가능하다.

④ 같은 장소에서 생산과 배식이 이루어지므로 배달비용이 절감되고, 저장을 위한 대용량 냉장·냉동고가 필요치 않으므로 에너지 면에서도 비용이 절감된다.

단점 ① 식수 인원이 한정되어 수요량이 예상보다 많아지면 효율적인 관리가 어렵다.

② 생산과 배식을 위해 숙련된 조리원이 요구되므로 인건비 상승의 요인이 된다.

③ 작업의 분업이 고르지 않아 생산성이 낮고 노동비용이 높아 비효율적이다.

④ 급식 수요가 한정된 시간에 집중되어 작업에 대한 스트레스가 크다.

(2) 중앙공급식 급식체계commissary food service system

공동조리장central kitchen에서 음식을 대량 생산한 후 지역적으로 인접한 몇 개의 단위급식소satellite kitchen에 1인분씩 담아 운송하거나 대량으로 운송하여 배선과 배식이 이루어지는 제도이다. 우리나라 학교급식에서의 공동조리교 운영방식이 여기에 속한다. 음식의 생산과 관련된 활동을 중앙 집중화하여 노동력과 경비를 절감한다. 생산된 음식은 포장한 후 단위급식소로 적정 온도가 유지되는 운반차에 실어 배달하며, 배달된 음식은 재가열·약간의 조미 등을 하여 제공되기도 하는데 음식의 생산과 소비 장소가 달라진다. 따라서 공동조리장을 선정할 때에는 인근 단위급식소까지의 운송거리나 시간, 추가로 급식을 요구하는 곳이 늘어날 가능성 등을 고려해야 한다.

식재료 → 조리 → 운송 → 재가열 → 배식
(주로 원재료, 반제품 구입)

장점 ① 식재료 구입과 생산이 공동조리장에 집중되므로 식재료 구입비가 절감된다.

② 단위급식소는 조리시설의 설치비가 절약되고 급식 경비도 절감할 수 있다.

③ 중앙 관리로 음식의 질과 양을 표준화하고 효과적인 관리 감독이 가능하다.

단점 ① 급식 전까지 안전한 품질 유지를 위해 보온·보냉 기구와 특수설비 차량이 필요하다.

② 날씨 변동이나 운반차 고장 등 배달 지연 사고로 인한 차질이 생길 수 있다.

③ 운반거리가 멀 경우 운반비의 상승으로 음식 단가가 상승할 수 있다.

(3) 조리저장식 급식체계ready-prepared food service system

음식을 조리한 직후 급속 냉각을 거쳐 냉장 또는 냉동 보관하였다가 급식이 필요한 시점에서 음식을 재가열하여 급식하는 방법으로 생산과 소비가 시간적·공간적으로 완전히 분리된다. 조리-냉장cook-chill 방식은 수일~1주 이내로 음식을 저장할 수 있으며, 조리-냉동cook-freeze 방식은 -18℃ 이하로 2주~3개월간 저장할 수 있다. 수비드sous-vide 방식은 플라스틱 파우치에 음식을 개별 진공 포장하고 완전조리 혹은 반조리하여 급속 냉각한 후 0~2℃에 보존하는 방식이다. 조리저장식 급식은 급냉기술과 식품의 포장기술이 중요하며, 돌풍냉각기blast chiller나 텀블 칠러tumble chiller와 같은 냉각설비, 개별 포장기계shrink-wrap machine, 급속해동용 냉장고rapid thawing refrigerator, 냉동 또는 냉장용 창고inventory freezer or refrigerator 등이 필요하다. 국내에서는 상업용 급식인 기내식에서 사용된다.

식재료 (주로 원재료, 반제품 구입) → 조리 → 급속냉각 → 냉장, 냉동 보관 → 재가열 → 배식

장점 ① 식단 품목의 계획생산으로 대량의 식재료를 싸게 구입할 수 있다.

② 음식을 미리 만들어 놓아 집중된 조리작업에 대한 스트레스를 감소시킬 수 있다.

③ 생산과 소비가 분리되고, 급식 직전에 재가열되므로 장시간 고온에서 음식을 보유하는 것보다 급식 품질이 보존된다.

④ 우수한 조리인력은 복잡한 조리과정이나 대량 조리작업에 투입하고, 재가열 및 배식 작업은 미숙련 조리사로 대체할 수 있어 인건비 관리에 효율적이다.

단점 ① 급식 품질과 안전을 위해 거대한 냉동고·냉장고 및 그 설치 공간이 필요하다.

② 고도로 발달된 기기 설치로 초기 투자비용이 크고 운영기술이 요구된다.

③ 저장온도, 시간, 포장기술, 안정제 첨가 등에 대하여 특별한 레시피가 필요하다.

④ 음식의 장기 보존과 품질 유지를 위한 종업원들의 교육·훈련, 통제 프로그램이 필수적이다.

(4) 조합식 급식체계assembly food service system

편의식 급식체계convenience food service system라고도 하며, 전처리 과정이 거의 필요하지 않은 가공 및 편의식품이나 완전히 조리된 음식을 구입한 후 저장하였다가 배식 시에 음식을 녹이거나 데우거나 분량을 조정하여 공급한다. 조리를 최소화하므로 저장, 조합, 가열, 배식의 기능만 필요하다. 목표는 식품 조리와 배식 과정을 분리시켜 조리 생산에 필요한 노동비를 절감하는 데 있다.

식재료 (주로 완제품, 가공품 구입) → 저장 → 가열 → 배식

장점 ① 조리기기 및 기구의 최소화, 조리작업에 필요한 급식 경비 등이 적게 든다.
② 품질이 일정하게 유지되며, 최소한의 조리로 빠른 급식 서비스가 가능하다.
③ 숙련된 노동력이 필요하지 않아 인건비가 절감되며 생산성이 증가된다.
④ 분량 통제가 철저하고, 식재료의 낭비가 거의 없다.

단점 ① 메뉴 품목의 수가 한정되어 있고, 다양한 식단을 제공하는 데 한계가 있다.
② 가공·편의식품의 첨가제, 보존제 사용 여부 등을 확인하기 어렵다.
③ 맛이나 성분을 변화시키거나 영양면에서 질적 관리가 어렵다.
④ 식품 구매비용이 고가여서 노동 절감에 따른 경제성은 낮아질 수 있다.

2. 급식 계획 및 조직

1) 급식 계획

(1) 단체급식의 목적

피급식자에게 알맞은 영양관리를 통해 영양상태를 개선하고 질병의 예방 및 치료를

도와서 건강을 유지시키는 것으로 다음의 공동 목적을 지닌다.

① 급식 대상자의 영양 확보와 건강 증진을 도모한다.
② 사회성 함양과 올바른 인간관계 형성을 돕는다.
③ 급식 대상자에게 휴식처, 사교의 장을 제공한다.
④ 가정과 지역사회의 영양 개선을 도모한다.
⑤ 급식 대상자의 식비 부담을 줄일 수 있다.

(2) 단체급식의 특징

한정된 시간 내에 특정인을 대상으로 대량의 식사를 공급해야 하므로 작업의 규모가 크고, 체계적으로 진행되어야 하며, 대규모 식중독 발생 위험을 사전에 차단해야 하므로 전문관리자가 운영하여야 한다.

① 영양적인 면

영양가 산출이 잘못되면 집단 전체의 영양불량을 초래할 수 있으며, 개개인의 영양 소요량과 1일 1식을 배식하는 경우는 피급식자의 나머지 식사를 규정할 수 없기 때문에 해당 집단에 대한 영양평가를 실시하고 이에 따른 식사계획이 이루어져야 한다. 대량조리기술이 부족하여 맛이 떨어지는 경우에는 잔반, 잔채의 원인이 되고, 다수의 급식 대상자에 대한 기호 조사가 불충분하면 영양불량을 초래할 수 있다.

② 위생적인 면

급식 생산단계에서 조리종사원의 실수로 인한 오염된 음식 사용과 사용되는 기기 및 식기류의 불충분한 살균·소독으로 식중독사고가 발생하기 쉽다. 식품위해요소중점관리기준hazard analysis and critical control point, HACCP을 통한 미생물적 품질관리를 통하여 질적으로 안전한 급식을 실시해야 한다.

③ 경제적인 면

계획된 예산 내에서 최대한의 서비스로 균형 잡힌 식사를 제공해야 하므로 식품 예산이 물가 상승을 따르지 못할 경우 충분한 재료비 확보가 어렵다. 또한 인건비 절약을 위해 종업원의 수를 줄이면 업무량이 늘어나 단순한 요리법만을 되풀이하여 제공하게 되므로 종업원의 적재적소 배치 및 교육·훈련 계획이 필요하다. 효율적인 급식비 사용

계획과 비용 절감을 위한 급식 시설·설비에 대한 방안 마련도 모색해야 한다.

④ 사회·심리적인 면

피급식자 개개인의 가정식에 대한 향수, 익숙한 음식에 대한 기호의 차이, 식단의 선택 여지가 없는 점 등에서 불만의 소지가 있을 수 있다. 또한 시각(청결), 청각(소음), 후각(음식 냄새) 등이 급식 만족도에 영향을 미치므로 쾌적한 환경을 만들어 식욕 저하 요인을 제거하는 것이 필요하다. 급식관리자는 종업원들의 서비스 교육·훈련을 통한 안정감 확보와 다양한 메뉴 개발에 힘써야 할 것이다.

(3) 식사형태

① 정식 식단

1인분의 식사를 상차림으로 제공하는 단일 식단과 두 종류 이상의 식단을 동시에 제공하여 선택이 가능한 복수 식단이 있다.

② 카페테리아 식단

피급식자가 자신의 기호에 따라 음식을 자유로이 선택하여 상차림을 정하고 식사하는 방식으로 단일 식단보다 급식 단가가 높아지고, 식사 구성에 대한 영양지식이 불충분하면 영양불균형이 초래될 수 있다. 시설·설비 투자비가 증가하고 급식 운영에 시간과 노력이 더 많이 필요하며 메뉴의 인기도에 따라 잔식 발생량이 증가할 수 있다.

(4) 배식방법

식사를 받고 식기를 반납하는 방법에 따라 셀프 서비스, 트레이 서비스, 종업원에 의한 서비스, 배달음식 등으로 분류한다.

① 셀프 서비스(self service)

피급식자가 배식과 반납을 스스로 수행하는 형태로 카페테리아, 뷔페 서비스, 샐러드 바, 자동판매기 등이 있다. 하프 셀프 서비스는 배식 또는 반납의 한 가지를 직원에게 맡기는 형태로 급식시설의 배식 및 퇴식구의 조건에 따라 운영상의 변화를 가질 수도 있다.

전통적인 카페테리아 방식은 종업원이 배식대의 반대편에서 음식의 선택을 도와주는 대면배식의 형태로 음식의 가짓수와 배식대의 배치(직선형, 평행형, 지그재그형 등)에 따라 진행속도가 달라진다. 프리 플로free flow, hollow square, scramble system cafeteria 방식은 여러 곳에 차려진 음식을 각자가 선택하는 자유배식형이므로 훈련이 잘 되면 1분에 25명을 배식할 수 있어 전체적으로 진행을 빨리할 수 있다. 쿡 잇 유어셀프cook it yourself electronic cafeteria 형태는 미리 조리되어 냉동된 음식을 포장지에 명시된 대로 전자레인지나 오븐에서 넣어 가열하여 식사하는 방법이다.

자동판매기vending machine는 하루 종일 이용 가능한 급식의 형태로 빠른 배식이 가능하여 병원의 방문객이나 야간 근무자가 이용하기에 편리하며, 외국에서는 음식의 종류가 점점 다양해지고 품질이 향상되고 있다. 다만 잘 팔리지 않는 곳에서는 부패의 우려가 있으므로 식품위생에 대한 주의가 필수적이다.

뷔페 식사smorgasbord는 큰 상 위에 많은 양의 음식을 차려서 선택할 음식의 수가 많고 정교한 짜임새를 나타낸다. 음식이 제공되는 동안 소형 가열도구를 사용하여 적정온도가 유지되도록 배려하여야 하며, 식탁 위의 음식이 사람들에 의해 오염되지 않도록 투명한 보호막sneeze guard을 설치해야 한다.

② 트레이 서비스(tray service)

입원환자나 거동이 불편한 노인에게 음식을 쟁반에 담아 운반하는 급식 형태이다.

병원에서 중앙배선 방식centralized tray service은 중앙조리실에서 환자 개인별 상차림을 한 후 냉장 또는 온장장치가 된 배선차나 컨베이어, 카트를 이용하여 각 병동의 환자에게 배식한다. 이후 배식과 같은 방식으로 식기를 회수하여 세정, 소독, 보관하는 것이다. 조리실의 면적이 커야 하고, 1인 분량의 적정 배식량 조절이 용이하여 식품비를 절약할 수 있으며 인력관리가 효율적이다.

병동배선 방식decentralized tray service은 분산배식이라고도 하며, 주 조리장에서 조리를 하고 가열장치나 냉장장치가 설치된 운반차나 컨베이어로 분산되어 있는 각 병동의 간이취사실pantry로 조리된 음식을 보내어 상차림, 배선관리를 한다. 급식 후 식기세정이 각 병동에서 이루어진다. 병동이 멀리 산재되어 있는 경우의 배선 방식이며 식기 보관과 배선 공간이 따로 필요한 어려움이 있으나 적온급식에는 유리하다. 시설·설비의 설치비용이 많이 들고 인력도 중앙배선 방식보다 더 필요하며 1인분 배식관리가 잘 안 되면 전체 배식량에 차질이 생길 수 있는 단점이 있다.

③ **종업원에 의한 서비스**(waiter-waitress service)

카운터 서비스counter service는 조리사가 요리를 만들어서 테이블에서 바로 식사를 제공하는 방법이다. 조리대와 급식대의 거리가 짧고, 많은 사람에게 단시간에 배식할 수 있는 특징이 있다.

테이블 서비스table service는 레스토랑이나 호텔에서 배식원이 음식을 주문받아 배식하고 식사가 끝난 후 그릇을 회수하는 방식이다.

드라이브 인 서비스drive-in service는 차를 몰고 와서 차 안에서 주문을 하고 종업원이 음식을 배식해 주는 형태로 주차된 차 안에서 식사를 하거나 포장하여 가져가기도 한다.

④ **배달음식**(portable meals)

입원을 필요로 하지 않은 노인이나 만성질환 환자들을 위해 식사를 가정으로 직접 배달하거나 식당이 없는 건물 내 근로자에게 식사와 간단한 음식을 배달해 주는 장외배달off-premise delivery 방법이 있다. 또는 일부 산업체나 사무실에서 이동 카트로 작업장의 피급식자에게 수프나 음료, 샌드위치, 간식 등을 배식하는 장내배달on-premise delivery 방법도 있다.

2) 급식조직

(1) 푸드 시스템

급식관리란 단체급식의 목적인 피급식자의 영양 확보, 질병의 예방과 치료, 건전한 성장 및 건강의 유지·증진 등의 경영목적을 달성하기 위하여 직접적으로는 급식종사자men(인적 요소), 간접적으로는 물적 요소materials(시설·설비·비품·음식재료 등)와 이에 따른 제반 경비money(임금·광열비·수도료·기타 소모품비 등)를 능률적이고 경제적으로 활용하여 최대의 효과를 올리는 것이다.

경영계획을 실현하기 위해 작업과정을 총괄하고 지휘·감독하여 급식업무를 실행하는 데에는 전반을 책임지고 관리하는 유능한 급식관리자food service manager가 필요

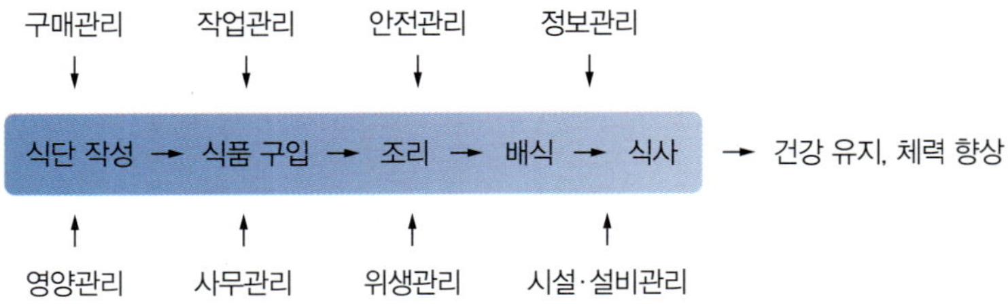

그림 1-1 ▸▸ 급식부문의 업무

하다. 급식관리자는 다양한 제반 업무를 계획하고 이를 실시, 평가하여 결과에 대한 피드백을 차기 계획에 반영하는 급식관리 순환기능을 통하여 효율적으로 급식을 이행할 수 있다.

다양한 급식부문 업무의 내용은 우선순위를 결정하고 관리기능을 잘 수행할 수 있게 각 업무의 연관성을 파악하여 이를 실행하도록 하여야 한다.

단체급식관리에 필요한 인적자원관리, 고객관리, 마케팅 등의 내용은 급식경영학에서 구체적으로 다룬다. 집단급식소에서도 제조 활동과 판매 활동의 합리화 및 서비스 향상을 위해 식단의 작성 및 사무작업(식품구매, 원가 계산, 영양가 산출, 식수기록 등)에서 전산화를 도입하고 자료 저장과 재정적 책임 관련 급식경영부문에 급속한 변화를 가져오고 있다.

급식업무 프로그램을 분석하여, 계획plan, 실행do, 평가see하는 급식경영 시스템이 필요한데 지속적으로 변화하는 식품산업, 물가, 농산물 규제, 외식 산업정책 등을 고려하여야 한다. 상호 의존적인 열린 시스템open system 모델은 투입input, 변환transformation, 산출output의 기본 시스템 모형에서 출발하여 통제control, 피드백feed back, 정보 기록memory의 요소가 추가된 확장 모형으로서 급식목적을 효과적으로 달성하게 한다 그림 1-2.

① **투입(input)**

조직의 목적을 달성하기 위해 필요한 인적·물적·운영 자원

- 인적자원 : 인간의 기술, 지식, 노동력 등
- 물적자원 : 식재료, 시설·설비와 기구 등

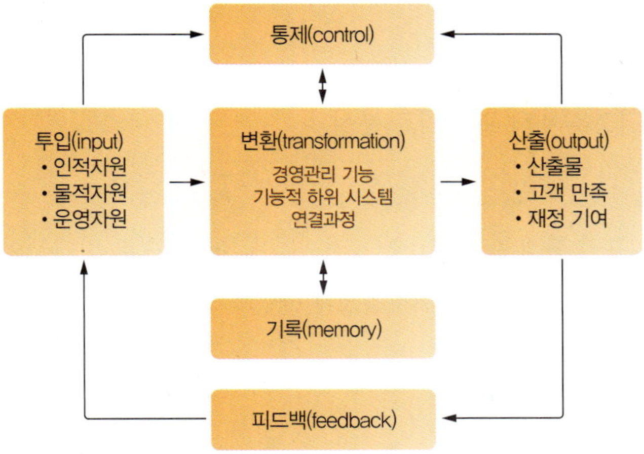

그림 1-2 ▸ 급식 시스템 모형
자료 : Mary Gregoire, 2016

- 운영자원 : 자본, 시간, 정보 등

② **변환**(transformation)

- 경영관리 기능management function : 계획, 조직, 충원, 지휘, 조정, 통제
- 기능적 하위 시스템functional subsystem : 구매, 생산, 위생, 분배와 서비스
- 연결과정linking processes : 의사결정, 의사소통, 균형을 통한 시스템 내의 활동 조정

③ **산출**(output)

- 시스템의 목적을 달성한 결과물 : 음식의 양과 품질, 고객 만족, 종업원 만족, 재정적 수익성
  - 경제적 성과 : 매출액, 시장점유율, 투자수익률, 노동생산성 등
  - 사회적 성과 : 기업 이미지, 사회적 책임의 수행 정도, 소비자 만족도 등

④ **통제**(control)

- 미리 수립된 계획에 의한 표준과 일치하게 업무를 정확하게 수행하기 위해 평가, 검토하고 표준과 다른 경우 이를 시정하는 행위

⑤ **기록**(memory)

- 시스템의 운영의 기록과 저장된 정보
- 합리적 의사결정을 위해 과거 자료 분석

⑥ **피드백**(feedback)

- 조직의 내·외부적 환경으로부터 오는 정보들을 지속적으로 받아들이는 과정
- 결과를 분석하여 다음 번 경영의사결정에 반영

(2) 급식관리 구성요소

① **메뉴관리**

급식 대상집단의 영양계획을 세우고 메뉴관리를 통해 제철식품의 제공, 급식비 예산에 알맞은 1인 1회 배식량 제공, 최대공약수적인 피급식자의 기호 반영, 식중독 사전 예방을 위한 위생관리, 각종 이벤트 행사용 메뉴 제공 등이 포함된다.

② **식품구매**

메뉴에 따른 식품의 구매, 검수, 저장, 재고관리 등 식재료 전반의 전처리와 조리 및 배식 이후 준비사항까지 포함한다.

③ **조리 생산**

배식 전 최소 30분 이내 조리작업을 완료하고, 생산과정에서 작업 및 위생·안전관리를 실시한다.

④ **배식관리**

쾌적한 급식을 위한 식기 및 식당의 급식 환경 정비, 음용수와 컵의 소독 확인, 배식이 끝난 후 잔식 관리 및 음식물 쓰레기 처리 등을 포함한다.

⑤ **시설·설비관리**

급식설비의 점검, 급식 관련 용기·기구 관리, 전처리 및 조리 생산과 관련한 세척, 소독, 식기 보관 등의 관리와 소독용품 처리, 고장 수리 등을 포함한다.

⑥ **원가 및 정보관리**

식수 인원을 정확히 파악하고 식수를 예측하는 일, 급식메뉴의 원가관리를 포함한 급

식경영정보를 분석함으로써 손익계산서와 관련된 재무제표 작성과 인사관리가 포함된다.

(3) 급식관리자

단체급식은 특정 다수인을 대상으로 계속적으로 식사를 제공하는 것이므로 성공적인 급식관리를 위해서는 영양사, 조리사, 조리종사원 등을 두어야 한다.

① 영양사

영양사란 질병 예방과 건강 증진을 위해 급식관리 및 영양 서비스를 수행하는 전문인을 말한다. 한국표준직업분류에는 보건·사회복지 및 종교 관련직 중 영양사로 분류된다. 영양판정, 영양소 섭취 조사, 영양교육 및 상담, 영양지원 등 영양치료를 제공하고, 효율적이고 경제적인 급식 서비스를 제공하기 위해 영양, 식단, 위생, 구매, 생산, 원가 등에 대한 급식경영 업무를 담당하며, 산업체에서 급식관리 업무 외에 질환별 영양관리, 영양교육 및 상담 등 영양 서비스를 관리하는 업무를 수행하는 자를 말한다. 영양사, 영양교사, 임상영양사, 급식경영영양사, 산업보건영양사, 보건영양사, 관리영양사, 상담영양사, 식품위생영양사 등으로 분류되고 있다.

「식품위생법」(제52조)에는 영양사의 직무를 식단 작성, 검식 및 배식관리, 구매식품의 검수 및 관리, 급식시설의 위생관리, 집단급식소의 운영일지 작성, 종업원에 대한 영양지도 및 식품위생 교육으로 규정하고 있다. 법적인 직무 외에도 영양사는 근무 분야에 따라 크게 산업체, 병원, 학교, 보건소, 사회복지시설 등에 근무하면서 시설에 따라 다양한 직무를 수행하고 있다. 최근 급식전문업체가 증가하고 급식업무 전산화 기술의 발달과 더불어 식품서비스업, 외식업 분야에서의 새로운 메뉴 개발 및 급식경영인으로

영양사의 정의

영양사 면허 관련 법규는 「식품위생법」 제37조에 명시되어 있다. 「고등교육법」에 따른 대학에서 식품 또는 영양학과에서 법이 정하는 18과목 52학점(영양사에 관한 규칙 제2조)을 이수한 후 국가시험에 합격하여 보건복지부 장관의 면허를 받아야 한다(「국민영양관리법」 제15조, 제16조 결격사유 참조). 영양사의 정의는 각 나라마다 다소 차이가 있으나 의미는 비슷하다. FAO, 미국, 캐나다 등에서는 영양사를 dietitian과 nutritionist로 구분하여 사용하고 있다.

표 1-1 ▸ 영양사의 취업 분야 현황

구분		세부 분야
집단급식소	산업체	기업, 관공서, 금융기관, 호텔, 백화점, 연구소, 연수원 등
	학교	유치원, 초등학교, 중학교, 고등학교, 대학(기숙사, 식당), 특수학교 등
	병원	종합병원, 일반병원, 치과병원, 한방병원, 요양병원, 한의원, 군병원, 산부인과, 건강증진센터 등
	사회복지시설	노인복지시설, 아동복지시설, 정신요양시설, 모·부자복지시설, 장애인복지시설, 부랑인복지시설, 결핵·한센장애인 복지시설 등
	보육시설	영유아보육시설(어린이집, 유치원 등)
	특수시설	직업훈련기관, 캠프수련장, 교정시설, 선수촌, 군대, 선박 등
비집단급식소	보건소	보건소, 보건의료원
	건강상담 분야	건강기능식품 판매업체, 건강기능식품 제조업체, 건강기능식품 수입업체, 약국 등
	급식산업	위탁급식회사, 도시락 제조회사, 외식사업(조리지도, 식단 개발 등)
	기타	대학, 연구기관, 국가 및 지방자치단체, 식품회사, 요리학원, 스포츠(헬스)센터, 매스컴 관련업, 약국, 다이어트 전문 회사, 영양정보센터 등

자료 : 대한영양사협회 홈페이지

서의 역할 등에 대한 수요도 계속 증가될 것이다. 그 외 교육, 연구, 식품산업, 공무원, 건강상담 분야 등에서 활동하고 있다. 2014년 현재 3만 6,000여 명의 영양사가 사회 곳곳에서 활동하고 있다.

② 영양교사

영양사 면허증을 가지고, 교육대학원 또는 교육부 장관이 지정하는 대학원의 교육과에서 영양교육 과정을 이수하고 석사학위를 받은 자이다. 또는 「교원자격검정령 시행규칙」에 의거 전공과목 외에 교직과목을 이수한 자는 영양교사 2급의 자격을 갖는다. 「학교급식법」 제5조의 규정에 의한 급식시설과 설비를 갖춘 학교에는 영양교사 1명을 두도록 배치기준을 마련하고 있다. 교사 수급 상황에 따라 영양교사를 둘 수 없는 경우에는 관할청이 인접한 2개 이상 학교에 급식대상 학급수가 12개 학급을 초과하지 않는 범위 안에서 영양교사를 공동으로 둘 수 있도록 정하고 있다.

③ 임상영양사

영양사 면허증을 가지고, 특히 임상영양과 관련되는 분야, 즉 병원, 보건소 등의 의료기관 또는 기타 영양상담 분야의 업무를 하는 영양사이다. 영양문제가 있거나 잠재적 위험요인을 지닌 개인 또는 집단의 영양 관련 자료를 수집, 검토, 분석하여 영양상태를 평가하여 영양판정을 하고, 이에 따른 영양진단 후 개개인에 적합한 영양상담 및 교육, 조정 등의 영양중재를 시행하며, 타 의료진과의 협업, 관련 자료 모니터링 등 피드백을 통해 종합적인 영양관리를 제공하는 전문인이다. 임상영양사가 되려는 사람은 「국민영양관리법」 제23조 제1항에 의거한 지정된 교육기관의 대학원에서 교과과정과 실습과정을 수료한 후 보건복지부 장관이 실시하는 국가 자격증 취득 시험에 합격하여야 한다.

④ 조리사

조리사는 「국가기술자격법」에 따라 조리기능사 자격을 취득한 후 시·도지사의 면허를 받은 자로 식품에 물리적 및 화학적 조작을 가하여 위생, 맛, 소화성을 높인 음식물로 만드는 과정을 전문적으로 담당한다. 조리하는 음식 유형에 따라 한식, 중식, 양식, 일식, 복어 조리기능사로 구분되고, 「식품위생법」 제51조에 의거 대통령령이 정하는 식품접객영업소와 집단급식소의 운영자는 조리사를 두어야 한다.

심화학습

위탁급식 전문업체

위탁급식이란 외부 전문업체에게 급식운영을 위탁하여 운영하는 방식이며, 전문적으로 위탁받아 운영하는 회사를 위탁급식 전문업체라 한다. 위탁급식으로 운영하는 경우, 급식비용 및 원가 절감, 급식 종사원과 관련된 노사문제로부터의 해방, 위생 및 품질관리의 전문성 제고, 자본 투자 유치를 통한 시설·설비 개선 등의 효과를 기대할 수 있다. 그러나 계약기간 동안 급식에 대한 품질 개선 요구를 신속히 반영하기 어려운 단점도 있다. 또한 역량이 부족한 위탁급식 전문업체가 운영하는 경우, 위탁운영으로부터 기대하는 급식운영의 전문성이나 효율성은 실현되지 않고 업체의 과도한 이윤 추구로부터 야기되는 급식 품질의 저하가 심각하게 부각될 수도 있다.

우리나라 최초의 위탁급식 전문업체는 서울케이터링서비스주식회사로 1988년 처음 위탁급식업을 시작한 것으로 기록되어 있다. 이후 2003년 「학교급식법」이 생기면서 중·고등학교 급식을 위하여 대기업들이 위탁급식시장에 경쟁적으로 진출하면서 위탁급식산업이 급속히 성장하게 되었다. 이후 전문 위탁급식회사가 지닌 경영 노하우와 인적자원을 바탕으로 외식업에도 활발히 진출하고 있으며, 현재 국내 주요 위탁급식 전문업체로는 아워홈, CJ프레시웨이, 삼성웰스토리, 신세계푸드, 현대그린푸드, 풀무원 이씨엠디, 아라마크 등이 선두에 나서고 있다. 미국의 주요 위탁급식 전문업체로는 컴패스 그룹(Compass Group), 아라마크(ARAMARK), 소덱소(Sodexo) 등을 들 수 있으며, 일본의 위탁급식은 니신(日清, Nissin) 의료식품, 시닥스(Shidax), 에임서비스(AIM Services), 그린하우스(Green House) 등이 있다.

자료 : 윤지현, 2016

2 식단관리

1. 식단 작성 및 평가

2. 메뉴 개발 및 관리

2

학습목표

1 생애 발달단계별 식단을 작성할 수 있다.
2 식사구성안을 이용하여 식단을 작성할 수 있다.
3 식단 구성요건과 평가기준을 적용할 수 있다.
4 조리 생산 및 위생 안전의 중점관리사항을 식단 계획단계부터 고려할 수 있다.
5 메뉴를 개발하고 운영할 수 있다.

1. 식단 작성 및 평가

우리 몸의 건강을 위해 필요한 영양소는 탄수화물, 단백질, 지질, 무기질, 비타민, 물 등이 필요하다. 이들 영양소가 포함된 다양한 식품을 균형 있게 규칙적으로 섭취하면 장기적으로 만성질환을 예방하고 건강한 식생활을 영위할 수 있다.

식단계획의 장점

- 급식대상의 영양필요량에 알맞은 식품을 선택할 수 있다.
- 계획된 예산에 맞추어 식단을 작성하고 실행할 수 있다.
- 조리법을 다양화하고 기호를 반영한 식단 운영이 가능하다.
- 식단 작성을 미리 계획함으로써 시간을 절약한다.
- 식중독을 사전에 예방하고 관리할 수 있다.

1) 영양관리계획

(1) 영양섭취기준에 따른 식단 작성

에너지 적정섭취비율 표 2-1에 맞추어 연령대별, 성별 한국인 영양소 섭취기준(부록 2-1)에 따른 식단을 작성한다.

표 2-1 ▸ 한국인 영양섭취기준의 에너지 적정비율

영양소		1~2세	3~18세	19세 이상	비고
탄수화물		55~65%	55~65%	55~65%	
단백질		7~20%	7~20%	7~20%	
지질	총지방	20~35%	15~30%	15~30%	
	n-6계 지방산	4~10%	4~10%	4~10%	
	n-3계 지방산	1% 내외	1% 내외	1% 내외	
	포화지방산	-	8% 미만	7% 미만	
	트랜스지방산	-	1% 미만	1% 미만	
	콜레스테롤	-	-	300 mg/일 미만	목표섭취량

자료 : 보건복지부, 한국영양학회, 2020

① **영양소 섭취기준 지표의 개념**(자료 : 보건복지부, 한국영양학회, 2015)

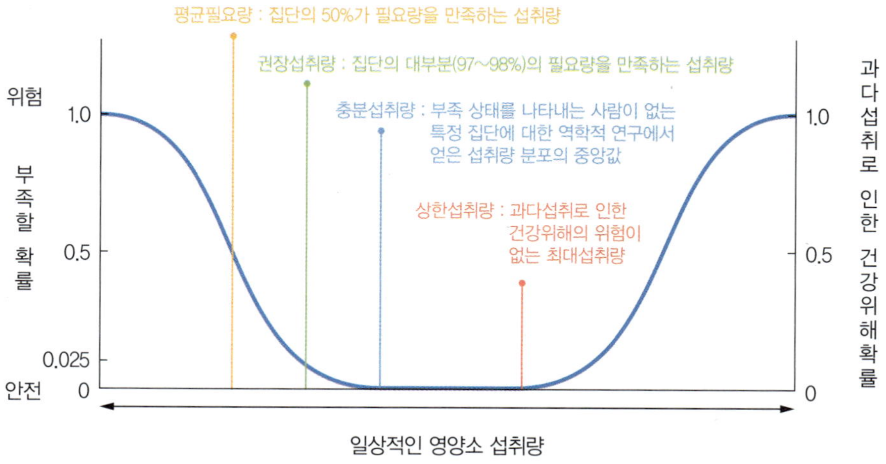

그림 2-1 ▸▸ 영양소 섭취기준 지표의 개념도(평균필요량, 권장섭취량, 충분섭취량, 상한섭취량)

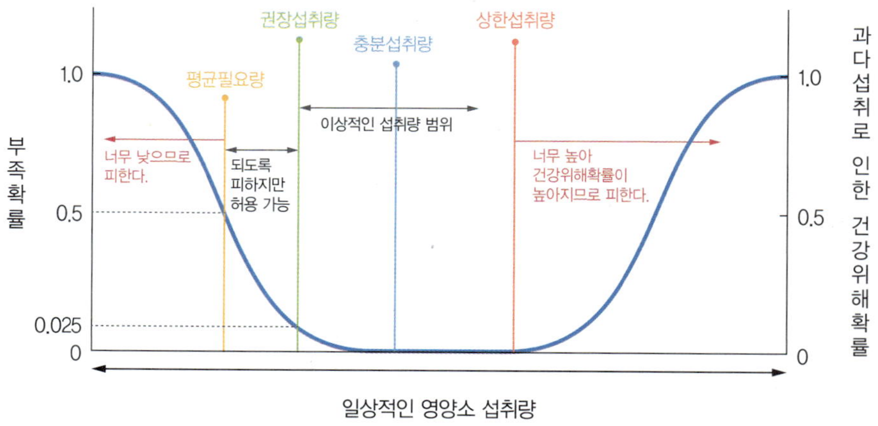

그림 2-2 ▸▸ 이상적인 영양소 섭취량의 범위

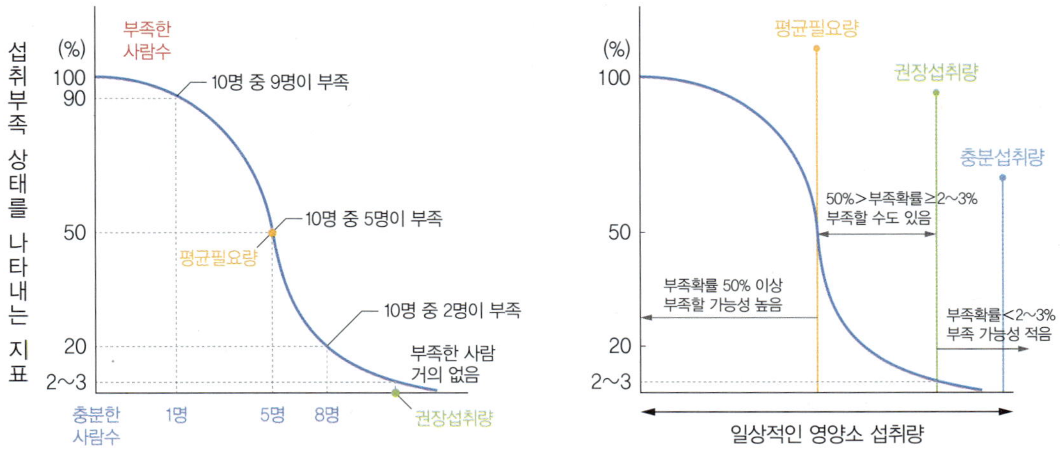

그림 2-3 ▸▸ 평균필요량과 권장섭취량

집단의 식사평가는 영양문제를 진단할 때 사용하는 방법으로 개인마다 영양소 필요량과 섭취량이 다르고 실제로 모든 개인의 필요량 및 일상섭취량 파악이 불가능하기 때문에 집단 구성원들의 섭취량이 부적절한 비율을 추정하기 위해서는 평균필요량을 이용한 차단점cut point 방법이 사용될 수 있다.

집단의 식사계획 목적은 평균섭취량 또는 상한섭취량을 기준으로 평소의 섭취 분포가 부족하게 섭취하거나 과잉되게 섭취하는 위험이 적도록 식사계획을 세우는 것이다.

대상집단의 적절한 영양소 공급을 위하여 영양소를 부적절하게 섭취하는 사람들의 비율을 낮게 설정하여야 하며, 부적절하게 섭취할 수 있는 구성원의 영양소 섭취수준이 평균섭취량보다 낮으면 평균섭취량만큼 섭취가 가능하도록 집단의 목표섭취량을 조정하여야 한다.

제공된 음식을 구성원 모두가 섭취하는 것이 아니므로 실제 섭취량은 제공된 음식

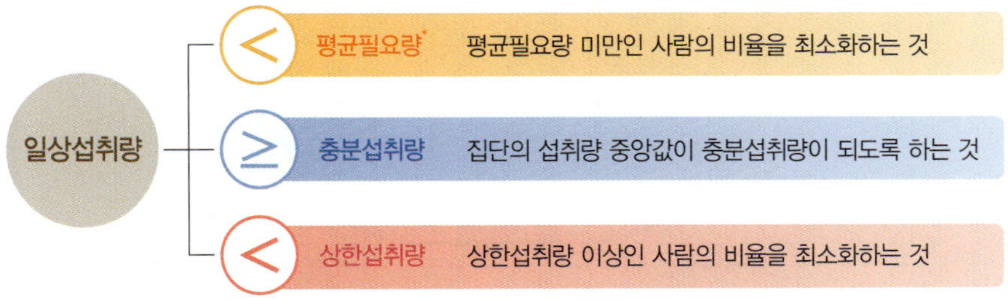

그림 2-4 ▸▸ 집단의 식사계획 시 영양소 섭취기준의 활용(*에너지 필요추정량 포함)

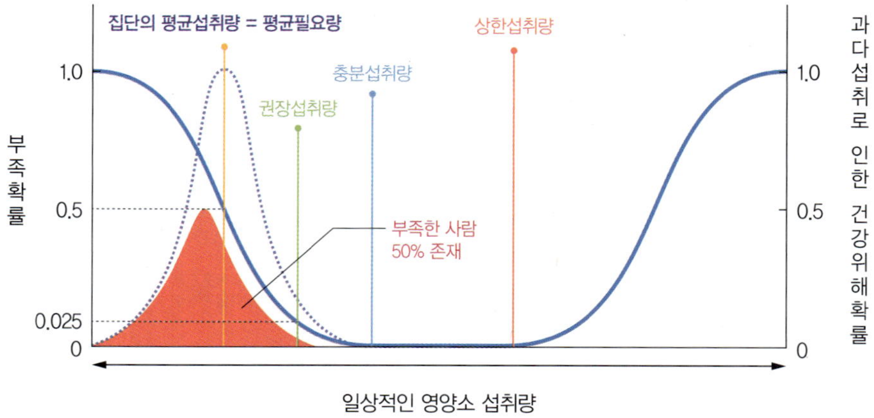

그림 2-5 ▸▸ 집단의 평균섭취량이 평균필요량과 같은 경우

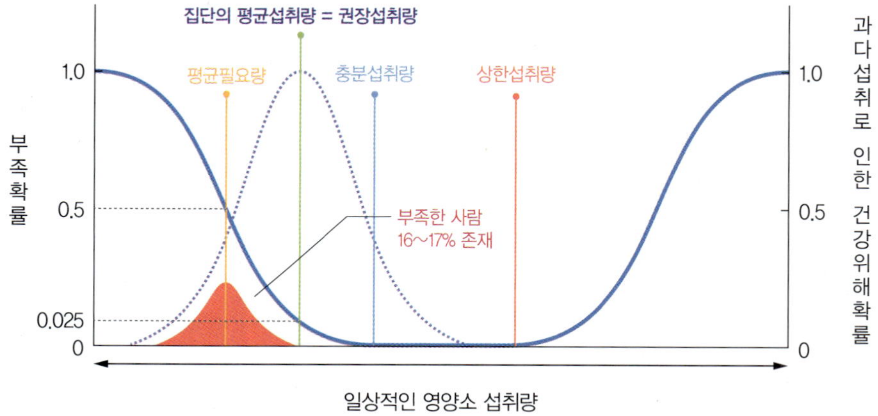

그림 2-6 ▸▸ 집단의 평균섭취량이 권장섭취량과 같은 경우

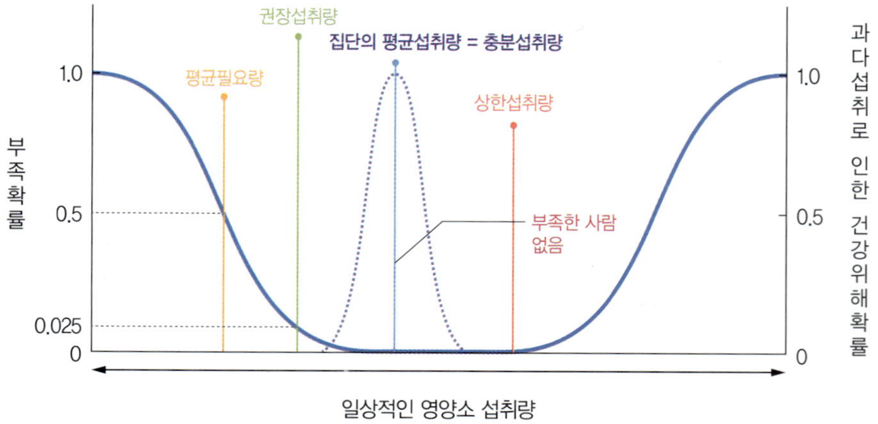

그림 2-7 ▸▸ 집단의 평균섭취량이 충분섭취량과 같은 경우

의 영양소 함량보다 적을 수 있고, 제공된 메뉴의 종류에 따라서도 달라질 수 있으므로 목표 영양소의 평균섭취량 분포의 중앙값을 기준으로 다양한 식사를 제공하여야 한다. 제공할 메뉴를 결정한 후에는 음식에 상용되는 재료의 폐기율, 조리 시 손실량과 잔반율을 고려한 후 식품을 구입한다.

(2) 식사구성안

질병이 없는 건강한 사람이 식사계획 시 영양섭취기준을 쉽게 이해하고 실천할 수 있도록 식품 구성으로 섭취기준을 제시하기 위한 방안이 식사구성안이다. 식생활에서 활용이 용이하도록 생애주기별 권장식사패턴을 제안하고, 지향해야 할 식사구성 및 영양목표를 도식으로 나타낸 것이 식사모형(http://www.kns.or.kr)이다.

식품군별로 제시된 대표식품의 1인 1회 분량과 대표영양가 표를 이용하여 영양소를 계산한 식단을 작성할 수도 있고, 성별·연령별 기준에너지와 권장패턴을 적용한 식단을 구성할 수도 있다.

식사구성안을 활용한 식단 작성은 대상자의 에너지 필요량에 따른 권장식사패턴을 파악하고, 식품군별 1일 권장섭취횟수에 따라 하루 세 끼와 간식에 적절히 배분한다. 이후 음식의 종류와 식재료 분량을 결정하고, 식단표를 작성한 다음 식단구성을 평가

그림 2-8 ▸▸ 식품구성자전거
자료 : 보건복지부, 한국영양학회, 2020

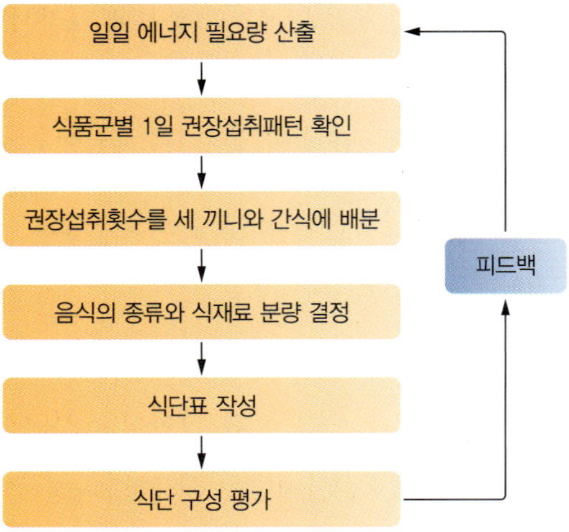

그림 2-9 ▸▸ 식사구성안을 활용한 식단 작성과정

한다. 구체적인 식단 작성의 순서는 다음과 같다.

① 세 끼 식사와 간식의 배분은 개인의 일일 활동량과 식습관을 고려하여 일반적으로 아침 : 점심 : 저녁 = 1 : 1 : 1의 비율을 적용한다. 점심이나 저녁을 강조하거나 간식의 비중을 달리 조정하여 배분할 수 있다.

② 식품군별 권장섭취횟수는 주식으로 곡류를 배치하고, 부식으로 주찬과 부찬을 나눈다. 주찬은 고기·생선·달걀·콩류, 부찬은 채소류를 중심으로 담색 채소와 짙은색 채소를 2 : 1로 매끼니 각각 배분하고, 과일과 우유는 간식으로 정한다. 음식명과 식재료는 다음과 같이 결정한다.

- 주식 : 곡류에 해당하는 부분으로 매끼니 반드시 포함하며, 밥 중심의 식단에 국수, 만두, 떡국, 빵 등으로 변화를 줄 수 있다. 주중, 주말, 공휴일, 행사 등에 따라 주식의 종류가 달라질 수 있으며, 주식의 형태가 결정되면 부식의 구성을 결정한다.
- 부식 : 주식이 밥인 경우 국, 찌개, 전골 등을 재료와 조리법을 달리하여 정한다. 반찬은 고기·생선·달걀·콩류에서 단백질 급원이 되는 반찬을 주찬으로 1~2가지, 채소류를 부찬으로 2~3가지 정도 선택한다. 김치 이외에도 담색 채소 한 가지를 곁들이고, 특히 녹황색 채소는 1일 2~3회 들어가는 것이 좋으며, 생채, 숙채, 샐러드, 냉채, 전, 튀김 등으로 조리법에 변화를 주면 더 다양한 식단을 구성

표 2-2 ▸ 식품군별 대표식품의 1인 1회 분량

식품군		주요 대표식품의 1인 1회 분량(g)
곡류(300 kcal)		쌀밥(210), 백미(90), 가래떡(150), 건국수(90), 라면사리(120), 팥빵(80)
	0.3회	고구마(70), 감자(140), 옥수수(70), 시리얼(30), 식빵(35), 과자(30)
고기·생선·달걀·콩류(100 kcal)		돼지고기, 쇠고기, 닭고기, 고등어, 명태, 참치통조림, 달걀(60), 소시지, 햄, 어묵(30) / 오징어, 바지락, 새우, 두부(80) / 건멸치, 명태포, 건오징어(15) /대두(20)
	0.3회	잣(10), 땅콩(10)
채소류(15 kcal)		당근, 양배추, 오이, 무, 애호박, 콩나물, 부추, 풋고추, 상추, 시금치, 토마토, 양파(70) / 배추김치, 총각김치, 열무김치, 깍두기(40) / 표고버섯, 느타리버섯(30) / 마늘(10) / 김(2)
과일류(50 kcal)		참외(150) / 사과, 배, 복숭아, 귤, 오렌지, 바나나, 키위, 감, 포도, 과일주스(100) / 건포도, 건대추(15)
우유 및 유제품(125 kcal)		우유(200 mL), 아이스크림, 호상요구르트(100), 액상요구르트(150), 치즈(20)
유지 및 당류(45 kcal)		깨, 콩기름, 마요네즈, 버터(5) / 설탕, 물엿, 꿀(10)

할 수 있다.

- 음식명, 식재료와 분량 : 주식, 국/찌개/전골, 주찬, 부찬 등의 구체적인 음식명, 식재료와 분량을 정하고, 과일류와 유제품을 오전과 오후 간식으로 적절하게 배분한다. 식재료와 분량을 결정할 때는 식품의 폐기율, 조리에 수반된 중량 및 영양소 변화 등을 미리 파악하고 있어야 하며, 식품 분량에 대한 대략적인 눈대중량과 1인 1회 적정 섭취분량(부록 2-3 참조)을 익혀 두면 식단을 더욱 효율적으로 작성할 수 있다.

식단표

식단을 표기하는 방법에는 음식명만을 적는 방법, 음식별로 재료의 분량을 적는 방법, 재료와 분량 및 조리법과 영양소 함량까지 상세하게 적는 방법 등이 있다. 식단표를 작성할 때는 다음과 같은 사항을 유의한다.

- 식단표는 주식을 먼저 표기하고 다음에 부식을 표기하는 것이 좋다. 밥, 국이나 찌개, 반찬류 순으로 적으며, 반찬류는 어육류가 주가 되는 구이, 조림, 튀김 그리고, 채소류인 나물, 생채, 샐러드 순으로 적고, 김치류를 마지막에 적은 다음 후식과 음료류가 있으면 뒤에 표기를 한다.
- 식단표는 누구든지 알기 쉽게 표현해야 하며, 식단을 보고 제공되는 음식을 인식할 수 있도록 구체적으로 표시하는 것이 좋다. 예를 들면, 뭇국보다는 쇠고기뭇국, 도라지생채에 오이를 넣는다면 도라지오이생채 등 재료를 포함하여 구체적인 음식명으로 제시할 수 있다.

이상의 과정을 거쳐 식단표가 완성되면 주간 또는 월간 식단표를 작성한다.

③ 1인 1회 섭취분량

주요 대표식품의 1인 1회 섭취분량은 에너지를 기준으로 한국인이 즐겨먹고 자주 먹는 식품을 고려하여 선정하였다.(표 2-2, 부록 표 2-3 사진 참조)

④ 연령별·성별 기준 에너지와 권장식사패턴(부록 표 2-4)

1,800 kcal 에너지 필요량에 따른 식단을 1일 권장섭취횟수에 따라 세 끼 식사와 간식으로 1인 1회 섭취 분량을 기준으로 하여 적절히 배분하면 다음과 같다(표 2-3).

- 하루 곡류의 섭취횟수는 3회이므로 아침, 점심, 저녁 각각 1회씩 배분하고 주식 메뉴를 정한다.

  - 아침 1회 : 쌀밥 210 g
  - 점심 1회 : 현미밥 210 g
  - 저녁 1회 : 쌀밥 210 g

- 고기·생선·달걀·콩류의 권장섭취횟수는 3.5회이므로 세 끼 주찬과 간식으로 배분한다.

  - 아침 1회 : 생선 60 g
  - 점심 1회 : 쇠고기 60 g
  - 저녁 0.5회 : 0.5×두부 80 g=두부 40 g
  - 간식 1회 : 두유 1컵 200 mL

- 채소류의 권장섭취횟수는 7회이므로 세 끼 부찬으로 배분한다.

  - 아침 2회 : 0.5회×배추김치 40 g+0.5회×콩나물 70 g+시금치 70 g
=배추김치 20 g+콩나물 35 g+시금치 70 g
  - 점심 2.5회 : 0.5회×양파 70 g+0.5회×생표고 30 g+0.5회×미역 30 g+열무김치 40 g
=양파 35 g+생표고 15 g+미역 15 g+열무김치 40 g
  - 저녁 2.5회 : 배추김치 40 g+0.5회×우엉 40 g+0.5회×쑥갓 70 g+0.5회×오이 70 g
=배추김치 40 g+우엉 20 g+쑥갓 35 g+오이 35 g

- 과일류의 권장섭취횟수는 2회이므로 오전 간식과 오후 간식으로 배분한다.

  - 오전 간식 : 바나나 1개 100 g
  - 오후 간식 : 사과(중) 1/2개 100 g

- 우유·유제품의 권장섭취횟수는 1회이므로 간식으로 배분한다.

  - 오전 간식 : 우유 1컵 200 mL

표 2-3 ▸ 식품군별 권장섭취횟수의 세 끼 식사와 간식 배분의 예(1,800 kcal, 패턴 B)

식품군 및 섭취횟수 / 끼니	곡류 및 전분류	단백질 반찬(고기, 생선, 달걀, 콩류)	채소 반찬(채소류)	우유 및 유제품	과일류
	3	3.5	7	1	2
아침	1	1	2		
점심	1	1	2.5		
저녁	1	0.5	2.5		
간식		1		1	2

식단 / 식품군별 권장횟수		아침	점심	저녁	간식
		쌀밥 콩나물국 고등어구이 시금치나물 배추김치	현미밥 미역국 소불고기 열무김치	쌀밥 두부김치찌개 도토리묵무침 우엉조림	우유 사과

곡류	3회	쌀밥 210 g(1)	현미밥 210 g(1)	쌀밥 147 g(0.7) 도토리묵 200 g(0.3)	
고기, 생선, 달걀, 콩류	3.5회	고등어 60 g(1)	쇠고기 60 g(1)	두부 40 g(0.5)	두유 1컵(200 mL)(1)
채소류	7회	콩나물 35 g(0.5) 시금치나물 70 g(1) 배추김치 20 g(0.5)	양파 35 g(0.5) 생표고 15 g(0.5) 미역 15 g(0.5) 열무김치 40 g(1)	배추김치 40 g(1) 우엉 20 g(0.5) 쑥갓 35 g(0.5) 오이 35 g(0.5)	
우유 및 유제품류	1회				우유 1컵 200 mL(1)
과일류	2회				사과(중) 1/2개(1) 바나나 1개(1)

자료 : 보건복지부, 한국영양학회, 2015

- 유지·당류의 경우 5회 사용할 수 있는데, 세 끼 조리과정 중 배분한다.

  - 아침 1회 : 들기름 5 g
  - 점심 2회 : 2회×참기름 5 g=참기름 10 g
  - 저녁 1회 : 참기름 5 g

2) 식단의 작성

식단 작성에서 식품 구입량을 결정하고자 할 경우는 다음과 같은 점을 기본적으로 고려한다.

- 급식대상자의 성별·연령별 인원 구성에 따라 영양필요량을 구하여 이것을 급식의 목표로 한다. '한국인의 영양소 섭취기준'에 의해 영양급여 목표량을 산정하여 식품 구성을 작성하고, 이를 토대로 식단을 작성한다.
- 급식 예산에 맞춘 식단계획, 조리종사원의 확보, 기계 및 기구의 정비, 급식 재료의 사용법 등에 대한 계획을 세운다.

(1) 식품을 구성하는 기본방침

식품 구성을 작성하는 기본방침은 다음과 같다.

① 총에너지 중 곡류 에너지의 비율은 55~65%, 단백질 7~20%, 지질 15~30%의 비율을 조정한다.

② 총단백질 중 동물성 단백질의 비율은 절반 이하로 한다.

③ 비타민류에 대해서는 조리 중 손실에 대하여 고려한다.

④ 급식자의 기호 및 식사력을 충분히 배려한다.

⑤ 급식비의 예산 내에서 실행 가능한 가격으로 구성한다.

⑥ 영양 제공 목표량에 대하여 과부족 없이 충족할 수 있도록 식품 구성 기준을 설정한다. 그러나 현실적으로 다수의 영양소를 양적, 질적으로 균형을 맞추기는 어려우므로 급식을 통한 영양 제공 목표량을 약간 상회하도록 구성하는 것이 바람직하다(예: 에너지 +5%, 단백질 및 무기질 +20%, 비타민 A +10%, 수용성 비타민 +30% 이내).

- 식단 작성은 음식의 종류와 분량, 조리방법을 정하는 것이다.
- 누가 먹을 음식인가에 따라 영양, 경제, 기호, 능률, 위생을 고려한 구체적인 계획이다.
- 급식산업의 발달로 원재료, 반조리식품, 즉석가공식품 등 다양한 선택이 가능해졌고, 효과적인 식단 운영을 위해서는 예산 검토 절차가 필요하다.

표 2-4 ▸ 영양소 구분에 따른 식품군과 권장섭취횟수

영양소	식품군	대표 종류	권장섭취횟수
탄수화물	곡류	밥, 빵, 국수, 떡, 감자, 고구마	매끼니 주식으로 1회
단백질	어·육류	고기, 생선, 달걀, 두부, 콩	매끼니 부찬으로 1회
지질	유지류	식용유, 참기름, 버터, 마가린	양념으로 약간만 사용
무기질(칼슘)	유제품	우유, 요구르트, 치즈	간식으로 1일 1~2회
비타민	채소류	당근, 시금치, 양파, 김치, 김, 미역	매끼니 부찬으로 2~3회
	과일류	사과, 배, 귤, 감, 포도, 딸기	간식으로 1일 1회

(2) 조리·기호적인 면을 고려한 식단 작성

음식의 관능적 특성은 음식을 선호하고 수용하는 데 중요한 역할을 하므로 맛, 색, 질감, 모양, 농도, 온도, 조리법, 외관 등의 전반적인 조화를 이루도록 작성한다. 완성된 음식을 담는 모양과 식기도 생각하고 적절한 1인 분량으로 제공하도록 한다. 음식의 수용도를 결정하는 다음 요인들을 주의하여 식단을 작성한다.

- 맛의 대비와 조화
- 음식의 색, 온도, 질감의 조화
- 급식 대상자의 식습관과 기호도
- 식품과 조리법의 다양성과 조화
- 풍미를 증진시키기 위한 향신료, 조미료, 양념 등의 적절한 재료 배합
- 유해 영양소 차단을 위한 첨가 당, 염분 및 지방의 과다 사용 제한

(3) 경제적인 면을 고려한 식단 작성

편성된 식품재료비 예산에 충실하도록 식품을 선택해야 한다. 대체식품은 같은 영양소를 공급하면서도 예산과 기호에 맞추어 알맞게 바꾸어 먹을 수 있는 식품을 말한다. 1인당 예산에 맞추어 필요식품과 기호를 고려하여 식품을 선택할 수도 있고, 현재의 소비 패턴을 분석하여 시장조사를 실시하고 물가에 따른 새로운 예산을 책정하여 합리적인 식품구매를 할 수도 있다.

제철에 생산된 식품은 조숙 또는 만숙 재배되거나 온실에서 재배되어 출하된 식품

표 2-5 ▸▸ 대체 가능한 식품군과 조리법 활용

구분		대체식품	
밥		발아현미밥, 차조밥, 기장밥, 흑미밥, 녹두밥, 율무밥, 콩밥, 옥수수밥(구매 가능한 잡곡을 혼합 사용)	
국	채소국	배춧국, 뭇국, 미역국, 콩나물국, 토란국, 버섯국, 감잣국	
	고깃국	쇠고기뭇국, 어묵국, 북엇국, 홍합국, 대구탕, 육개장, 닭개장	
주찬	육류	제육볶음, 불고기, 육류장조림, 닭볶음탕, 닭찜, 닭튀김	
	어류	꽁치조림, 고등어조림, 청어구이, 갈치구이, 연어구이, 오징어볶음, 대구전	
	알류, 콩류	달걀말이, 달걀장조림, 달걀찜, 메추리알조림, 두부조림(구이), 콩자반	
부찬	더운 채	잡채, 볶음, 나물	배추, 무, 오이, 감자, 당근, 양파, 시금치, 도라지, 고사리, 고구마, 토란, 버섯, 브로콜리, 양배추, 연근, 우엉, 부추, 파, 호박, 해조류
	찬 채	생채, 무침, 샐러드	
김치		배추김치, 깍두기, 동치미, 총각김치, 섞박지, 오이소박이	

보다 영양가가 비교적 높고 싼 값으로 다량 구입이 가능하다. 즉석조리식품, 가공식품 등을 구입하면 원재료를 구입하는 것보다 식재료비가 상승하고, 영양소의 조절이 어렵지만 조리시간을 단축하고 음식물쓰레기 발생이 감소하는 장점도 있다.

채소 중에서 콩나물은 저단가 식재료에 속하고, 도라지는 콩나물보다 단가가 높으며, 더덕은 고단가 식품에 속한다. 같은 영양가를 지닌 식품류라도 저단가, 중단가, 고단가 식재료를 예산에 알맞게 선택하되 종류를 다양하게 선택한다.

어패류는 어종과 수요 공급에 따라서 가격차가 크고, 국내산과 신선식품이 고단가 식품이다. 수입 물량이 많은 제품과 냉동하거나 건어물인 경우는 비교적 단가가 낮아진다. 식품비 예산이 풍족할수록 육류와 과일, 신선 유기농 채소의 소비가 증가하고 급식 대상자의 식사 만족도가 높아진다. 예산이 적을수록 채소, 버섯, 해조류를 활용하여 여러 가지 맛과 풍미의 배합, 식품의 모양과 질감의 대조, 조리법에 더 많은 노력을 동원해야 한다(단가별 음식분류는 부록 2-7 참조).

(4) 능률적인 면을 고려한 식단 작성

조리를 위한 시설·설비 요건, 조리종사원의 수와 조리자의 숙련도 등을 고려하여 식단을 작성한다. 작업 동선에 알맞은 시설·설비를 갖추고, 시간을 아끼고 노동력을 절약하면서도 조리를 능률적으로 도와주는 대량조리기기를 구비하여 사용하면 편하다.

손쉬운 조리법을 다양하게 익혀 두고 대표음식의 표준조리법도 알아 두면 편리하다. 평상시 최신 시설 및 설비에 관한 지식과 자료를 수집해 둔다.

(5) 위생적인 면을 고려한 식단 작성

잠재적으로 위험한 식품potentially hazardous foods, PHF의 확인, 소독 공정 수행 여부, 가열공정 수행 여부, 조리 후 생식재료 첨가 여부, 뜨거운 음식과 찬 음식의 혼합 여부, 조리시간 및 노동력의 과중 정도를 확인함으로써 위해도가 높은 식품은 처음부터 식단에서 배제하거나 안전한 식재료로 바꾸고, 조리공정 관리를 통하여 식중독을 예방하도록 관리한다. 오염되지 않은 식재료를 구입하고, 조리과정 전반에서 위생관리가 필요하며, 적정온도 및 시간 통제를 통하여 식중독 예방이 가능하다.

표 2-6 ▸▸ 급식에서 제한되는 식재료

기간	종류	품목
3~10월	패류	소라, 조개, 꼬막, 굴, 석화, 홍합 등
	젓갈류	꼴뚜기젓, 명란젓, 밴댕이젓, 어리굴젓, 오징어젓, 아가미젓, 조개젓, 창란젓 등
4~9월	회류 및 알류	광어, 한치, 참치회, 멍게, 해삼, 성게알, 연어알, 미더덕, 홍어, 동태곤이, 닭발, 돼지머리 등
6~9월	어류 및 콩가공품류	꽃게류, 대하, 콩국, 콩비지, 판두부 등
연중금지	육내장류	• 삭히는 공정이 있는 메뉴 • 선지, 순대, 편육, 족발, 곱창, 간, 천엽, 닭똥집 등 • 제조공정의 위생 상태를 확인하기 어려운 완제품
연중주의	• 달걀, 메추리알, 머윗대, 취나물, 원추리, 토란, 두릅, 꽈리고추, 꽃게 등 • 가열조리 공정없이 제공되는 농·수·축산물(가열 후에는 사용 가능) • 생굴 등 날것의 상태로 제공되는 식품 • 포장되지 않은 가공식품 • 조리공정이 복잡하거나 수작업이 많은 메뉴 • 미량 독소에 의한 장염 유발 가능 식재료(꽈리고추, 머윗대, 원추리, 두릅, 토란대, 생취 등)가 포함된 메뉴	

자료 : (주)현대푸드시스템 위생안전팀, 2004; 식품의약품안전처, 2019

3) 식단의 종류

(1) 식단품목의 변화에 따른 분류

① **고정 식단**(fixed/static menu)

품목의 변화 없이 매일 동일한 종류가 제공되는 형태로 전문식당이나 패밀리 레스토랑 등과 같은 외식업소에서 실시한다. 장점은 노동력과 재고가 감소되며, 생산 통제나 조절이 용이하다. 남은 음식이 적고, 식자재 비용이 낮아진다. 또한 조리종사원 교육훈련에 드는 비용도 적게 든다. 단점은 계절 등을 고려한 식단 구성이 이루어지지 않으면 싫증을 느끼게 되고, 사용되는 식품의 종류가 한정되면 영양소 불균형을 유발할 수 있다.

② **순환 식단**(cycle menu)

일정한 주기에 따라 반복되는 형태이다. 연수원이나 병원급식처럼 급식 대상자가 자주 바뀌는 곳에서는 순환 식단을 사용하기에 적합하나, 일반 급식시설에서는 식단의 주기가 너무 짧을 경우에는 고객의 불만이 생길 수 있으며, 적당한 시기에 계절식품이 식단에 포함되지 않아 식비가 비싸게 들 수 있다. 반면 식자재의 효율적 관리와 조리작업관리 및 표준화가 용이하며, 구매절차를 단순화하고 재고 통제를 쉽게 할 수 있다는 장점이 있으므로 식단의 주기를 효율적으로 관리하고 계절식품을 적절히 사용하여 식단에 변화를 주면 고객 만족도를 향상시킬 수 있다.

③ **변동 식단**(changing menu)

단체급식소 운영 여건에 따라 변하는 형태로 식재료 수급이 시장 상황에 맞게 조정이 가능하고 식단의 다양성도 확보되는 반면, 재고관리나 작업관리에 어려움이 있다. 학교급식에서 가장 많이 사용되고 있다.

(2) 품목과 가격 구성에 따른 분류

① **일품 식단**(à la carte)

품목마다 값을 따로 지불하도록 운영하는 것으로 고객이 원하는 음식만을 자유로 선택하여 먹을 수 있다. 한 번 작성된 식단이 장기간 사용되므로 음식 준비나 식재료 구입업무가 단순화되어 능률적이다.

② **정식 식단**(table d'hôte)

정해진 가격에 정해진 순서대로 제공한다. 세트 메뉴set menu라고도 한다. 식단의 특징을 조리장이 연출할 수 있어 식당 측에서는 가격이나 관리 면에서 유리하고, 고객 측에서는 일품요리보다 저렴하게 다양한 요리를 즐길 수 있다.

③ **특정 식단**(event menu)

그날의 특별 식단을 말한다. 남은 음식을 이용할 수도 있고, 매일의 상황에 따라 식단이 정해지고 음식값을 저렴하게 정할 수 있다. 대기업 위탁급식 전문업체에서는 급식 대상자의 요구를 반영한 다양한 이벤트 메뉴(생일, 기념일, 명절, 시·절식, 환경, 추억, 세계 음식 이벤트 등)를 제공하여 급식 만족도를 향상시키고 있다.

(3) 음식 선택 여부에 따른 분류

① **단일 식단**(non-selective menu)

선택의 여지가 없이 고정해 놓은 식단으로 제공되는 음식만을 먹어야 하기 때문에 식단의 변화가 부족하면 급식 대상자들이 만족하기 어려울 수 있다. 학교급식, 대학 기숙사, 복지시설 등에서 대부분 실시하고 있으며, 병원급식은 단일 식단과 선택식 식단을 병행한다.

② **부분 선택 식단**(partially selective menu)

식단 중 일부 품목을 제한된 범위 내에서 선택할 수 있도록 제공하는 형태를 말한다. 흰밥과 잡곡밥, 국이나 찌개를 두 가지 이상 제공한다든지, 때로는 나물이나 후식과 같은 일부 음식을 두 가지 이상 제공하여 선택하게 함으로써 급식 대상자의 기호가 어느 정도 배려되기 때문에 급식에 대한 만족도를 높일 수 있다.

③ **선택 식단**(selective menu)

복수 식단이라고도 하며 두 가지 이상의 식단(비빔밥/설렁탕, 한식/양식 등)을 제공하는 형태로 급식 대상자가 기호에 맞으면서도 영양적으로 균형 잡힌 음식을 제공받을 수 있다. 최근 단체급식에서도 선택 식단을 도입하는 곳이 증가하고 있다. 미국에서는 학교급식에서 다양한 문화를 가진 학생들의 요구에 부응하여 식단의 선택권이 강조되고 있으며, 우리나라의 의료기관에서도 '입원환자 식대 산정지침'에서 환자를 위한 선택

식단을 가산하고 있다. 카페테리아식 식단은 선택 식단의 한 형태로 급식 대상자의 기호에 따라 음식별로 가격을 합산하여 지불하는 방법이다. 음식을 선택할 수 있어 만족도가 높고 잔반량이 적어지고 적온급식이 가능한 반면, 기호 위주로 식단을 선정하다 보면 한 끼의 식단가가 높아지거나 영양가가 편중될 수도 있으므로 개인별 영양지식이 요구된다.

식단 활용의 예

- 일반식(밥, 국, 4찬) : 보리밥, 콩나물된장국, 제육구이, 시금치나물, 감자채볶음, 배추김치
- 탕 중심 식사 : 밥, 육개장, 어묵조림, 미나리나물, 장아찌
- 찌개 중심 식사 : 밥, 두부고추장찌개, 불고기, 탕평채, 취나물, 열무김치
- 일품음식 : 비빔밥, 맑은콩나물국, 오징어숙회, 무생채, 배추김치
- 면류 중심 식사 : 국수장국, 달걀말이, 쑥갓무침, 오이소박이
- 명절음식
  - 설날 : 떡국, 동태전, 미역줄기볶음, 도라지나물, 배추김치, 수정과
  - 대보름 : 오곡밥, 시래깃국, 북어조림, 무말랭이무침, 명란젓, 나박김치
  - 삼복 : 삼계탕, 오이지무침, 미역냉채, 깍두기
  - 추석 : 현미밥, 토란탕, 장조림, 오징어초무침, 노각생채, 배추김치
  - 동지 : 팥죽, 달걀찜, 떡볶음, 숙주나물, 나박김치, 식혜
- 행사식
  - 어버이날 : 국수장국, 돼지갈비찜, 겨자채, 과일샐러드, 열무김치
  - 생일 : 밥, 미역국, 사태찜, 잡채, 파래무침, 배추김치

(4) 녹색친화 건강 식단

녹색친화 건강 식단이란 비타민과 무기질 등이 풍부한 계절별 식재료를 이용한 메뉴와 에너지 소비율이 적은 조리방법(무침 등)을 위주로 연령별(어린이, 청소년, 성인)에 알맞은 식단을 말한다. 식품의약품안전처 식품안전나라(https://www.foodsafetykorea.go.kr/main.do) 건강·영양-식품영양-생애주기별 정보에는 어린이용, 청소년용, 성인용의 계절별 메뉴, 식단, 제철재료 정보 등이 탑재되어 있다.

- 생애주기별로 빈번하게 발생하는 질병의 예방과 영양문제를 개선할 수 있는 식품과 조리법을 선택하여 건강에 도움이 될 수 있는 음식과 식단을 제공한다.
- 어린이용 메뉴는 편식 및 아토피 예방을 염두에 두고 개발한다.
- 제철 채소와 과일, 어패류를 사용하도록 한다.

그림 2-10 ▸▸ 식품의약품안전처 식품안전나라 홈페이지
자료 : 식품안전나라(https://www.foodsafetykorea.go.kr/main.do)

- 나트륨과 첨가하는 당을 줄인 식단 위주로 개발한다.
- 식재료 낭비와 환경오염을 줄이는 환경 친화적 메뉴를 개발한다.

4) 대상별 급식관리

(1) 어린이집·유치원 급식관리

① 영아기

출생 후 1년까지의 기간을 영아기라고 한다. 생후 5개월이 지나면 모유만으로는 정상적인 발육과 성장이 어려울 수 있으므로, 유즙 이외의 고형식(이유식)을 주어 다양한 음식을 섭취하게 함으로써 성장기의 편식을 예방하고 올바른 식습관을 형성하는 데 도움을 준다. 세계보건기구WHO와 국제아동구호기금UNICEF에서 권장하는 이유 시기는 아기의 체중이 출생 시 체중의 2배가 되는 시기 또는 아기의 체중이 약 6 kg에 도달하는 시기로서, 우리나라에서는 5~6개월부터 이유식을 권장하고 있다.

표 2-7 ▸ 이유단계에 따른 수유와 이유식의 1일 제공량

구분	이유기 초기 (4~5개월)	이유기 중기 (6~8개월)	이유기 후기 (9~11개월)	이유 완료기 (1~2세)
1일 수유량	800~900 mL	700~800 mL	600~700 mL	400~500 mL
수유 횟수(주식/간식)	4회/1회	3회/1회	2회/1회	0회/2회
이유식 횟수(주식/간식)	0회/2회	1회/2회	2회/2회	3회/1~2회
이유식의 1일 섭취비율	10~20%	30~40%	50~60%	70~80%

※ 간식은 끼니 사이에 제공하며, 이유식의 에너지 밀도가 작거나, 제공되는 이유식의 양이 적거나, 영아가 수유를 받지 않는다면 더욱 자주 제공해 주어야 함
※ 희귀질환이나 만성질환이 있는 경우의 식단은 전문가와 상의해서 결정을 해야 함

- 이유식을 시작하더라도 생후 6개월 이전은 모유 수유를 권장한다.
- 이유단계에 따른 수유와 이유식을 통한 일반적인 1일 제공량은 표 2-7을 참조한다.

② 유아기

만 1~2세와 만 3~5세로 구분하여 유아식을 계획한다. 만 1~2세에 영아기 식습관이 지속되어 우유만 먹고 고형음식을 먹지 않을 경우에는 철분이 부족하여 빈혈이 될 수 있다. 만 3~5세에 채소류는 성장에 필요한 비타민과 무기질을 많이 함유하므로 공급이 중요하다.

유아를 위한 식단 작성은 다음과 같은 원칙을 적용한다.

- 유아의 영양필요량을 충족시킬 수 있도록 다양한 식품 배합을 통하여 영양적으로 적합하도록 구성한다.
- 성장과 발육이 왕성한 시기이므로 이에 필요한 양질의 단백질, 칼슘, 철분 및 리보플라빈 등 부족하기 쉬운 영양소가 골고루 함유된 균형 잡힌 식사가 되도록 계획한다.
- 유아의 기호도를 고려하여 식품을 선택하고 소화되기 쉬운 조리법을 선택한다.
- 적절히 책정된 급식비용 안에서 급식인력과 시설·설비에 맞는 식단을 작성한다.
- 규칙적인 시간에 급식을 제공하고 적정량이 배식될 수 있도록 계획한다.
- 식습관이 형성되는 중요한 시기이므로 다양한 메뉴로 식단을 구성하고, 자극성이 강한 조미료의 사용을 삼간다.
- 두뇌발달에 도움을 주는 오메가ω-3 지방산 섭취를 위해 등푸른생선을 주 2회 정

> **보육시설의 급식관리 목표**
>
> 유아기 영양관리의 주요점은 바람직한 급식 시스템의 확보와 아울러 급식시간을 이용한 효율적인 영양교육의 방향을 세 가지 차원에서 접근하고 있다.
>
> 가. 균형 잡힌 식단 작성과 양적으로 충분한 양의 음식을 공급해야 한다.
> 유아들은 영양적으로 균형 잡힌 식사를 충분하게 제공받음으로써 성장과 발육에 적합한 영양소를 공급받을 수 있다. 따라서 보육시설에서 간식과 점심 급식을 통하여 성장과 발육 및 건강한 생활에 필요한 1일 영양요구량의 35~50% 정도를 제공되도록 한다.
>
> 나. 영유아를 대상으로 한 단체급식이므로 보다 강화된 식품위생관리체계의 확보가 요구된다.
> 식단의 구성이 부실하거나 급식량이 적으면 집단적 영양불량이 초래될 수 있으며, 급식위생의 문제로 인해 식중독 사고의 발생 가능성이 높아진다. 따라서 다수의 유아를 대상으로 하는 보육시설에서는 급식관리에 있어서 보다 전문적이며 엄격한 영양 및 위생안전 관리가 필요하다.
>
> 다. 개인위생 및 식생활 습관에 대한 교육을 급식시간에 실생활과 연계하여 지도하도록 한다.
> 급식시간을 통하여 식생활에 대한 이해와 올바른 식습관 형성을 위한 실천적 차원의 교육이 이루어질 수 있다. 올바른 식사법을 지도함으로써 유아뿐만 아니라 유아가 속해 있는 가정의 식생활 개선도 기대할 수 있다.

도 포함하는 것도 좋다.

- 세 끼 식사에서 부족될 수 있는 영양소를 보충할 수 있게 오전 10시와 오후 3시 하루 두 번의 간식을 계획하고, 다음 식사시간과는 2시간 정도의 간격을 두는 것이 바람직하다.

표 2-8 ▸▸ 유아급식을 위한 1일 영양섭취기준

구분	1~2세	3~5세	영양섭취기준
에너지(kcal)	1,000	1,400	평균필요량
단백질(g)	15	20	권장섭취량
칼슘(mg)	500	600	
철분(mg)	6	7	
비타민 A(μg RAE)	300	300	
티아민(mg)	0.5	0.5	
리보플라민(mg)	0.6	0.7	
비타민 C(mg)	40	40	

자료 : 보건복지부, 한국영양학회, 2020

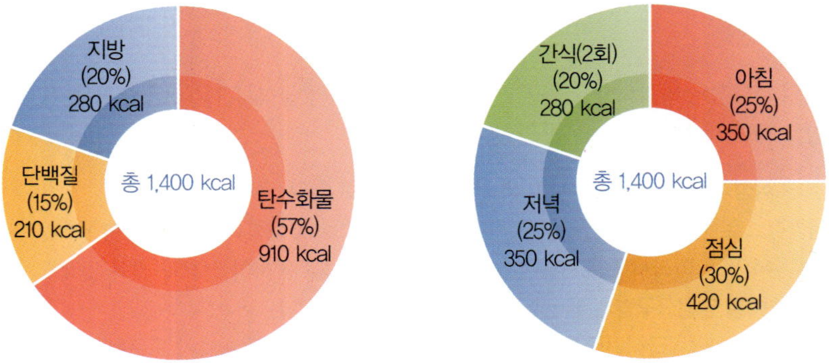

영양소의 에너지 적정비율　　　　점심 1회, 간식 2회 공급 기준 약 700 kcal

그림 2-11 ▸ 유아의 급식 에너지와 적정 구성비(만 3~5세 기준)

표 2-9 ▸ 여름철 주간 점심식사를 구성하는 경우의 식단대강표

식품	종류	횟수	음식명
주식	밥	4	쌀밥, 옥수수밥, 찰보리밥, 찹쌀밥
	국수	1	초계국수
	일품요리	1	김치오므라이스
부식	국	4	오이미역냉국, 삼계탕, 오징어콩나물국, 당근수프
	찌개	1	순두부찌개
	구이	2	닭날개구이, 임연수어구이
	볶음	2	애호박볶음, 견과류진미채볶음
	조림	1	쇠고기장조림
	튀김	1	돈가스
	나물·생채	7	청경채무침, 고구마순나물, 미역무침, 시금치나물, 오이무침, 파래무침, 모둠샐러드
	김치	4	배추김치, 열무김치, 깍두기, 나박김치
간식	음료 및 과일 음료 외 간식	6 6	우유, 두유, 식혜, 과일주스, 수박, 파인애플, 고구마맛탕, 삶은 감자, 샌드위치, 핫케이크, 떡, 단호박찜

자료 : 이영미, 2012

표 2-10 ▸ 유아의 식품에 대한 기호도

음식의 종류 \ 기호도	높음	중간	낮음
밥류	쌀밥	밤밥	보리밥
면류	짜장면	칼국수	비빔국수, 수제비
일품요리	김밥, 짜장면, 볶음밥, 달걀덮밥, 잡채밥	오징어덮밥	

(계속)

음식의 종류 \ 기호도	높음	중간	낮음
빵류	햄버거, 샌드위치	토스트	
국 및 찌개	미역국, 어묵국, 곰국, 달걀국, 크림수프	감잣국, 오징어찌개, 배추된장국	두부감잣국
튀김, 볶음, 전	불고기, 돈가스, 닭튀김, 잡채, 달걀부침, 오징어볶음, 감자크로켓	감자볶음	호박전
조림, 찜, 구이	김구이, 햄구이, 닭볶음탕, 달걀찜	생선구이	감자조림
생·숙채, 김치	동치미, 배추김치, 깍두기, 과일샐러드, 감자샐러드	채소샐러드, 절임무채, 숙주나물, 콩나물무침	당근스틱, 가지나물, 시금치나물

자료 : 이영미, 2012

표 2-11 ➠ 유치원 급식 1인분 적정량

음식 분류	메뉴	적정량(g)	공급영양소량	
			열량(kcal)	단백질(g)
서류	찐감자, 찐고구마, 찐옥수수	100~130	40~60	0.5~1
알류	삶은 달걀	40~60	70~80	5~7
과일류	사과, 배, 복숭아, 살구, 오렌지, 자두, 키위, 파인애플, 귤, 참외, 포도	40~60	20~50	0.2~0.5
	수박, 딸기	80~100	10~30	0.1~0.5
채소류	오이, 당근, 채소샐러드	70~80	20~30	0.1~0.5
죽류	깨죽, 잣죽, 단팥죽, 단호박죽	80~90	100~110	2~3
	전복죽, 닭죽, 고깃죽, 새우죽	90~100	100~120	3~5
	흰죽, 채소죽, 감자죽, 수수죽, 율무죽, 버섯죽	100~120	90~110	1~2
빵류	소보로빵, 카스텔라, 식빵, 머핀	30~50	80~100	1~3
일품 면류	수제비, 닭칼국수	100~120	80~100	2~6
	어묵국수, 만둣국, 유부국수, 잔치국수, 도토리국수, 메밀국수, 비빔냉면, 우동, 쫄면, 칼국수	110~130	70~100	1~3
	비빔국수, 콩국수, 떡국, 짜장면, 스파게티	120~140	70~90	2~4
전류	녹두전, 김치전, 부추전	40~50	80~100	1~2
	해물파전, 라이스전	40~60	80~120	3~5
우유 및 유제품	우유	100	60	3.2
	두유	200	120	6.4
	요구르트, 호상요구르트, 액상요구르트	100~150	50~80	3~6
음료	보리차, 메밀차, 둥굴레차, 옥수수차	100	1	-
	매실차, 오미자차	100	1	-

자료 : 교육부(유아교육정책과), 2014

(2) 지역아동센터 급식관리

① 학령기

만 6~12세의 아이들이 해당되며 TV, 학교 수업 등 식습관에 영향을 받을 수 있는 여러 환경에 노출될 수 있으므로, 신체 활동에 따른 적절한 영양 섭취와 긍정적인 식습관을 형성할 수 있도록 가정과 학교에서 세심한 관리가 요구되며, 특히 아침식사는 매우 중요하다.

- 활발한 신체활동으로 인해 많은 양의 열량과 영양소의 공급이 필요하며, 특히 양질의 단백질과 칼슘, 철분, 비타민 A 및 C가 부족되지 않도록 식단을 구성한다.
- 바람직한 식습관이 형성되도록 다양한 식품과 조리법으로 구성한다.
- 소아비만을 예방하기 위하여 너무 기름지거나 달지 않고, 싱거운 맛에 익숙해지도록 조리한다.

표 2-12 ▸ 지역아동센터 적정 배식 분량

분량(g)	저학년	고학년	
	남녀 구분 없음	남	여
밥	150	190	150
국/찌개	140	210	140
주찬(육류, 가금류)	70	100	70
주찬(어류)	50	70	50
주찬(건어물류)	20	30	20
부찬	80	80	80
김치	20	20	20

자료 : 식품의약품안전처, 2014

표 2-13 ▸ 지역아동센터 요일별 순환 식단 구성 주요식품

요일	월	화	수	목	금	토
오후 간식	과일	떡/조리음식	자연식(서류)	과일	면류/밥류	빵류/시리얼(간단메뉴)
저녁	두부/달걀	돼지고기	닭고기	생선	쇠고기	면류/주찬/김치
						일품/국/주찬/김치

자료 : 조우균, 2015

② **청소년기**

만 13~18세의 청소년은 불규칙한 식사습관에 의한 아침 결식, 집 밖에서의 식사할 수 있는 기회의 증가로 가공식품 및 패스트푸드 섭취 증가, 잘못된 신체 이미지에 의한 섭식 장애 유발 등 청소년기의 영양상태에 다양한 영향을 준다. 급속한 성장을 하는 청소년기는 전 인생을 통하여 가장 많은 영양소가 필요한 시기이므로 다양한 식품군으로부터 충분한 영양소를 섭취해야 한다.

청소년기 식단 구성을 위한 주의사항은 다음과 같다.

- 신체적으로 급격히 성장하는 시기이므로 충분한 영양소가 공급되도록 하며, 특히 양질의 단백질, 칼슘 및 철분이 풍부한 식사가 제공되도록 식단을 구성한다.
- 두뇌활동에 도움을 주는 오메가ω-3 지방산이 풍부한 등푸른생선과 들깨 등을 활용한 음식을 식단에 포함한다.
- 식단의 작성 시 식품 알레르기를 유발하기 쉬운 식품을 확인하고 대체식품을 공급한다.

표 2-14 ▸▸ 식품 알레르기를 유발하기 쉬운 식품의 예

구분	식품 알레르기를 유발하기 쉬운 식품의 예
곡류	메밀, 옥수수, 밀(빵, 과자, 국수 등)제품
콩류	대두(두유, 두부 등)
과일류	복숭아, 귤, 오렌지, 딸기, 참외
채소류	죽순, 토란, 가지, 우엉, 토마토
육류, 알류	돼지고기, 닭고기, 달걀(어묵, 마요네즈, 케이크 내 함유)
우유류	우유(요구르트, 아이스크림, 치즈, 분유)
어류, 갑각류, 패류	등푸른생선(고등어 등), 게, 조개, 새우
견과류	땅콩, 호두, 잣, 은행
기타	초콜릿, 인삼, 김

자료 : 조우균, 2014

(3) 노인복지회관 급식관리

건강한 성인(만 19~64세)은 정상 체중을 유지하고 식사시간은 규칙적으로 하며 적당한 운동과 휴식을 취해야 한다. 단백질은 질적으로 좋은 것을 선택하고 전곡류, 채소

일본 노인요양원의 식품 구성 사례

노인의 건강도 구분에 따른 에너지량

건강도 구분	생활 활동	에너지 소요량 (kcal/kg)
A. 건강한 사람	일상생활의 자립, 다소의 활동 가능	40 (표준체중 유지)
B. 보행 가능한 사람	일생생활의 자립, 보조구 사용, 재활기능 훈련을 요함	35 (체중 변동을 고려)
C. 병약자	침대 위에서 거의 기거, 보호관리를 요하며 상시 식사 시중이 필요	30 (체중 변동을 고려)
D. 종말기(노쇠)	노쇠의 말기, 식사의 중점관리 요구(유동식)	25

보행 가능한 노인의 영양소량 적정 범위

영양소	에너지 (kcal)	당질 에너지 비(g)	단백질 에너지 비(g)	지질 에너지 비(%)	칼슘 (mg)	철 (mg)	비타민 A(IU)	티아민 (mg)	리보플라빈 (mg)	비타민 C(mg)	식염(g)
적정 범위	1,450~1,550	55~60	10~20	20~25	550~600	10	1,800 이상	0.7 이상	0.8 이상	50 이상	10 이하

식품 구성안

식품군별		1인당 공급량(g)	식품군별		1인당 공급량(g)
동물성 식품	어패류	생것 50 건어물(수분 30% 이하) 2	곡류	쌀	140
	조육류	신선육, 가공품 40		소맥, 소맥제품	70
	우유, 유제품	우유 200 유제품 20		대두	2
	달걀류	50		대두제품	100
채소, 과일류	녹황색채소	100		기타 콩류	5
	기타 채소	150	견과류	땅콩이나 잣	소량
	건조채소	1	유지류	기름, 참기름	8
	해초류	4	설탕류		10
	토란류	50	과자류		11
	과실류	150			

자료 : 이영미, 2000

류, 해조류 등 식이섬유가 풍부하게 계획한다. 만성질환의 예방을 위하여 에너지, 단순당질, 나트륨(염분), 지방의 과잉 섭취를 피하고 식물성 기름을 우선적으로 섭취해야 한다. 골격질환의 예방을 위해 충분한 칼슘을 섭취하며, 음주, 흡연, 스트레스로 인해 부족되기 쉬운 비타민 A, 비타민 C, 비타민 E의 섭취를 위하여 다양한 채소와 과일을 식단에 풍부하게 계획한다.

만 65세 이상 노인은 성인기와 달리 노화로 인해 후각, 미각의 둔화와 치주질환, 치아 손실, 소화액 분비 감소로 저작곤란과 소화기능이 약화된다. 각종 만성질환으로 인한 식사 섭취의 제한이 많고, 약물 복용에 의한 입맛의 변화로 식욕이 저하된다. 노년기의 이상적인 식사는 에너지 및 단백질 필요량을 충분히 공급하고, 만성질환의 예방과 관련 있는 항산화 비타민, 셀레늄, 오메가ω-3 지방산, 마그네슘, 칼슘 및 아연 등의 무기질이 풍부한 식사가 제공되어야 한다. 영양목표량에 맞추어 다양한 식품을 조합하고, 적정량을 어떻게 제공할 것인지 결정한다.

노년기 식단 구성을 위한 주의사항은 다음과 같다.

- 단백질 급원식품으로 육류는 살코기만을 부드럽게 조리하고, 생선류, 닭고기, 두부, 달걀 등을 번갈아가며 식단을 계획한다.
- 동물성 기름보다 식물성 유지를 조리할 때 적당히 활용하고, 미각 둔화로 인하여 짠맛, 단맛이 강하지 않도록 유의한다.
- 식이섬유가 많은 채소보다는 부드러운 채소를 선택하며, 과일류도 바나나, 과일통조림이나 과일주스 등 소화가 잘되는 식품을 포함한다.
- 조혈영양소의 결핍으로 빈혈이 되기 쉬우므로 철분이 풍부한 식품과 철분 이용률이 높은 동물성 단백질, 콩류, 녹색 채소류를 포함시킨다.
- 일반적으로 식사는 부드러운 밥과 부드러운 나물을 기본으로 하며, 푹 익혀서 제공하거나 잘게 썰어서 삼키기 쉬운 형태로 제공한다.

5) 식단의 평가

식단을 구성한 후 식단에 대한 평가가 이루어져야 하는데, 종합적 평가, 관능평가, 기호도 조사, 잔반량 조사 등으로 수행된다. 식단에 대한 종합적 평가는 식단구성평가표로 활용할 수 있다 표 2-15.

(1) 종합적 평가

표 2-15 ▸ 식단 구성 평가표

	평가항목 (Yes : Y No : N Need Improvement : I)	Y	N	I
영양	• 식품군을 골고루 사용하였는가? (곡류, 채소·해조류, 고기·생선·달걀·콩·두부, 유제품, 과일류, 유지류) • 영양섭취기준에 알맞은 분량으로 배합되었는가?			
기호	• 색, 질감, 향미, 온도, 농도, 외관, (밥과 김치를 제외한) 식재료와 조리법에 변화를 주어 서로 균형을 이루고 있는가? • 급식 대상자에게 전반적으로 만족할 만한 식사계획인가?			
경제	• 계절식품을 구입하였는가? • 예산을 초과하지 않고 적절한 품질의 제품을 구입하였는가?			
능률	• 조리자의 숙련도와 작업 부담을 고려하였는가? • 시설 설비 및 기기의 활용도를 고려한 메뉴 구성을 하였는가?			
위생	• 구입, 보관, 조리과정, 조리 후 배식과정에서 위생적인가? • 조리자의 개인위생과 교차위험에 대한 점검 부분이 있는가?			

(2) 관능평가

인간의 감각을 통해 음식의 맛, 냄새, 온도, 질감 및 외관 등의 특성 차이를 측정하는 기법이다. 고객 만족도를 극대화하고 정보 수집을 위해 사용된다. 구성된 식단의 조리과정이 끝난 직후 내부평가와 고객평가로 나누어 시행된다.

(3) 기호도 조사

식단의 종합적 평가와 관능평가 후 급식이 시행되면 식후 고객을 대상으로 기호도 조사를 실시하여 식단의 평가를 받을 수 있다.

음식에 대한 기호도를 3점, 5점, 7점 등의 척도로 나타내어 평가한다. 어린이나 노인을 대상으로 조사할 경우에는 이해하기 쉽도록 얼굴 모양으로 묘사한 얼굴표정척도 smiley face, facial hedonic scale을 널리 사용한다.

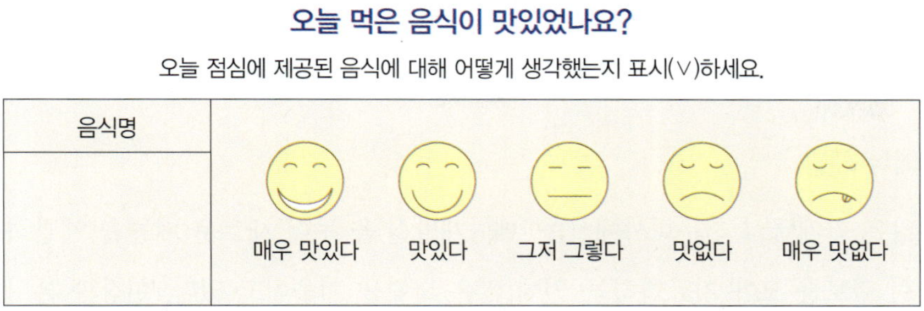

그림 2-12 ▸▸ 어린이 기호도를 측정하기 위해 사용하는 얼굴표정척도

(4) 잔반량 조사

급식에 대한 기호도와 음식에 대한 수응도를 파악하기 위해 직접 저울을 이용하여 총 잔반량을 측정하거나, 특정 메뉴별로 분류하여 관찰 측정하는 방법도 있다. 또한 스스로 섭취한 양을 직접 기록하도록 하여 평가하기도 한다.

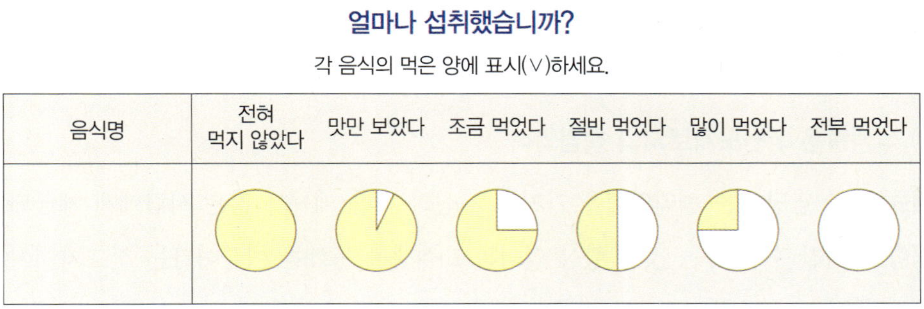

그림 2-13 ▸▸ 자기기록방법에 의한 섭취량 측정 척도

2. 메뉴 개발 및 관리

1) 메뉴의 개발

사회가 다변화, 세분화, 국제화되고 식생활의 외식화로 말미암아 다양한 음식들을 접할 기회가 많아지면서 고객들의 욕구가 점점 다양해지고 있다. 특히 다양한 직업과 연령층, 사회적 배경이 다른 많은 사람의 입맛에 맞는 식사를 제공하기 위해서 단체급식

회사에서 해결해야 할 큰 과제 중 하나는 많은 메뉴에 대한 자료를 보유하고 이를 적절히 활용하는 것이다.

(1) 신메뉴 개발

최근 많은 단체급식 전문회사에서는 '메뉴개발실'을 두어 새로운 메뉴를 개발하고 메뉴 관련 정보를 모아 자료화하는 일에 많은 노력을 기울이고 있다. 현장과 본사가 일체가 되어 현장 영양사와 조리사들에게 콘테스트 및 제안 형식 등 적극적인 방법으로 메뉴 개발에 직접적인 참여를 유도하고 있다.

(2) 개발 메뉴의 표준화

개발된 메뉴들은 정확한 표준레시피를 제공해야 한다. 표준레시피를 통해 맛을 일정한 수준으로 유지하고 메뉴의 원가관리를 합리적으로 할 수 있다. 실험조리를 거쳐 개발된 메뉴라 하더라도 급식소의 특성이나 조리기술 수준에 따라 각 급식소별로 표준레시피의 수정이 불가피한 경우가 많으므로 급식시설에 맞는 레시피로 재차 표준화 작업을 해야 할 것이다.

(3) 식생활문화 전도사로서의 책임의식

메뉴 개발 담당자는 책임의식을 가지고 자신의 개발 메뉴가 많은 사람에게 제공되어 영향을 미칠 수 있다는 것을 항상 인식하고 식생활 문화를 이끌어가는 선도자이어야 한다. 현대인의 라이프스타일 변화로 인한 영양 섭취의 불균형과 이로 인한 건강문제를 개선하기 위해서는 식단이 지니는 역할과 질병 예방과의 관계를 바로 알리려는 노력이 요구된다.

2) 메뉴 개발 절차

(1) 기존 메뉴의 평가와 신메뉴 개발

메뉴에 관한 정보를 먼저 수집하고 기존에 보유하고 있는 메뉴에 대한 재평가와 더불어 고객의 요구에 부합되는 새로운 메뉴 경향에 대해 테마를 선정하고 자료를 조사할 필요가 있다. 이를 위해서는 다른 단체급식소나 외식업체의 메뉴, 새로운 식자재 개발

정보, 음식이나 급식 관련 서적, 인터넷 사이트에서 제공되는 메뉴 등 다양한 정보와 음식 관련 아이디어를 수집한다.

(2) 신메뉴 원안 작성과 타당성 검토

조사된 새로운 메뉴들에 대해 단체급식 메뉴로서의 타당성을 검토한다. 이때 급식소 유형 및 대상, 고객의 요구, 영양적 가치, 식재료 원가, 위생·안전성, 대량조리 적용 가능성, 설비·기기 여건, 조리인력의 기술 수준 등을 고려하여 급식소에 적합한 메뉴를 선별해야 한다.

(3) 선정된 메뉴의 실험조리

선정된 메뉴들은 실험조리를 거쳐 메뉴평가를 실시한다. 실험조리를 통해 메뉴별 재료의 종류와 분량을 결정하고 몇 차례의 실험조리를 실시하면서 조리공정, 조리 후 배식까지의 변화, 전체적인 품질 수준 등을 평가하도록 한다.

(4) 메뉴 품평회

개발된 메뉴는 고객을 대상으로 메뉴 시연회를 개최하여 새로운 메뉴에 대한 반응이나 선호 경향을 평가하도록 한다.

(5) 표준레시피 작성

최종 선정된 메뉴의 표준레시피를 확정하고 식재료의 양, 조리법과 함께 영양가 분석과 원가를 기재한다.

(6) 통합 시스템에서의 메뉴 공유

개발된 신메뉴는 메뉴 인덱스에 포함시키거나 회사 내 전산 프로그램의 네트워크 내 메뉴 파일에 등록시킨다.

3) 메뉴의 관리

메뉴는 고객의 요구 및 기호도를 반영하고 급식의 생산성 향상 및 수익성을 제고하기 위해 지속적으로 수정·보완되어야 하며, 시대의 흐름에 맞게 새로이 개발할 필요가 있다. 기존 메뉴를 평가하여 문제가 없는 것은 그대로 유지하고, 문제가 있는 메뉴는 수정·보완하거나 새로운 메뉴로 대처하여야 한다.

(1) 메뉴 인덱스의 필요성

고객과 급식경영 측면이 모두 고려된 메뉴를 효과적으로 작성하기 위해서는 급식소의 여건에 맞게 개발된 메뉴와 메뉴 인덱스가 있어야 한다. 또한 위탁급식업체는 수익성 제고를 위해 고객 및 고객사의 이벤트를 유치하기도 하는데, 이를 위해서 가격대 및 계절별 이벤트용 메뉴 인덱스를 구비하면 유용하다.

(2) 메뉴 인덱스 작성방법

급식소의 특성에 맞는 기준에 따라 메뉴 인덱스를 분류한다. 예를 들어, 상차림에 따라 주식류(밥/면/죽)와 부식류, 후식류 등으로 나누고, 부식류는 다시 국/찌개, 전골과 부찬으로 나눈다. 부찬은 조리법에 따라 볶음/튀김/부침, 조림/구이/찜 등은 쇠고기, 닭고기, 돼지고기 및 생선류 등의 식재료에 따라 하위 그룹으로 분류할 수 있다.

(3) 메뉴 인덱스의 관리

메뉴 인덱스는 일정기간마다 검토하고 사용하거나 찾기 쉽게 관리하여야 하며 필요에 따라 수정하여야 한다. 최근에는 많은 급식소에서 전산 프로그램이나 인터넷을 이용하여 메뉴 인덱스를 공동관리하고 있다.

(4) 개발 메뉴와 HACCP

새로이 개발된 메뉴의 위생관리가 검토되어야 한다. 메뉴 작성을 하나의 CCP로 결정하여 위생상 적합성을 검토하고(식품의약품안전처 위생관리 CCP 1 참고), 개발된 각 메뉴의 생산 단계별 위해요소를 관리할 수 있는 방안을 제시하도록 한다.

(5) 신메뉴 홍보와 메뉴를 통한 영양교육

고객이 선호하는 메뉴가 개발되면 적극적으로 알리는 것이 필요하다. 신메뉴의 개발동기, 주안점, 장점 등을 부각하여 홍보자료를 작성하고 게시하는 것이 좋다. 급식 대상의 특성과 필요성을 고려하여 사내식당 홈페이지, 게시판, 유인물 등을 통하여 음식의 영양적 가치, 건강기능성 효과, 만성질환 예방이나 약선 메뉴로의 활용, 전통음식으로서의 가치, 시·절식 및 계절음식 등을 알린다.

(6) 위탁급식 전문업체의 메뉴 운영

위탁급식 전문업체의 경우 메뉴 분석을 통해 메뉴를 평가하고 차기 판매전략을 세워 지속적으로 이윤 창출을 해나가야 할 필요가 있다. 메뉴 엔지니어링은 소비자 측면과 위탁급식 전문업체의 경영측면에서 운영되고 있는 메뉴를 분석하여 각 메뉴의 이윤 창출 기여도를 인기도와 수익성을 근거로 판정하는 방법이다. 분석 결과는 차기 메뉴 정책 수립에 활용되는데 메뉴 엔지니어링은 보통 1개월을 기준으로 선정한다.

메뉴의 인기도는 각 메뉴품목이 판매된 비율Menu mix, MM%를 근거로 판정한다. 메뉴의 수익성은 각 메뉴품목이 수익에 공헌하는 정도인 공헌마진Contribution margin, CM에 근거하여 판정한다. 판정기준은 인기도의 경우 판매비율 MM%의 70%를 기준으로 하고 수익성은 공헌마진 CM의 평균Average CM을 기준으로 한다. 계산식은 다음과 같다.

인기도

$$\text{메뉴믹스(MM\%)의 } 70\% = \frac{1}{\text{메뉴 아이템의 개수}} \times 0.7 \times 100$$

수익성

$$\text{평균공헌마진(Average CM)} = \frac{\text{총공헌마진}}{\text{총판매량}}$$

인기도와 수익성에 따라 메뉴를 stars, plowhorses, puzzels, dogs의 4가지 범주로 나누어 메뉴에 대한 판매 전략을 수립한다.

① Stars

Stars로 판정된 품목들은 인기도와 수익성이 모두 높은 메뉴들로 위탁급식 전문업체의 대표 메뉴에 해당된다. 이러한 메뉴들은 잘 관리하여 지속적으로 고수익 인기 아이템으로 유지시킬 필요가 있다. 식재료 및 1인 분량 등을 표준화하고 품질관리를 철저하게 하며 메뉴판에서 눈에 잘 띄는 곳에 메뉴를 배치하여 선택을 용이하도록 한다.

② Plowhorses

Plowhorses의 원뜻은 '쟁기질 하는 말'이라는 뜻으로 인기도는 높지만 수익성이 높지 않은 메뉴를 일컫는다. 이 범주에 분류된 메뉴들은 수익성을 높이면 Stars에 편입될 수 있는 메뉴들이므로 수익성을 올리는 방안을 고려해 보아야 한다. 수익성을 올리기 위해서는 판매가격을 올리거나 원가를 낮추는 방법이 있는데 가격을 올릴 때는 고객이 반감을 가질 수 있어 주의해야 한다. 가격을 올리면 고객의 반감으로 인기도가 떨어질 위험이 있다. 노동력이나 숙련도가 많이 요구되는 아이템이거나 다른 업체에는 없는 경쟁력 있는 메뉴라면 가격을 올려 고객의 반응을 살피고 대중적인 메뉴라면 프리젠테이션을 바꾸어 업그레이드 전략으로 가격을 올릴 수 있다.

한편 가격을 인상할 수 없는 경우에는 1인 분량을 줄이거나, 곁들이 채소나 장식용 부차적 재료를 원가가 낮은 것으로 대체하는 등으로 비용을 줄여 수익성을 높일 수도

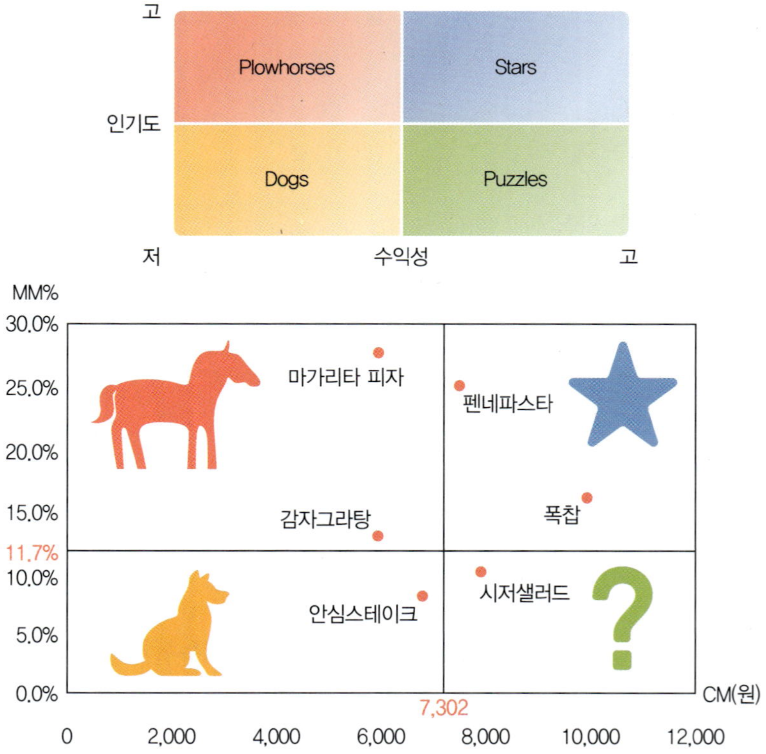

그림 2-14 ▸▸ 메뉴 엔지니어링
자료 : 이은정, 2006

있다. 또한 원가가 낮은 다른 메뉴품목들과 세트 메뉴로 판매하면 수익성이 높아질 수 있다.

③ Puzzles

Puzzles로 분류된 메뉴는 수익성은 높지만 인기도가 낮은 메뉴이다. 이 범주에 분류된 메뉴들은 고객의 관심을 끌 수 있도록 판매전략을 세워야 한다. 메뉴판에서 고객의 눈에 잘 띄는 곳으로 이동시키거나 테이블 텐트, 제안적 판매 등을 통해 고객의 수요를 늘릴 수 있다. 때로는 가격을 약간 낮추어 고객 수요를 늘리거나 메뉴명을 좀 더 친숙한 문구로 바꾸는 것도 방법이 될 수 있다. 품질관리와 재고 누적 등의 문제를 일으킬 수 있기 때문에 전체 메뉴 중에서 이 범주에 속하는 메뉴의 수가 많은 것은 바람직하지 않다.

④ Dogs

Dogs로 분류된 메뉴는 인기도와 수익성이 모두 낮은 메뉴이다. 수익성을 높이기 위해 재료의 원가를 낮추거나 조금이라도 인기가 있는 메뉴라면 판매가격을 인상해 볼 수 있다. 또한 puzzles에서 사용되었던 다양한 판매촉진 방안을 사용하여 선호도를 높여야 한다. 모든 방법을 시도했지만 인기도와 수익성에 뚜렷한 개선이 없을 때에는 과감히 메뉴리스트에서 삭제하고 다른 메뉴로 대체한다.

심화 학습

- 식사구성안을 이용하여 급식대상별 식단을 작성해 봅시다.
- 연령별·성별 적정 배식량을 구성하고 평가해 봅시다.
- 계절식품, 시·절식, 이벤트 메뉴가 포함된 특별 식단을 생각해 봅시다.
- 표준조리법을 작성해 보고 식중독의 위험이 있는 주요 관리점을 찾아봅시다.

부록 2-1-1 곡류의 주요 식품, 성인 1인 1회 분량 및 1회 분량에 해당하는 횟수

품목		식품명	1회 분량(g)[1]	횟수[2]
곡류 (300 kcal)	곡류	백미, 보리, 찹쌀, 현미, 조, 수수, 기장, 팥	90	1회
		옥수수	70	0.3회
		쌀밥	210	1회
	면류	국수(말린 것)	90	1회
		국수(생면)	210	1회
		당면	30	0.3회
		라면사리	120	1회
	떡류	가래떡/백설기	150	1회
		떡(팥소, 시루떡 등)	150	1회
	빵류	식빵	35	0.3회
		빵(잼빵, 팥빵 등)	80	1회
		빵(기타)	80	1회
	시리얼류	시리얼	30	0.3회
	감자류	감자	140	0.3회
		고구마	70	0.3회
	기타	묵	200	0.3회
		밤	60	0.3회
		밀가루, 전분, 빵가루, 부침가루, 튀김가루, 믹스	30	0.3회
	과자류	과자(비스킷, 쿠키)	30	0.3회
		과자(스낵)	30	0.3회

삭제한 식품 : 혼합잡곡, 삶은 면, 냉면국수, 메밀국수

1) 1회 섭취하는 가식부 분량임

2) 곡류 300 kcal에 해당하는 분량을 1회라고 간주하였을 때, 해당 1회 분량에 해당하는 횟수

부록 2-1-2 고기·생선·달걀·콩류의 주요 식품, 성인 1인 1회 분량 및 1회 분량에 해당하는 횟수

품목		식품명	1회 분량(g)[1]	횟수[2]
고기·생선·달걀·콩류 (100 kcal)	육류	쇠고기(한우, 수입우)	60	1회
		돼지고기, 돼지고기(삼겹살)	60	1회
		닭고기	60	1회
		오리고기	60	1회
		햄, 소시지, 베이컨, 통조림햄	30	1회
	어패류	고등어, 명태/동태, 조기, 꽁치, 갈치, 다랑어(참치)	60	1회
		바지락, 게, 굴	80	1회
		오징어, 새우, 낙지	80	1회

품목		식품명	1회 분량(g)[1]	횟수[2]
고기·생선·달걀·콩류 (100 kcal)	어패류	멸치자건품, 오징어(말린 것), 새우자건품, 뱅어포(말린 것), 명태(말린 것)	15	1회
		다랑어(참치통조림)	60	1회
		어묵, 게맛살	30	1회
		어류젓	40	1회
	난류	달걀, 메추라기알	60	1회
	콩류	대두, 완두콩, 강낭콩	20	1회
		두부	80	1회
		순두부	200	1회
		두유	200	1회
	견과류	땅콩, 아몬드, 호두, 잣, 해바라기씨, 호박씨	10	0.3회

삭제한 식품 : 미꾸라지, 민물장어, 넙치, 삼치, 깨(유지류로)
1) 1회 섭취하는 가식부 분량임
2) 고기·생선·달걀·콩류 100 kcal에 해당하는 분량을 1회라고 간주하였을 때, 해당 1회 분량에 해당하는 횟수

부록 2-1-3 채소류의 주요 식품, 성인 1인 1회 분량 및 1회 분량에 해당하는 횟수

품목		식품명	1회 분량(g)[1]	횟수[2]
채소류 (15 kcal)	채소류	파, 양파, 당근, 풋고추, 무, 애호박, 오이, 콩나물, 시금치, 상추, 배추, 양배추, 깻잎, 피망, 부추, 토마토, 쑥갓, 무청, 붉은고추, 숙주나물, 고사리, 미나리	70	1회
		배추김치, 깍두기, 단무지, 열무김치, 총각김치	40	1회
		우엉	40	1회
		마늘, 생강	10	1회
	해조류	(불린) 미역, 다시마	30	1회
		(마른) 김	2	1회
	버섯류	(생) 느타리버섯, 표고버섯, 양송이버섯, 팽이버섯	30	1회

삭제한 식품 : 고구마줄기, 근대, 쑥, 아욱, 취나물, 두릅, 머위, 가지, 늙은 호박, 나박김치, 오이소박이, 동치미, 갓김치, 파김치, 도라지, 토마토주스, 파래
1) 1회 섭취하는 가식부 분량임
2) 채소류 15 kcal에 해당하는 분량을 1회라고 간주하였을 때, 해당 1회 분량에 해당하는 횟수

부록 2-1-4 과일류의 주요 식품, 성인 1인 1회 분량 및 1회 분량에 해당하는 횟수

품목		식품명	1회 분량(g)[1]	횟수[2]
과일류 (50 kcal)	과일류	수박, 참외, 딸기	150	1회
		사과, 귤, 배, 바나나, 감, 포도, 복숭아, 오렌지, 키위, 파인애플	100	1회
		건포도, 대추(말린 것)	15	1회
	주스류	과일음료	100	1회

삭제한 식품 : 망고
1) 1회 섭취하는 가식부 분량임
2) 과일류 50 kcal에 해당하는 분량을 1회라고 간주하였을 때, 해당 1회 분량에 해당하는 횟수

부록 2-1-5 우유 및 유제품류의 주요 식품, 성인 1인 1회 분량 및 1회 분량에 해당하는 횟수

품목		식품명	1회 분량(g)[1]	횟수[2]
우유·유제품류 (125 kcal)	우유	우유	200	1회
	유제품	치즈	20	0.3회
		요구르트(호상)	100	1회
		요구르트(액상)	150	1회
		아이스크림	100	1회

1) 1회 섭취하는 가식부 분량임
2) 우유·유제품류 125 kcal에 해당하는 분량을 1회라고 간주하였을 때, 해당 1회 분량에 해당하는 횟수

부록 2-1-6 유지·당류의 주요 식품, 성인 1인 1회 분량 및 1회 분량에 해당하는 횟수

품목		식품명	1회 분량(g)[1]	횟수[2]
유지·당류 (45 kcal)	유지류	참기름, 콩기름, 커피프림, 들기름, 유채씨기름/채종유, 흰깨, 들깨, 버터, 포도씨유, 마요네즈	5	1회
		커피믹스	12	1회
	당류	설탕, 물엿/조청, 꿀	10	1회

삭제한 식품 : 옥수수기름, 당밀/시럽, 사탕
1) 1회 섭취하는 가식부 분량임
2) 유지·당류 45 kcal에 해당하는 분량을 1회라고 간주하였을 때, 해당 1회 분량에 해당하는 횟수

자료 : 보건복지부, 한국영양학회, 2020

2
제2장 식단관리

부록 2-2 대표식품의 영양가표

식품군	에너지 (kcal)	단백질 (g)	지방 (g)	탄수화물 (g)	식이섬유 (g)	칼슘 (mg)	인 (mg)
곡류	282.82	5.61	1.89	59.63	1.81	17.52	105.28
고기·생선·달걀·콩류	106.07	9.95	6.41	1.34	0.44	35.21	106.16
채소류	13.56	1.01	0.17	3.09	1.35	25.93	24.35
과일류	53.48	0.88	0.30	13.76	1.30	9.72	22.69
우유·유제품류	123.94	5.35	4.67	15.16	0.31	205.65	145.97
유지·당류	38.33	0.49	2.08	4.60	0.04	5.85	12.03

식품군	철 (mg)	나트륨 (mg)	칼륨 (mg)	비타민 A (μg RE)*	티아민 (mg)	리보플라빈 (mg)	니아신 (mg)	비타민 C (mg)
곡류	1.03	103.89	178.03	1.94	0.13	0.07	1.27	2.83
고기·생선·달걀·콩류	1.20	105.65	125.07	22.25	0.11	0.11	1.61	0.30
채소류	0.63	195.43	152.57	72.69	0.04	0.04	0.36	10.76
과일류	0.92	8.32	196.56	80.38	0.06	0.04	0.43	21.44
우유·유제품류	0.55	109.79	247.03	44.88	0.08	0.22	0.33	3.16
유지·당류	0.14	5.95	84.23	0.28	0.00	0.01	0.69	0.01

*비타민 A의 RAE에 대한 데이터베이스의 부재로 기존의 RE로 제시하였으며, 2015년 한국인 영양소 섭취기준에는 RAE로 제시되어 있음

부록 2-3 식품군별 대표식품의 1인 1회 분량

곡류 (300 kcal)

쌀밥(210 g) 보리밥(210 g) 백미(90 g) 현미(90 g) 수수(90 g)

팥(90 g) 가래떡(150 g) 시루떡(150 g) 국수 말린 것(90 g) 라면사리(120 g)

팥빵, 잼빵(80 g)

고구마(70 g)* 감자(140 g)* 옥수수(70 g)* 밤(60 g)* 묵(200 g)*

시리얼(30 g)* 당면(30 g)* 식빵(35 g)* 과자(30 g)* 밀가루(30 g)*

* 표시는 0.3회

고기 · 생선 달걀 · 콩류 (100 kcal)

돼지고기(60 g) 돼지고기삼겹살(60 g) 쇠고기(60 g) 닭고기(60 g) 소시지(30 g)

햄(30 g) 고등어(60 g) 명태(60 g) 참치통조림(60 g) 오징어(80 g)

바지락(80 g) 새우(80 g) 어묵(30 g) 멸치 말린 것(15 g) 명태 말린 것(15 g)

오징어 말린 것(15 g) 달걀(60 g) 두부(80 g) 대두(20 g)

잣(10 g)* 땅콩(10 g)*

* 표시는 0.3회

채소류 (15 kcal)

당근(70 g) 양배추(70 g) 오이(70 g) 무(70 g) 애호박(70 g)

콩나물(70 g) 부추(70 g) 풋고추(70 g) 상추(70 g) 시금치(70 g)

토마토(70 g) 양파(70 g) 마늘(10 g) 배추김치(40 g) 총각김치(40 g)

열무김치(40 g) 깍두기(40 g) 표고버섯(30 g) 느타리버섯(30 g) 김(2 g)

미역(30 g)

과일류 (50 kcal)

참외(150 g) 사과(100 g) 배(100 g) 복숭아(100 g) 귤(100 g)

오렌지(100 g) 바나나(100 g) 키위(100 g) 감(100 g) 포도(100 g)

건포도(15 g) 대추 말린 것(15 g) 과일주스(100 mL)

우유 · 유제품류 (125 kcal)

우유(200 mL) 호상요구르트(100 g) 액상요구르트(150 mL) 아이스크림(100 g) 치즈(20 g)*

유지 · 당류 (45 kcal)

깨(5 g) 콩기름(5 g) 마요네즈(5 g) 버터(5 g) 설탕(10 g)

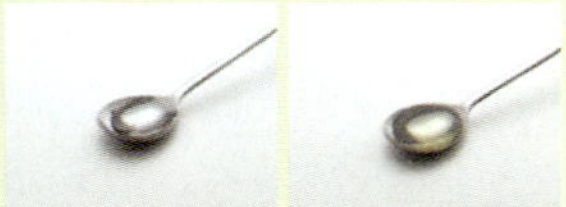
물엿(10 g) 꿀(10 g)

부록 2-4-1 생애주기별 권장식사패턴 A(우유·유제품 2회 권장)

A 타입						
열량(kcal)	곡류	고기·생선·달걀·콩류	채소류	과일류	우유·유제품	유지·당류
1,000	1	1.5	4	1	2	3
1,100	1.5	1.5	4	1	2	3
1,200	1.5	2	5	1	2	3
1,300	1.5	2	6	1	2	4
1,400	2	2	6	1	2	4
1,500	2	2.5	6	1	2	5
1,600	2.5	2.5	6	1	2	5
1,700	2.5	3	6	1	2	5
1,800	3	3	6	1	2	5
1,900	3	3.5	7	1	2	5
2,000	3	3.5	7	2	2	6
2,100	3	4	8	2	2	6
2,200	3.5	4	8	2	2	6
2,300	3.5	5	8	2	2	6
2,400	3.5	5	8	3	2	6
2,500	3.5	5.5	8	3	2	7
2,600	3.5	5.5	8	4	2	8
2,700	4	5.5	8	4	2	8
2,800	4	6	8	4	2	8

부록 2-4-2 생애주기별 권장식사패턴 B(우유·유제품 1회 권장)

B 타입						
열량(kcal)	곡류	고기·생선·달걀·콩류	채소류	과일류	우유·유제품	유지·당류
1,000	1.5	1.5	5	1	1	2
1,100	1.5	2	5	1	1	3
1,200	2	2	5	1	1	3
1,300	2	2	6	1	1	4
1,400	2.5	2	6	1	1	4
1,500	2.5	2.5	6	1	1	4
1,600	3	2.5	6	1	1	4
1,700	3	3.5	6	1	1	4
1,800	3	3.5	7	2	1	4
1,900	3	4	8	2	1	4
2,000	3.5	4	8	2	1	4
2,100	3.5	4.5	8	2	1	5
2,200	3.5	5	8	2	1	6
2,300	4	5	8	2	1	6
2,400	4	5	8	3	1	6
2,500	4	5	8	4	1	7
2,600	4	6	9	4	1	7
2,700	4	6.5	9	4	1	8

부록 2-5-1 식사기록지 및 권장식사패턴 계획서(전문가용)

식사 구분	음식명	곡류	고기·생선·달걀·콩류	채소류	과일류	우유·유제품류
		3	4	8	2	1
아침						
점심						
저녁						
간식						
총 섭취횟수						
Tip						

섭 취 주 의

- **과잉의 지방** 섭취 주의
- **짠 음식**의 섭취는 줄이고 싱겁고 단백한 음식 섭취 권장
- **첨가당**(설탕, 물엿 등) **되도록 적게** 섭취

식 사 원 칙

- **제때에!** 신체리듬에 맞춰 제때에 규칙적인 식사 권장
- **골고루!** 영양적으로 균형 잡힌 식사를 위해 다양한 식품 골고루 섭취
- **알맞게!** 신체에 필요한 양만큼 알맞게 섭취

상담일자 ______년 ______월 ______일 ______요일 ____________________님의 식사일기

부록 2-5-2 권장식사패턴 계획서를 활용한 한 끼 식사기록지

오늘의 식단

식사 구분	음식명	곡류	고기·생선·달걀·콩류	채소류	과일류	우유·유제품류
		1	2	2	1	1
점심	쌀밥 오이냉국 돼지두루치기 숙주맛살무침 과일샐러드 배추김치	쌀밥 1공기	돼지고기 1접시 게맛살 1접시	오이 양파 미역 숙주	사과 반 쪽	우유 한 컵
제공되는 식품횟수		1	2	2	1	1
식품군별 열량(kcal)		300	200	30	50	125
총열량(kcal)		약 800 kcal(양념으로 사용한 유지·당류 2회 포함)				

- 19~64세 남자 1일 권장식사량 : 2,400 kcal
- 한 끼 권장식사량 : 2,400 kcal / 3 = 800 kcal
- 본 식사는 800 kcal 기준으로 제공되며, 제공되는 식사는 남김없이 드시기 바랍니다.

섭 취 주 의

- **과잉의 지방** 섭취 주의
- **짠 음식**의 섭취는 줄이고 싱겁고 단백한 음식 섭취 권장
- **첨가당**(설탕, 물엿 등) **되도록 적게** 섭취

2021.08.17

부록 2-6 노인종합복지관 11월 식단표

일자/요일	3 (월)	4 (화)	5 (수)	6 (목)	7 (금)
점심	보리밥 건새우아욱국 생선가스 & 타르타르소스 부추양파생채 포기김치	혼합잡곡밥 수제비들깨탕 돈육두부조림 물파래무생채 포기김치	뿌리채소영양밥 팽이장국 돈육메추리알조림 도시락김/밀감 포기김치	흑미밥 콩비지찌개 오렌지탕수육 해초맛살무침 포기김치	기장밥 소고기배춧국 코다리콩나물찜 흑임자샐러드 포기김치
열량	689 kcal	678k cal	687 kcal	677 kcal	656 kcal
일자/요일	10 (월)	11 (화) ★무료중식★	12 (수)	13 (목)	14 (금)
점심	흑미밥 유부된장국 짜장소스 실곤약채소무침 포기김치	혼합잡곡밥 열무된장국 돈수육 상추쌈 & 쌈장 겉절이배추김치 밀감	기장밥 순두부찌개 궁중떡볶이 미역줄기초무침 포기김치	완두콩밥 닭살미역국 꽁치무조림 숙주미나리무침 포기김치	혼합잡곡밥 북어채두부국 새우가스 & 타르타르소스 도토리묵들깨무침 포기김치
열량	687 kcal	695 kcal	689 kcal	668 kcal	685 kcal
일자/요일	17 (월)	18 (화)	19 (수)	20 (목)	21 (금)
점심	혼합잡곡밥 고추장찌개 돈가스 & 소스 옥수수콘샐러드 포기김치	기장밥 순두부백탕 고등어구이 & 유자청소스 새송이초무침 포기김치	콩나물밥 유부된장국 참치김치볶음 온두부 백김치	차수수밥 들깨미역국 닭갈비 상추쌈 & 쌈장 포기김치	혼합잡곡밥 모듬어묵탕 갈치무조림 근대나물 포기김치
열량	650 kcal	686 kcal	668 kcal	695 kcal	682 kcal
일자/요일	24 (월)	25 (화)	26 (수)	27 (목)	28 (금)
점심	혼합잡곡밥 콩가루배춧국 하이라이스소스 단호박샐러드 포기김치	혼합잡곡밥 콩비지찌개 가자미구이 얼갈이된장무침 포기김치	흑미밥 오징어무국 복분자한우불고기 도라지오이무침 포기김치	혼합잡곡밥 육개장 청파래오징어가스 부추양파무침 포기김치	차수수밥 감자수제비국 닭김치조림 두부쑥갓무침 백김치
열량	675 kcal	678 kcal	705 kcal	686 kcal	662 kcal

자료 : 송파노인종합복지관, 2014

부록 2-7 단가별 음식분류

단가 구분	음식명
	주식류
고단가	낙지덮밥, 마파두부덮밥, 영양밥, 버섯밥, 비빔밥, 비프카레라이스, 쇠고기덮밥, 약밥, 짜장밥, 카레라이스, 해시라이스
중단가	감자채소볶음밥, 김밥, 김치볶음밥, 밤밥, 새우볶음밥, 쇠고기콩나물밥, 알밥, 잡채밥
저단가	감자밥, 강낭콩밥, 검은콩밥, 고구마밥, 기장밥, 녹두밥, 보리밥, 수수밥, 오곡밥, 옥수수밥, 완두콩밥, 율무밥, 차조밥, 팥밥, 현미밥, 흑미밥, 백미밥, 흑미보리밥
	국, 찌개 및 전골류
고단가	쇠고기경단미역국, 사골곰국, 사골육개장, 짬뽕국, 꽃게찌게, 버섯전골, 생태찌개, 어묵전골, 대구지리, 갈비탕, 꽃게탕, 도가니탕, 삼계탕, 쇠갈비감자탕, 알탕, 우거지갈비탕, 추어탕
중단가	김치굴국, 건새우시금치된장국, 닭개장, 만두달걀국, 모시조개부춧국, 해장국, 쇠고기미역국, 쇠고기무국, 육개장, 강된장찌개, 굴두부찌개, 달래된장찌개, 닭곰탕, 돈육김치찌개, 동태찌개, 버섯된장찌개, 삼겹살김치찌개, 연두부새우탕, 돼지등뼈감자탕
저단가	가지냉국, 감자수제비국, 건새우미역국, 근대된장국, 냉이두부된장국, 달걀파국, 미역냉국, 배추된장국, 북어콩나물국, 쇠고기콩나물국, 오이냉국, 오징어국, 콩나물국, 된장찌개, 북어두부찌개, 청국장찌개, 참치김치찌개
	구이, 전, 볶음 및 튀김류
고단가	더덕양념구이, 돼지갈비구이, 양념치킨, 쇠갈비양념구이, 멸치호두볶음, 너비아니구이, 비프커틀릿, 닭다리굴소스볶음, 병어구이, 깐풍기, 생선커틀릿, 붕장어구이, 탕수어, 삼겹살김치볶음, 쇠불고기, 전어구이, 더덕구이
중단가	건새우볶음, 고구마맛탕, 부추잡채, 햄채소볶음, 멸치볶음, 굴비구이, 죽순볶음, 조기구이, 삼치튀김, 돈육김치볶음, 가자미튀김, 연근튀김, 애호박볶음, 애호박새우젓볶음, 고추잡채, 뱅어포볶음, 삼치엿장구이, 오징어채소볶음, 잡채, 돈육양념구이, 돼지고기불고기, 김구이, 닭강정, 연근튀김, 임연수어구이, 낙지볶음, 코다리양념튀김, 닭바비큐소스오븐구이, 수제돈가스
저단가	고구마줄기볶음, 미역줄기볶음, 고사리볶음, 두부구이, 마늘종볶음, 감자볶음, 김부각, 우엉볶음, 어묵볶음, 쥐포채볶음, 오이볶음, 달걀말이, 소시지채소볶음, 갈치튀김, 감자채소튀김, 고구마튀김, 감자풋고추볶음, 카레떡볶음, 마파두부, 도라지볶음
	조림, 찜 및 무침류
고단가	더덕생채, 쇠갈비무조림, 사태찜, 돼지갈비찜, 쇠갈비찜, 꼬막찜, 꽃게양념무침, 사태무찜, 오징어냉채, 참치회채소무침, 안동찜닭, 미더덕찜, 닭봉조림, 병어조림, 아귀찜
중단가	감자조림, 굴무침, 도라지생채, 어묵채소조림, 고등어무조림, 대구포무침, 콩나물찜, 북어채무침, 가지나물, 꽈리고추찜, 연근조림, 건새우조림, 꽁치무조림, 오징어숙회, 닭찜, 고추잎무침, 오향장육
저단가	콩자반, 삼색초무침, 땅콩견과조림, 청경채찜, 숙주미나리무침, 배추무침, 두부조림, 달걀찜, 돌나물무침, 봄동겉절이, 달걀장조림, 김무침, 시금치나물, 도라지무생채, 우엉콩조림, 도토리묵무침, 탕평채, 어묵조림, 쥐포채조림, 쑥갓나물, 냉이무침, 오이양파무침, 미역무침, 미나리무침, 멸치풋고추조림, 대구콩나물찜, 굴무생채, 콩나물무침, 콩나물냉채

자료 : 재치영양사 제공 단가(2009.01.10.) 활용

3 구매관리

3

학습목표

1. 구매관리의 중요성과 절차를 이해하고 각 급식소에 맞게 적용할 수 있다.
2. 구매 절차에 따른 다양한 서식을 작성하고 해당 업무를 수행할 수 있다.
3. 식재료의 폐기율과 식수, 재고량을 고려하여 최적의 식재료 발주량을 결정할 수 있다.
4. 재고조사 방법, 재고관리 기법과 재고자산평가 방법을 이해하고 활용할 수 있다.

1. 급식 구매관리 개요

1) 구매의 개념

구매purchasing란 구매자 또는 구매업체가 공급업체와 계약 체결을 통해 물품을 구입하고 그에 대한 대금을 지불하는 경제 행위를 말하며, 넓은 의미의 조달procurement에 해당한다. 단체급식에서의 구매는 정해진 품질과 적절한 수량의 물품과 서비스를 적절한 가격으로 원하는 시기에 필요로 하는 장소에서 획득하는 과정으로 정의할 수 있다. 이를 통해 고객에게 양질의 음식을 제공하고, 나아가 운영자의 만족과 조직의 목표를 달성할 수 있으므로 단체급식에서의 구매활동은 급식활동의 기초가 된다.

2) 구매관리의 필요성

구매관리purchasing management는 구매활동의 중요성을 인식하고 구매를 계획, 실시, 통제하는 일련의 관리활동으로 구매, 검수, 저장, 재고관리가 이에 포함된다. 효율적인 구매관리는 생산원가를 감소시키고 이를 통해 제품을 싼 가격으로 고객에게 제공할 수 있게 한다. 경쟁업체와 품질 면에서 동등한 어떤 제품을 만들어 더 낮은 가격으로 고객에게 제공한다면 고객 만족을 유도할 수 있어 시장점유율 개선으로 이어지고, 이는 경쟁업체 대비 우위를 차지할 수 있어 기업의 이익을 증대시킬 수 있다. 그러므로 구매관리는 구매가 단순한 조달이 아니라 기업의 이익과 공공의 이익을 함께 유도할 수 있도록 하는 것이므로 철저한 계획과 통제하에 실시되어야 하겠다. 특히 제한된 식재료 원가로 질 좋은 음식을 생산해야만 하는 단체급식에서의 구매관리는 경영활동에 있어 매우 중요한 도구이다.

단체급식의 구매관리자는 식재료가 생산의 과정을 거쳐 음식으로 완성되어 고객에게 전달되기까지의 모든 과정에 대해서 전문적인 지식과 경험을 바탕으로 구매활동을 하여야 한다.

또한 시장조사를 통해 새로운 거래처의 개발과 식재료의 개발, 신상품 개발 등의 상품 구매기획자merchandising director, MD로서의 역할도 중요해지고 있다.

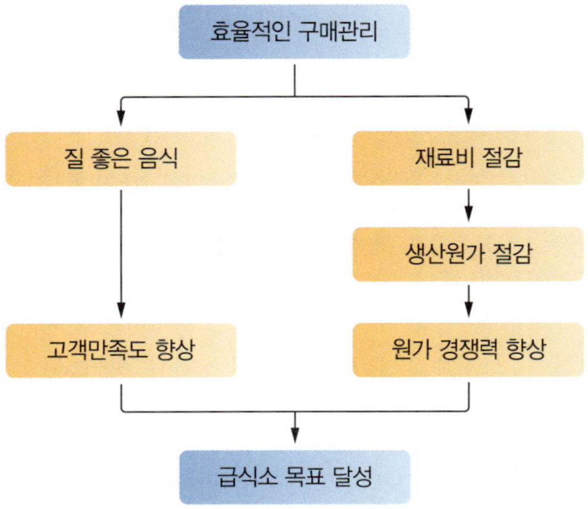

그림 3-1 ▶ 구매관리의 필요성

2. 구매의 유형

1) 독립구매Independent purchasing

독립구매는 분산구매decentralized purchasing라고도 하며, 필요한 물품을 필요한 부서에서 독립적으로 단독구매하는 형태이다. 단체급식소의 관리자나 외식업의 경영주가 구매에 대한 책임을 지고 직접 구매하는 경우가 해당된다.

독립구매는 구매절차가 간단하여 긴급할 때 유용하지만, 부서 단독의 소규모 구매로 인해 구입단가가 높아지는 단점이 있다.

소규모 학교의 단독 조리 시 독립구매할 경우 대규모 식재료 구입이 어려워 식단가를 낮추기가 쉽지 않지만, 공동조리교의 경우 식재료를 대량으로 구매함으로써 구입단가를 낮출 수 있다.

2) 중앙구매Centralized purchasing

중앙구매는 규모가 큰 위탁급식업체나 프랜차이즈 음식점, 병원, 호텔 등에서 구매부서(혹은 구매담당자)가 존재하여 조직 전체에서 필요한 물품을 대량으로 구매하는 형태이다.

중앙구매의 장점은 일관된 구매방침에 의해 구매관리가 이루어지고 전문가에 의한 효율적인 구매관리가 가능하며, 대량구매로 인해 저렴한 가격으로 제품을 구매할 수 있어 비용 절감의 효과가 있다는 것이다. 단점은 구매부서의 운영을 위한 비용이 발생하며, 구매부서에서 구매업무를 총괄하게 되므로 구매절차가 복잡해지고 구매에 시간이 오래 걸린다는 것이다. 따라서 긴급하게 구매할 품목이 있을 때 불리할 수 있다.

3) 공동구매Group purchasing, Cooperative purchasing

공동구매는 서로 다른 조직에 속한 급식소들이 공동으로 물품을 구매하는 형태이다. 공동구매의 장점은 독립구매보다 구매의 규모가 커지므로 원가 절감효과를 기대할 수 있으며, 대량 구매가 가능한 공신력 있는 공급업체를 선정하고 거래할 수 있다는 것이다. 하지만 공동구매를 위해서는 각 구매품목에 대한 명세서에 참여 조직들이 사전에 동의해야 하고, 사전에 물품 운송 등에 대한 세부사항을 결정하는 데 시간과 노력이 드는 단점이 있다.

대형 위탁급식업체들이 식자재 유통사업을 확대함으로써 많은 중·소규모의 위탁급식업체들은 그 시스템을 활용하여 공동구매하고 있다. 또한 학교급식에서도 농수산물사이버거래소(eaT, www.eat.co.kr)를 통한 공동구매가 진행되고 있다.

4) 일괄위탁구매Consignment purchasing, One stop purchasing

일괄위탁구매는 구매하고자 하는 물품의 양이 적고 종류가 다양한 경우에 특정 공급업체와 구입단가를 명확히 한 후 여러 가지를 한 번에 위탁하여 구매하는 방법이다. 이는 소규모 급식업체 또는 조직에서 필요한 식재료와 물품에 대한 정보를 다 파악하기 어렵고 가격 경쟁력이 낮다고 생각될 때 사용하는 구매방법으로 공급업체와의 신뢰성과 효율성이 매우 중요한 요소가 된다. 그러므로 공급업체의 선정에 신중을 기해야 하며 긍정적인 관계를 형성하도록 한다.

5) 무재고구매Just-In-Time purchasing

무재고구매는 특정 기간의 급식 생산에 필요한 식품의 양을 정확히 파악하여 필요량

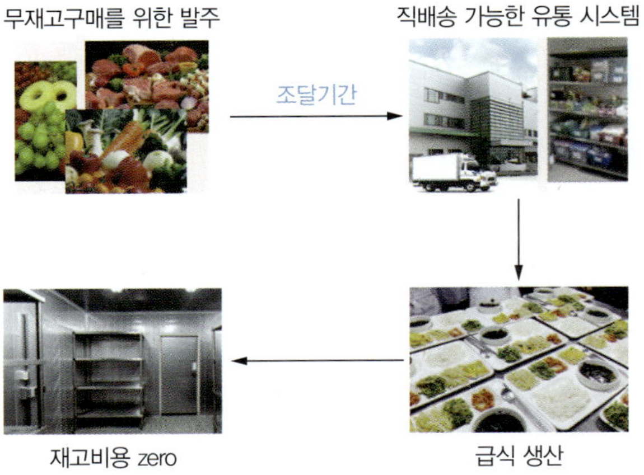

그림 3-2 ▸▸ 무재고(JIT)구매

만을 구입하므로 재고를 보유하지 않는 방법이다. 이 방법은 적시에 필요한 양을 구입함으로써 재고를 최대로 줄일 수 있어 저장비용, 기회비용, 손실비용을 최소화할 수 있는 장점이 있으나, 시장에서 필요할 때 공급이 가능할 경우 성공적으로 운영될 수 있다. 최근에는 물류센터를 통한 식재료 유통이 활성화되어 이 구매방법을 채소, 과일, 육·어류와 같은 신선식품 구매에 많이 이용하고 있다.

3. 구매의 계약

구매 계약을 체결하기 위해 업체를 선정하는 과정은 공정하고 투명하게 이루어져야 한다. 구매담당자는 업체의 계약 이행능력을 면밀히 검토하여 물품 수급이 원활히 이루어질 수 있는 업체를 선정하여야 하고, 가격 경쟁력을 파악하여 조직에 가장 유리하다고 인정되는 업체를 선정해야 한다.

1) 계약방법

구매 계약의 방법은 공식적 구매방법인 경쟁입찰계약과 비공식적 구매방법인 수의계약으로 구분할 수 있다. 구매 계약의 방법에 따라 공급업체를 선정하는 과정에 차이가 있다.

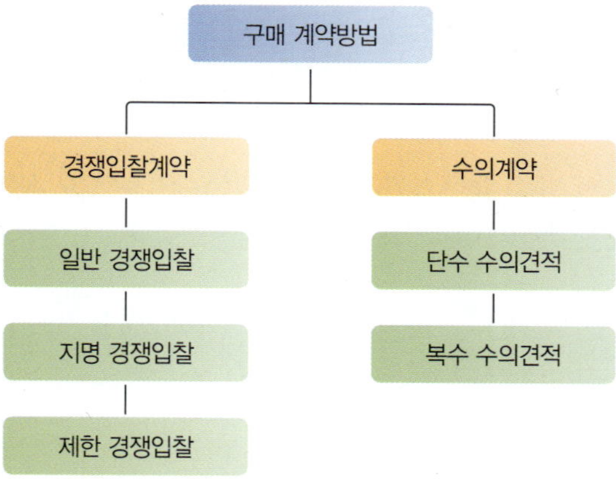

그림 3-3 ▸▸ 구매 계약방법

(1) 경쟁입찰계약

경쟁입찰계약은 대규모의 급식소, 정부지원 급식소, 식품의 대량 구매 시, 조달기간이 여유가 있을 경우, 새로운 공급업체를 찾는 경우 등에 이용한다.

① 일반 경쟁입찰

일반 경쟁입찰은 일정한 자격을 가진 희망자 모두를 대상으로 하여 경쟁입찰에 참가하도록 공고한 후 그중에서 조직에 가장 유리한 조건을 제시한 입찰자를 선정하여 계약을 체결하는 방법이다. 일정 기간의 입찰 공고기간을 거쳐 입찰 등록한 업체들을 대상으로 계약 절차 그림 3-4가 진행된다.

② 지명 경쟁입찰

지명 경쟁입찰은 특수설비·기술·자재·물품 또는 실적이 있는 업자가 아니면 계약의 목적 달성이 곤란한 경우에 경쟁입찰 참가자를 지명하여 입찰에 응하도록 한 후 가장 유리한 업체를 선정하고 계약을 체결하는 방법이다.

③ 제한 경쟁입찰

제한 경쟁입찰은 특수한 공사실적, 시공능력, 기술 보유 상황, 지역, 유자격자 명부, 재무상태 등 일정한 자격 요건을 갖춘 공급업체로 입찰참가자의 자격을 제한하여 입찰에 참여하도록 하고, 제한 경쟁을 통해 유리한 업체를 선정하여 계약을 체결하는 방

입찰 공고 — 계약내용, 입찰 참가자의 자격, 입찰 참가 등록 및 입찰 관련 서류에 관한 사항 등을 매체에 공고(최소 5일에서 30일 전부터 공고)

↓

입찰 등록 — 입찰에 참가하려는 자는 입찰 참가 신청 마감일까지 입찰 참가 신청서 및 입찰 보증금 등을 발주기관에 제출하여 입찰 참가 신청

↓

입찰(응찰) — 입찰은 입찰 참가 자격이 있는 자 2인 이상이 입찰해야 유효한 입찰로 성립

↓

개찰 — 입찰공고에 표시한 장소와 일시에 입찰자 참석하에 개찰

↓

낙찰 — 입찰공고나 입찰설명서에 명기된 평가기준에 따라 선정
충분한 계약 이행능력이 있다고 인정되는 자로서 최저가격 입찰자로 낙찰

↓

계약 체결 — 낙찰자는 표준계약서(계약의 목적, 계약금액, 이행기간, 계약보증금, 위험 부담, 지체보상금, 그 밖에 필요한 사항 등 기재)에 의해 계약 체결

그림 3-4 ▸▸ 일반 경쟁입찰에 의한 계약 절차

그림 3-5 ▸▸ 학교급식 입찰공고 예
자료 : 농수산물사이버거래소, 2016

법이다. 학교급식의 경우 5천만 원 이상의 물품을 구입하기 위해서는 제한 경쟁입찰을 실시하여 최저가를 제시한 업체를 선정하여 계약하고 있다. 학교급식소의 경우 '집단급식소 식품판매업 신고' 업체만이 식재료를 공급할 수 있도록 제한하고 있으며, 일반적으로 지역에 의한 제한 경쟁입찰 계약이 빈번하게 이루어지고 있다.

지명 경쟁입찰과 제한 경쟁입찰은 업체를 지명·제한함으로써 계약을 성실히 이행할 가능성이 높은 업체를 선정할 수 있다.

○○○○학교

수신 수신처 참조
(경유)
제목 20 년 ○월분 학교급식 식재료(가공품) 공동구매 입찰공고

학교급식 식재료 공동구매 계획에 의거 우리 학교 외 ○개교의 20 년 ○월분 학교급식 물품(부식) 공동구매 입찰을 위해 다음과 같이 입찰공고를 하고자 합니다.

1. 건명 : 20 . ○월분 학교급식 식재료(부식/육류) 공동구매
2. 납품기한 : 20 . . . ~ 20 . . .
3. 입찰방법 : 제한 경쟁입찰(총액입찰)
4. 공고방법 : 지정정보처리장치를 이용한 전자입찰(G28, eaT 등)
5. 근거법령 : 지방자치단체를 당사자로 하는 계약에 관한 법률 시행령 제33조

붙임 : 학교 급식물품 공동구매 입찰 공고문(안) 1부. 끝.

○○○○학교장

수신처 ○○○○학교장 외 ○개교

주무관 행정실장 학교장
협조자
시행 ( ) 접수 ( )
우
전화번호 / 팩스번호

그림 3-6 ▸▸ 학교급식 식재료 공동구매 입찰공고 공문

(2) 수의계약

수의계약은 비공식적인 구매방법으로 계약내용을 성실히 이행할 수 있는 자격을 가진 특정 업체와 협의하여 계약을 체결하는 것이다. 특수 목적을 위하여 예외적으로 인정하는 경우에 이용한다. 예를 들면, 천재지변 등의 긴급 수요, 소량 구매, 소액 구매, 경쟁 입찰에 의한 계약체결이 실패한 경우, 신선식품 구매의 경우에 수의계약을 통해 구매할 수 있다. 단수 수의견적과 복수 수의견적의 방법으로 분류할 수 있으며, 어떠한 방법으로 구매할 것인지에 대해서는 구매금액에 의해 조직에 따라 다르게 결정된다. 이 방법은 절차가 간편하고 신속하게 계약을 진행할 수 있는 장점이 있지만 업체 선정에 대해 공정성에 대한 의혹이 생길 수 있으며 구매 경쟁력이 제한적인 단점이 있다.

① 단수 수의견적

단수 수의견적은 한 공급업체로부터 견적서를 받아 계약을 진행하는 경우를 말한다.

표 3-1 ▸▸ 경쟁입찰계약과 수의계약의 비교

구분	경쟁입찰계약(공식적 구매)	수의계약(비공식적 구매)
종류	• 일반 경쟁입찰 • 지명 경쟁입찰 • 제한 경쟁입찰	• 단수 수의견적 • 복수 수의견적
계약절차	입찰공고 → 입찰등록 → 입찰 → 개찰 → 낙찰 → 계약 체결	견적서 요청 → 견적 조회 → 계약자 선정
법적 효력	계약서	발주서
장점	• 공정한 절차에 의한 구매계약 • 발생 가능한 부조리를 미연에 방지함 • 구매계약에 대한 의혹 발생 방지 • 낙찰 시 유리한 가격 제시업체 선정으로 경제적임 • 새로운 공급업체 발굴 가능	• 절차가 간편하므로 소요 인건비와 경비를 줄일 수 있음 • 신용이 확실한 공급업체를 선정할 수 있음 • 신속하고 안정된 구매 가능
단점	• 공급업체를 잘못 선정할 경우 구매에 차질이 발생할 가능성 있음 • 절차가 복잡하여 긴급 상황에서는 적합하지 않음 • 업체들간 담합에 의해 고단가로 낙찰되거나 계약 실패 가능성 있음	• 구매의 공정성에 대한 의구심 생김 • 단수 수의견적의 경우 불리한 가격으로 계약할 수 있음 • 구매자의 구매 경쟁력이 제한됨
용도	• 식품을 대량으로 구매할 경우 • 저장성이 높은 식품을 구매하는 경우 • 시간적인 여유가 있어 새로운 공급업체를 찾고자 하는 경우	• 식품을 소량으로 구매할 경우 • 계약가격이 소액인 경우 • 구매를 위한 시간이 부족한 경우 • 시장가격이 불안정한 경우 • 신선한 식품을 구매할 경우

② **복수 수의견적**

복수 수의견적은 두 개 이상의 업체에 견적서를 요청하고 견적서를 받은 후 유리한 조건의 업체를 선정하는 방법이다.

2) 계약기간

구매 계약기간은 구매자의 창고 조건, 사용 시기, 대금 지불능력 등을 고려하여 설정한다. 일반적으로 쉽게 품질의 변화가 생기는 신선식품류들은 주 단위로 구매하고, 가격 변동이 적을수록 계약기간이 비교적 길게, 가격 변동이 심할수록 계약기간을 짧게 또는 필요할 때마다 구매하는 방식을 취한다.

(1) 수시구매

구매 요구 또는 필요성이 있을 때마다 수시로 구매하는 방법으로 주로 채소 및 과일류, 알류, 육류 및 어패류, 반가공제품 등을 구매할 때 사용한다.

(2) 정기구매

계속적으로 사용되면서 저장성이 좋으며 재고 부담이 적은 식품의 구매에 주로 이용되는 구매방법으로 식용유, 밀가루, 설탕, 고춧가루 등이 이에 속한다.

(3) 장기구매

식품이 계속해서 대량으로 필요한 경우에 장기계약을 체결하여 계약기간에 일정기간마다 일정량씩 납품을 받기로 계약하여 구매하는 방법으로, 학교의 우유 및 유제품 급식이 이에 해당한다.

학교급식 전자조달 시스템

학교급식은 식재료 공급과 관리를 위한 문서 및 절차를 전산 시스템에 의해 처리하고 있다. 학교급식은 공공기관인 농수산물사이버거래소의 식재료 전문 조달 시스템을 이용함으로써 공정성을 확대하고 업무의 효율성을 도모하고자 한다.

자료 : 농수산물 사이버거래소, 2016

4. 구매 시장조사

구매 시장조사는 구매담당자의 중요한 업무 중의 하나이다. 구매담당자는 식재료가 음식으로 생산되는 과정에서 필요한 식재료와 물품(주방기계, 기구, 소모품류)의 구매와 관련된 경영활동을 수행하는 사람으로 식재료와 물품, 시장 및 유통경로, 관련 법규에 대한 전문지식과 경험을 갖추고 있어야 하며, 이로써 공급업체를 관리하고 구매부서에게 정보를 제공하는 역할을 수행한다. 최근에는 구매담당자가 새로운 거래처와 식재료 발굴, 상품기획 등 상품구매기획자Merchandising Director, MD로서의 업무 중요성이 커지고 있다.

구매 시장조사는 구입할 품목의 시장가격이나 수급 상황, 가격 변동 추이 등의 자료를 수집·분석하여 합리적인 구매계획을 세우기 위하여 실시한다. 정확한 구매시장 실태를 조사함으로써 원가계산을 위한 구매 예정가격을 비교적 구매가격과 유사하게 결정할 수 있고, 경제적으로 유리한 업체를 선정하고 가격을 협상할 수 있어 원가를 절감할 수 있다.

1) 시장조사의 내용과 원칙

(1) 시장조사의 내용

합리적인 구매계획은 발주, 검수, 저장 및 재고관리, 조리 등의 급식소 운영 전반에 매우 중요하다. 합리적인 구매계획의 수립을 위해 시장조사 시 표 3-2와 같은 내용을 조사하도록 한다.

표 3-2 ▸▸ 시장조사의 내용

시장조사 항목	내 용
품목	구매시장 종류에 따른 공급품목, 품목별 제조업체, 품목별 대체식품, 새로운 물품 등을 조사
품질	구매하고자 하는 물품의 가격과 품질 간의 관계 조사
수량	물품별 포장단위, 할인율, 유통기한 등을 고려한 구매수량 조사
가격	가격과 품질 간의 관계, 물품의 가치, 거래량에 의한 가격변화 효과 등을 고려한 가격조사
시기	농수산물의 출하시기와 가격변동, 물가, 구매빈도 등을 고려하여 구매시기 결정
공급업체	구매하고자 하는 물품의 공급이 가능한 업체 다수의 실태조사를 통해 안정된 공급업체 선정과 조사
거래조건	물품 인수 및 반품, 대금 지불조건 등 구매비용을 절감할 수 있는 거래조건 조사

상품구매기획자(MD) 직무 소개

직무 내용

MD는 경쟁력 있는 식재를 고객이 원하는 시기에 적량으로, 최적의 가격으로 공급하는 업무를 담당합니다. 각 상품별로 전문적인 구매담당자가 있으며, 경쟁력을 강화하기 위해 끊임없이 새로운 구매 혁신을 시도하고, 신상품, 신규업체 발굴의 업무를 주로 진행합니다. 또한 최적의 구매를 위하여 구매기획, 협력업체 선정 및 관리, 구매가격 결정, 계약, 발주, 상품관리, 매입관리, 전략수립 등의 업무도 합니다. CJ프레시웨이는 그룹 내에서 상품 구매 및 유통을 담당하여 관계사와의 물량 소비량을 예측하여 상품 수급을 원활하게 하기도 합니다.

CJ프레시웨이의 MD는 상품을 크게 6가지로 나누어서 농산MD, 축산MD, 수산MD, 가공MD, 관계사MD, 상품개발MD로 구별할 수 있습니다. 농·수·축·가공MD들은 본연의 업무인 합리적인 구매업무가 주를 이루고 관계사MD는 그룹 전반적인 상품구매를 담당하며, 상품개발MD들은 PB(private brand)상품이나, CK(central kitchen)상상품 개발 업무를 담당하고 있습니다.

하루 일과

MD의 하루 시작은 MA와 함께 시작합니다. 고객들에게 전달되었던 상품의 품질이나 기타 여러가지 클레임이 발생되었을 경우 MA와 협조하여 즉시 해결하며, 그에 따른 문제점들을 파악하여 원인규명과 함께 향후 동일한 문제가 발생되지 않도록 조치를 합니다. 이후에는, 각자가 맡고 있는 상품에 대하여 관리를 시작합니다. 상품재고, 출하, 품질, 가격 등의 항목을 매일 점검하여 상품수급을 원할하게끔 매일 관리하고 유지하고 있습니다. 또한 연간 구매계획의 실행률을 점검, 보고하며 상품 부진 사유가 있을 경우 대응책을 수립한 뒤, 재발 방지를 위하여 노력합니다. 기존상품 관리뿐만 아니라 신규상품을 발굴하여 매출 증대에 많은 힘을 보태고 있습니다. 끊임없는 시황정보, 시장트렌드, 주요 이슈상품 정보 등을 통하여 신상품 개발에 많은 노력을 기울이고 있습니다.

업무 네트워크

MD는 상품입고, 수급, 품질, 신규 개발 등을 담당하고 있어 회사 내/외 모든 조직과 의사소통하고 있습니다. 특히 상품 품질 등의 문제로 인한 고객과의 불만이 있을 경우 문제 해결을 위하여 담당MA와 긴밀하게 협조를 하며, 원활한 상품 공급을 위해 협력사와 긴밀한 유대관계를 맺어 상생지원을 아끼지 않고 있습니다. 또한 상품의 법적인 문제점이나 이슈사항에 대해서 식품안전센타와 지속적인 협의를 하며 상품입고의 물류 효율성을 높이기 위해 물류팀과 끊임없는 혁신활동을 벌이고 있습니다.

국내에서뿐만 아니라 해외에서도 상품을 소싱, 수출하므로 전 세계에 나가 있는 그룹 관계사들을 통하여 해외 상품에 대한 정보를 지속적으로 제공받기도 합니다.

출처 : CJ프레시웨이 홈페이지, 2016

(2) 시장조사의 원칙

① 비용경제성의 원칙

시장조사는 사용된 인력과 시간의 비용, 경비 등의 비용을 최소화하여 효율적으로 이루어져야 한다. 시장조사를 위해 발생한 비용이 구매 후 발생하는 이익을 초과해서는 안 되므로 상호 비교를 통해 경제적으로 실행되어야 한다.

② 조사계획성의 원칙

시장조사는 정확하고 경제적으로 이루어져야 하므로 철저하게 계획 후 시행되어야 그 목적을 달성할 수 있다. 계획없이 시행되는 시장조사는 원칙에도 위배될 뿐만 아니라 합리적인 구매도 할 수 없고 경영상의 이익도 얻을 수 없다.

③ 조사적시성의 원칙

시장조사의 궁극적 목적은 구매의 효율성이므로 구매계획과 구매활동을 위해 필요한 시기에 시장조사가 적절하게 이루어져야 한다. 아무리 충실한 내용으로 시장조사가 이루어졌더라도 실제 구매업무에 적용될 수 없다면 쓸모없게 된다. 그러므로 시장조사를 하는 사람은 시장조사의 내용뿐만 아니라 그 결과를 적절한 시기에 사용될 수 있도록 하여야 한다.

④ 조사정확성의 원칙

시장조사의 결과는 구매활동에 중요한 영향을 줄 뿐만 아니라 원가관리, 생산관리, 품질관리 등의 전반적인 급식 운영에 영향을 미치므로 정확해야 한다. 그러므로 시장조사의 내용, 즉 품목, 품질, 수량, 가격, 공급업체, 시기, 거래조건 등에 대한 정보는 정확하게 조사해야 한다.

⑤ 조사탄력성의 원칙

식재료 구매시장은 품목의 수집, 분산 등의 유통과정이 매우 복잡하며, 시장 상황의 변동과 정책의 변화에 따라 물품 수급과 가격의 변동이 발생할 수 있다. 그러므로 항상 환경의 변화를 예의주시하며 그 변화에 능동적으로 대처하면서 시장조사가 이루어져야 그 의의가 있다.

2) 시장조사 유형

시장조사는 다음과 같은 4가지 유형으로 구분하여 실시할 수 있다.

(1) 일반 기본조사

가장 기본적인 시장조사로서 전반적인 경제 동향과 관련 업체의 수급과 가격 동향을 파악하여 구매정책을 결정하기 위해 시행한다.

(2) 품목별 시장조사

품목별 시장조사는 현재 구매하고 있는 품목의 가격과 수급의 변동을 조사하여 구매가격을 산정하고, 구매시기에 적절한 구매수량을 결정하기 위하여 행해진다.

(3) 거래처별 시장조사

거래처별 시장조사는 현재 거래하고 있는 업체의 경영 상황, 품질관리 실태, 생산 상황, 성장성 등을 조사하여 지속적인 거래 가능성 여부를 확인하고, 결과에 따라 새로운 업체를 발굴하는 데 이용한다.

(4) 유통체계별 시장조사

유통체계별 시장조사를 시행함으로써 생산에서 소비에 이르기까지의 유통단계를 축소시키고 가격경쟁력이 있는 시장에서의 구매방법을 선택할 수 있다. 그러므로 유통단계별 제품의 특징, 가격, 유통경로, 판매촉진 등에 대해 조사해야 한다.

3) 시장의 종류 및 유통경로

시장이란 물품과 그 소유권이 생산자로부터 소비자에게 이전되는 장소 또는 경로를 의미한다. 식품시장은 식품의 종류, 판매장소, 가공방법 등에 따라 여러 형태의 유통경로가 존재한다.

(1) 시장의 종류

단체급식에서 사용되는 물품의 대부분을 차지하는 식품시장은 거래하는 식품의 종류에 따라 양곡시장, 청과물시장, 수산물시장, 축산물시장으로 분류할 수 있으며, 유통경로 및 시장의 위치에 따라 산지시장, 도매시장, 소매시장으로 분류할 수 있다.

산지시장은 1차 시장이라고도 하며, 식품의 산지 근처에 형성되는 생산지 시장으로 해안가의 수산물시장, 과수단지의 청과물시장 등이 이에 해당한다.

도매시장은 2차 시장이라고도 하며, 산지시장에서 다량의 식품을 구입하여 소매시장에 배분하는 역할을 하고 있다. 도매시장은 대량 집하와 분산을 통해 수요와 공급의 조절, 경매를 통한 적정가격 형성 등의 기능을 담당할 수 있는 중요한 시장이므로 국가에서 시장기구나 조직구성원에 대해 제도적으로 규정하고 있다.

소매시장은 최종소비자에게 물품과 서비스를 제공하는 시장으로 소비자 근처에 형성되는 지역시장을 말한다.

시장의 종류는 향후 시장 환경의 변화에 따라 계속적으로 변할 것이며, 학교급식의 경우 인터넷 시장에서의 구매활동으로 급식관리 업무가 효율적으로 이루어지는 대표적인 사례이다.

(2) 유통경로

유통경로란 물품과 그 소유권이 생산자에게서 소비자 또는 최종 소유자에 이르기까지 거치는 과정을 말하며, 식재료가 생산자 또는 생산지로부터 최종소비자까지 이동하는 데는 중간 유통단계인 도매상과 소매상을 거치게 된다.

유통단계가 복잡해질수록 유통비용이 발생하여 최종소비자는 비싼 가격에 물품을 구입하게 되므로 최근 급식업체들은 유통단계를 줄이기 위해 산지 직거래나 계약재배

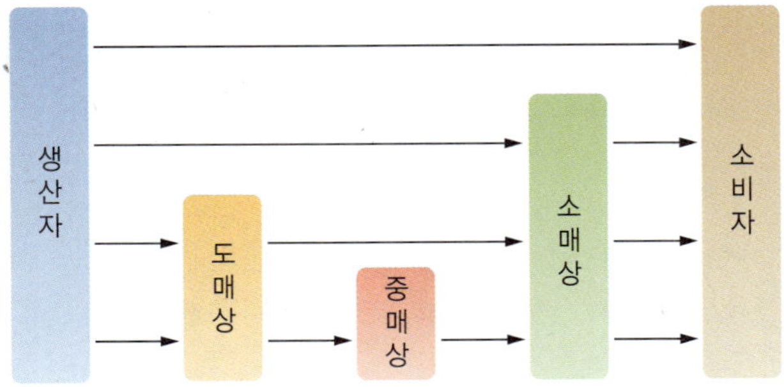

그림 3-7 ▸ 식품 유통경로

대형 위탁급식업체 식자재 유통부문의 물류 시스템

대형 위탁급식업체들은 식자재를 보다 효율적이고 안전하게 유통하기 위한 물류 시스템을 구축해 나가고 있다. 삼성웰스토리의 경우 6단계의 물류 프로세스에 의해 물류의 흐름을 효율적으로 통제하고 있으며, 식재료의 위생적인 관리를 위해 Cold chain system, air shelter, thermo air shutter와 같은 온도관리 시스템을 운영하고 있다.

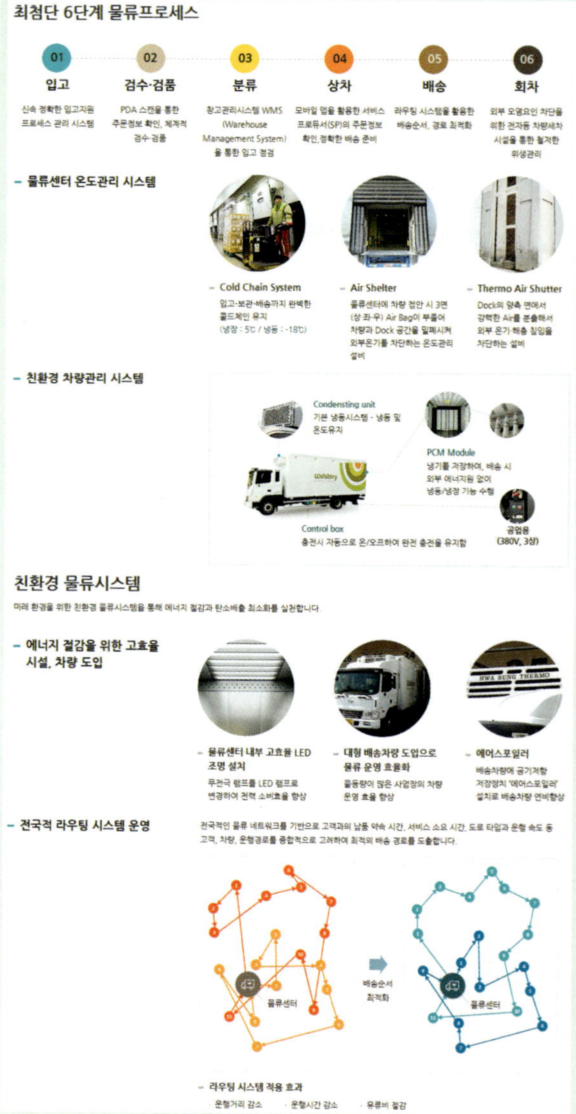

자료 : 삼성웰스토리 홈페이지, 2016

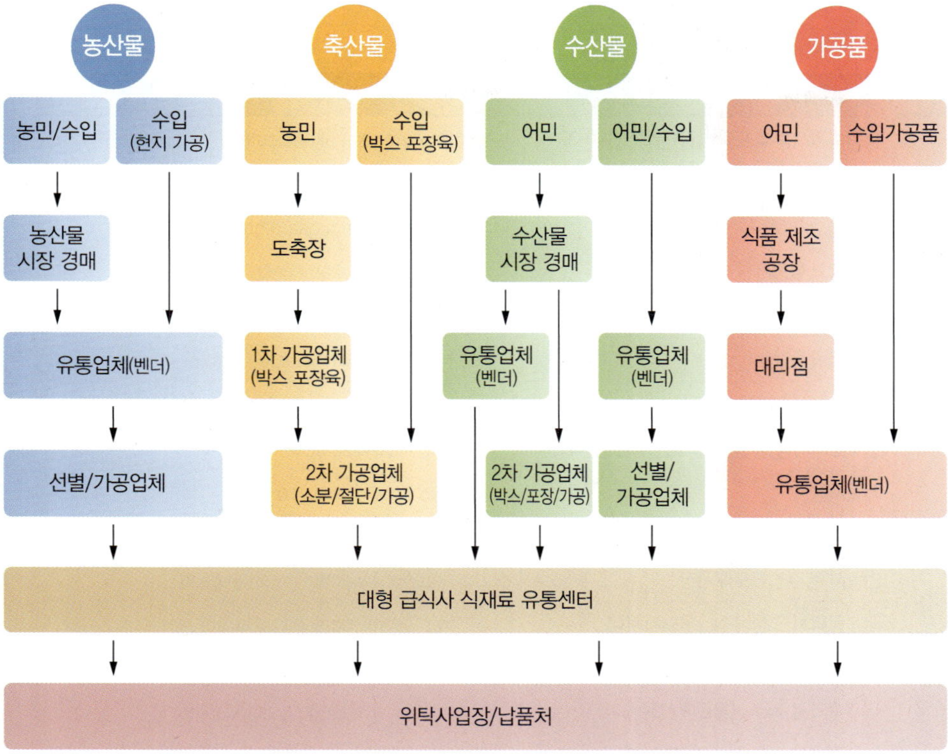

그림 3-8 ▸▸ 대형 위탁급식업체의 식품 유통체계
자료 : 백옥희 외 4인, 2012

등을 통해 식품을 구매하기도 하고, 중간 유통단계에서 직접 경매에 참여하여 식품을 구매하기도 한다.

5. 구매 절차

급식소 내에서 급식 운영을 원활히 하기 위해 정확하고 빠른 구매활동이 요구되며, 이를 위해서는 합리적인 구매 절차가 필요하다. 이러한 구매 절차는 급식소의 상황이나 여건에 따라 다양한 방법으로 운용될수 있으나 기본 절차는 그림 3-9와 같다.

식재료 가격 및 정보 검색 사이트

구 분	사이트명	홈페이지 주소
시장조사	농림축산식품부 도매시장 통합 홈페이지	http://market.okdab.com
	농수산물유통공사	http://www.at.or.kr
	농사로	http://www.nongsaro.go.kr
	축산물품질평가원	http://www.ekape.or.kr
	축산물단가	http://gogiyo.kr
	농산물유통정보	http://www.kamis.or.kr
	농림축산식품 가격데이터	http://data.mafra.go.kr
	전국도매시장 농산물 실시간 경매·경락가격	http://www.asak.co.kr
지역시장	가락시장	http://www.garak.co.kr
	인천광역시 구월농축산물도매시장	http://gm.incheon.go.kr
	안동시 농수산물도매시장	http://www.andongmarket.go.kr
	대전광역시 오정농수산물도매시장	http://www.daejeon.go.kr/ohj
	구미시 농산물도매시장	http://www.gumimarket.or.kr
	대구광역시 농수산물도매시장	http://www.daegu.go.kr/Market
	부산광역시 국제수산물도매시장	http://fishmarket.busan.go.kr
식단 작성	어린이급식관리지원센터	http://ccfsm.foodnara.go.kr
	푸드인코리아	http://www.foodinkorea.co.kr
	재치영양사	http://www.yori.co.kr
	영양사24	http://dtn24.co.kr
	영양사도우미	http://www.kdclub.com
	녹색식생활정보	http://www.greentable.or.kr

1) 물품 구매 필요성의 인식

단체급식소에서 물품 구매의 필요성을 인식하는 부서는 물품을 사용하여 생산하는 부서와 적정 재고 수준으로 관리하는 창고 관리부서이다. 급식 생산부서는 식단의 작성으로 구매의 필요성이 인식되고, 창고 관리부서는 적정 이하의 재고 수준일 때 구매 필요성이 인식된다.

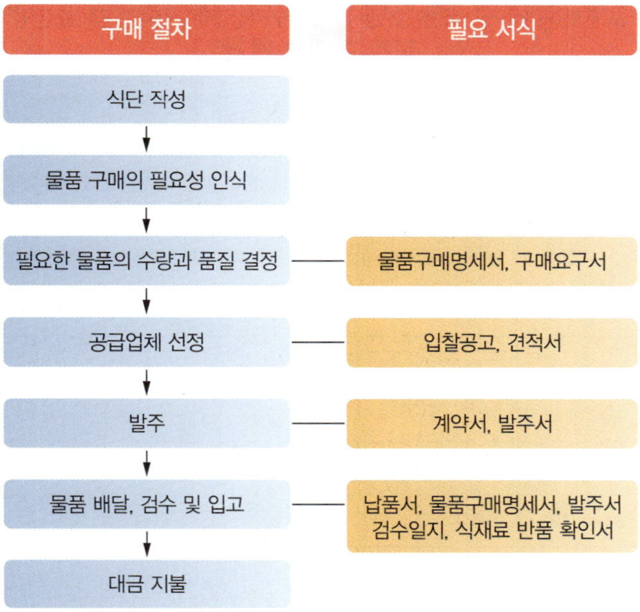

그림 3-9 ▸▸ 구매 절차와 필요 서식

2) 구매할 물품의 수량 및 품질 결정

구매할 물품의 수량은 수요 예측에 의한 급식 인원수와 표준레시피에 의한 1인 분량을 기준으로 결정하며, 품질은 생산부서에서 사전에 작성한 물품구매명세서specification를 근거로 결정한다.

물품구매명세서는 구입명세서, 물품명세서, 시방서라고도 하며, 물품의 표준품질을 유지하기 위해 급식 생산부서와 창고 관리부서 등이 협의하여 내용을 작성한다.

물품구매명세서는 구매부서와 공급업체에 송부하며, 검수부서에서는 검수할 때 구매하고자 하는 물품의 품질이 맞는지 확인하는 용도로 이용한다. 물품구매명세서의 내용은 식품의 일반적인 제품명, 식품의 품질등급, 배송 시 냉장 및 냉동 상태 여부, 식품의 포장단위와 용량, 식품 포장단위 내 개수와 사용된 용기의 크기, 식품의 가공 처리 정도 및 숙성의 정도, 품종, 산지, 특수성분의 함량 등이 간단하고 명료하게 꼭 필요한 정보만으로 서술되어야 한다.

물품구매명세서						
물품명	제조사	과세/비과세	단위	규격	특기사항	원산지
감자, 깐 것	–	면세	kg	개당 200 g	껍질과 싹, 홈이 패인 부분을 깨끗하게 제거한 것, 감자의 알이 잘 여물고 단단한 것	국내산
명태, 코다리살	–	면세	kg	토막당 80 g	냉동품, 뼈를 제거하고 조리용도에 맞게 절단한 것	러시아산
만두, 물	삼○	과세	봉	1 kg	봉당 10 g×100개, 냉동식품, 유통기한 이내의 것	–

그림 3-10 ▸▸ 물품구매명세서
자료 : 한국보건산업진흥원

3) 구매요구서 작성

구매요구서는 구매청구서 또는 구매의뢰서라고도 하며, 구매 필요성을 인식한 부서에서 물품구매명세서를 근거로 작성하여 구매부서로 송부하면 담당자의 승인을 받아서 구매절차가 진행된다. 구매요구서는 총 2부를 작성하여 구매부서와 구매 요구부서에서 각 1부씩 보관한다.

4) 공급업체 선정

공급업체는 납품처, 거래처, 거래선이라고 하며, 구매부서에서는 구매요구서에 따라 물품을 공급할 조건을 충족시킬 수 있는 업체를 선정해야 한다. 위탁급식업체의 경우 개별 급식소의 영양사와 관리자는 공급업체 선정에 직접 참여하지는 못한다. 구매부서에서 식품의 품목별로 공급업체를 선정한 후, 급식관리 전산 프로그램에 공급업체가 등록·공개되면 영양사는 필요한 품목을 온라인상에서 선택하게 된다.

구매요구서					
To : 구매담당자 날짜 : 2016-11-06 배달/입고날짜 : 2016-11-15			청구번호 : FNG1105 주문번호 : 1645 예산회계번호 : FNG1005		
품목	품목명세	단위	단위가격(원)	필요수량	가격(원)
토마토, 통조림	토마토, Whole #10 can, 6/case	box	15,000	2	30,000

그림 3-11 ▸▸ 구매요구서

표 3-3 ▸▸ 학교급식 식재료 납품업체 자격 기준(예시)

품목	자격기준
❶ 공통기준	① 「식품위생법」에 의거 관계기관의 인·허가, 면허 등 자격요건을 구비한 자 및 「부가세법」에 의한 사업자등록을 필한 자(단, 「지방자치단체를 당사자로 하는 계약에 관한 법률」 제31조에 의한 부정당업자로 입찰 참가 자격을 일정 기간 제한받은 자는 참가할 수 없다.) ② 집단급식소 식품판매업 신고대상 업체의 경우 가급적 집단급식소 식품판매업 신고 업체 ③ 학교에서 요구하는 급식품의 종류, 규격, 품질에 맞는 식품을 공급할 수 있을 것 ④ 지정시간 내에 납품할 공급 능력이 있을 것 ⑤ 작업에 필요한 적절한 규모의 위생적인 작업장 및 기타 시설을 갖추고 있을 것 ⑥ 모든 납품업체는 냉장·냉동차를 갖추고 있을 것(양곡업체 제외) - 차량 내의 청결 상태 및 교차오염을 방지할 수 있도록 할 것 - 반드시 차량 내부온도계를 비치하여 적정온도를 유지할 것 - 단, 양곡류는 냉장·냉동차 보유 대상에서 제외하되, 우천이나 외부 오염으로부터의 방지 및 신선도를 유지할 수 있는 배송 전용 차량으로 운반 가능할 것 ⑦ 관계 법령에 의하여 급식용 식재료 납품에 지장을 초래하지 않을 것 ⑧ 전 직원의 개인위생을 갖추고, 건강진단을 실시하되, 특히 배송 직원의 경우 납품 시 위생복, 위생화, 위생모를 착용하여 납품하도록 하고, 학교급식기준 6개월/1회 이상 건강진단결과서(구, 보건증)를 갖추고 있을 것[「식품위생법 시행규칙」 제49조에 따라 완전 포장된 식품을 운반하거나 판매하는 일에 종사하는 사람은 제외] ⑨ 공급된 식품으로 인하여 학생 건강에 이상이 있을 시, 책임을 보증할 수 있는 영업배상책임보험 가입 ⑩ 정기적인 방역소독을 허가된 소독업체로부터 실시하고 소독필증을 교부받아 비치할 것 (소독기간 : 4~9월은 2개월마다 1회, 10월~3월은 3개월마다 1회) ⑪ 국가공인기관(농관원 등)의 우수한 식재료 공급업체 및 국내 HACCP 지정업체 우대 * 성장기 학생에 대한 각별한 애정을 가지고 있으며, 건강하고 안전한 학교급식을 위하여 바른 생각으로 실천하는 업체

품목	자격기준
❷ 농산물류	① 상기 공통기준을 충족시킬 수 있으며, 「학교급식법 시행규칙」 제4조 제1항 "학교급식 식재료 품질 관리기준"을 준수할 수 있을 것 ② 전처리된 식품을 제외하고, 산지 또는 도매시장에서 구입한 신선한 제품일 것 ③ 전처리 작업장, 식품을 보관할 수 있는 창고(냉장창고 포함), 위생적인 시설을 갖추고 있을 것 ④ 「농산물 품질관리법」 제4조에 따른 "표준규격품" 중 농산물 표준규격이 "상" 등급 이상인 농산물을 납품하고, 다만 표준규격이 정해져 있지 않은 농산물은 상품가치가 "상" 이상에 해당되는 것을 납품할 수 있는 자 ⑤ 식품을 보관할 수 있는 창고를 보유하고 있으며, 적정 온·습도 유지가 가능하도록 환기시설 및 방충·방서시설을 갖출 것 ⑧ 전처리 농산물 납품 시 다음 사항을 표시하여 납품할 수 있을 것 가. 제품명(내용물의 명칭 또는 품목) 나. 업소명(생산자 또는 생산자 단체명) 다. 제조연월일(전처리 작업일 및 포장일) 라. 전처리하기 전 식재료의 품질(원산지, 품질등급, 생산연도) 마. 내용량 바. 보관 및 취급방법
❸ 축산물류 (우육, 돈육, 계육 등)	① 상기 공통기준을 충족시킬 수 있으며, 「학교급식법 시행규칙」 제4조 제1항 "학교급식 식재료 품질 관리기준"을 준수할 수 있을 것 ② 「축산물 위생관리법」 제22조, 제24조 및 동법 시행규칙 제35조에 의거 영업 허가 및 신고를 필한 자(축산물가공업 허가 및 축산물 판매·운반업 신고 등) ③ 「축산물 위생관리법」 제12조 제3항 및 동법 시행규칙 제14조에 의거 정기적인 자가품질검사 실시 ④ 위생적 시설을 갖춘 작업장을 구비할 것 ⑤ 납품 시 축산물 등급판정확인서 첨부 필 ⑥ 적정 냉장·냉동실 보유하고 있으며, HACCP 관련한 위생시설 보유 및 HACCP 시설 인증업체 ⑦ 제품 포장재의 안전성을 확인할 수 있는 시험성적서가 있을 것 ⑧ 우수축산물 공급이 가능할 것 ⑨ 「농수산물의 원산지 표시에 관한 법률」 제8조(영수증 등의 비치) 준수 업체
❹ 수산물류 (수산물, 건어물)	① 상기 공통기준을 충족시킬 수 있으며, 「학교급식법 시행규칙」 제4조 제1항 "학교급식 식재료 품질 관리기준"을 준수할 수 있을 것 ② 「농수산물 품질관리법」 제74조 및 동법 시행령 제24조에 의거 수산물 가공공장 등록 및 영업신고를 필한 자, 또는 그와 판매계약을 필한 자 ③ 「농수산물 품질관리법」 제98조 및 동법 시행규칙 제117조에 의거 정기적인 품질 검정을 실시할 것 ④ 적정 냉장·냉동실을 보유하고 있으며, HACCP 관련한 위생시설 보유 및 HACCP 시설 인증업체 ⑤ 원산지 표기, 수입 수산물의 경우 수입신고필증 첨부 필 ⑥ 제품 포장재의 안전성을 확인할 수 있는 시험성적서가 있을 것
❺ 김치류	① 상기 공통기준을 충족시킬 수 있을 것 ② 식품제조 신고 및 가공업, 식품소분판매업 신고를 필한 자 ③ 「식품위생법 시행규칙」 제31조에 의거 정기적인 자가품질 검사를 실시하고 검사서 제출 ④ 우리 농산물(배추, 무, 기타 양념류)을 이용한 김치를 제조, 납품할 것 ⑤ 김치 제조를 위한 위생적 시설을 갖춘 작업장 및 별도의 전처리 작업장 구비(HACCP 지정업체) - 계약되는 모든 김치는 HACCP 인증제품으로 납품 ⑥ 생산 전 품목의 김치 시험성적서 및 사양서가 있어야 하며, 시험결과 전 품목 "이상없음"으로 판정받아야 할 것 ⑦ 제품 포장재의 안전성을 확인할 수 있는 시험성적서가 있을 것 ⑧ 상수도 사용 용수의 적합성 여부를 확인할 수 있을 것 - 상하수도요금 납입 영수증 사본 확인 등

품목	자격기준
❻ 공산품, 냉동식품, 냉장식품, 유제품, 떡류	① 축산물판매업(우유류 판매업) 신고를 필할 것(공산품은 해당없음) ② 공산품, 냉동·냉장 식품 도소매 사업허가를 득할 것 ③ 납품체계 및 능력이 우수할 것 - 반품 및 비상 발주 시 해결 능력 보유 - 물품 유통시스템 확인 : 대리점 운영일 경우 본사와 계약되었는지 확인(다단계 유통 시스템을 가진 업체 및 비상연락체계가 확실하지 않은 업체 유의) ④ 떡류의 경우 당일 제조한 것으로, 식품 즉석판매제조가공업 허가증을 보유한 업체 것을 납품하며, 납품 시 자가품질검사서 등을 제출할 수 있을 것
❼ 쌀, 잡곡류	① 식품의 종류, 규격, 품질 등 학교에서 요구하는 식품을 공급할 수 있을 것 ② 작업에 필요한 적절한 규모의 위생적인 작업장 및 기타 제반시설을 갖추고 있을 것 ③ 해당지역에서 생산된 친환경농산물 납품이 가능하며 수확년도 1년 이내 제품 납품 ④ 친환경쌀 납품계약 시 최근 1개월 이내 검사결과서 첨부 ⑤ 보관창고가 있으며, 창고 내 온·습도 관리가 적정할 것 ⑥ 포장에 도정일자 및 원산지 표기할 것

5) 발주서 작성 및 발주

발주는 물품을 주문하는 것으로 공급업체가 선정되면 발주량을 결정하여 구매를 위한 발주서를 작성한다. 발주서는 구매표, 주문서, 발주전표라고도 하며 구매요구서를 근거로 구매담당자가 작성하여 업체에 송부한다. 이때 발주서는 보통 3부가 작성되며, 원본은 공급업체에, 사본 1부는 구매부서에, 나머지 사본 1부는 물품검수 및 입고 후 회계부서에서 대금지불의 근거로 보관한다. 발주서에 작성되어야 하는 내용은 급식소의 이름과 주소, 공급업체의 이름과 주소, 구매품목명과 발주량, 납품일자, 구매자의 서명 등이 포함되어야 한다.

(1) 발주량 산출

발주량을 산출할 때에는 표준레시피의 1인 분량을 기준으로 하여 수요 예측된 식수, 폐기율, 저장비, 주문비용, 재고 수준 등의 요소들을 고려하여 발주량을 여러 가지 방법으로 계산하여 정확한 발주량 산출이 되도록 한다.

① 1인 분량에 따른 발주량

급식소에서 가장 많이 사용하는 단순하고 신속한 방법이다. 표준레시피의 1인 분량을 기준으로 발주량을 산출하는 것으로 식품 중 폐기되는 부분이 있는지 없는지에 따라

발 주 서

일자 : 20 . .
발송 : ○○○

발주번호	품번	상품코드	상품명	발주수량	단위	단가	발주금액	납품일자

그림 3-12 ▸▸ 발주서

발주량 산출방법이 달라진다.

폐기율이 없는 식품의 발주량 = 1인 분량 × 예측식수

폐기율이 있는 식품의 발주량 = 1인 분량 × 예측식수 × 출고계수

$$출고계수 = \frac{100}{100-폐기율} = \frac{100}{가식부율}$$

1인 분량, 예측식수, 폐기율을 기준으로 발주량을 산출한 후에는 재고량의 유무에 따라 적정 재고 수준을 고려하여 최종 발주량을 산출한다.

식품의 폐기율표 3-4은 식품군에 따라, 같은 식품군이라도 식품에 따라, 같은 식품이

라도 식재료의 상태나 가공 정도에 따라 달라지므로 단체급식 관리자는 해당 급식소에서 사용하는 식품의 폐기율에 대한 정보를 계속적으로 정리하여 발주할 때 적용하도록 한다.

표 3-4 ▸▸ 식품별 폐기율

식품류	식품명	폐기율(%)	식품류	식품명	폐기율(%)
곡류	쌀, 보리, 율무, 수수	0	과일류	귤	18
감자류	감자	16		오렌지	27
	고구마	7		바나나	40
	마	20		딸기	2
콩류	콩, 팥, 완두, 강낭콩	0	육류	쇠고기(등심, 사태, 살코기)	0
견과류 및 종실류	밤	27		쇠고기(갈비)	17
	은행	30		돼지고기(등심, 목살)	0
	아몬드, 잣, 참깨	0		돼지고기(족발)	55
	호두	55		닭고기(날개)	33
채소류	풋고추	7		닭고기(다리살)	43
	당근	11		닭고기(살코기)	35
	무	6	알류	달걀	13
	부추, 상추, 애호박, 콩나물	0		오리알	12
	시금치	5	어패류	가자미	45
	양배추	20		갈치	33
	양파	8		고등어	41
	오이	5		꽁치	44
	파	13		명태	61
	토마토	1		멸치(말린 것)	0
버섯류	표고, 느타리, 양송이(생)	0		오징어	22
	팽이버섯(생)	36		바지락	53
	송이버섯(생)	5		꼬막	74
과일류	수박	31		새우(대하)	46
	사과(부사)	13		꽃게	61
	참외	22	해조류	김, 미역, 다시마, 톳	0
	배(신고)	17	우유 및 유제품	우유, 요구르트, 치즈	0
	복숭아	5	유지류	참기름, 버터, 콩기름	0

자료 : 농촌진흥청 농식품종합정보시시템 국가표준식품성분표, 2016, 저자 재작성

함께 풀어보기 3-1 1인 분량을 이용한 발주량 계산

급식 인원 500명에게 바지락콩나물찜을 배식하려고 한다. 바지락과 콩나물의 발주량을 구하시오. 이때 바지락의 1인 분량은 50 g(폐기율 53%), 콩나물의 1인 분량은 50 g으로 한다.

② **경제적 발주량**(Economic order quantity, EOQ)

경제적 발주량은 주문비용, 저장비용, 품목의 연간 사용량과 비용 등에 의해 결정된다. 주문비용은 주문과 관계된 업무를 할 때 발생하는 인건비, 교통·통신비, 소모품비 등이 해당된다. 저장비용은 품목을 저장할 때 발생하는 저장시설의 유지관리비, 보험비, 변패로 인한 손실비, 기회비용 등을 말한다.

이러한 주문비용과 저장비용은 발주량에 따라 달라지며, 연간 사용량이 일정하다고 할 때 1회 발주량이 많아지면 연간 주문비용은 감소하지만 연간 저장비용은 늘어난다.

따라서 연간 주문비용과 연간 저장비용의 총합이 가장 적을 때의 발주량이 경제적 발주량이 된다. 경제적 발주량을 산출하는 공식은 다음과 같다.

발주량의 산출(경제적 발주량)

$$EOQ = \sqrt{\frac{2FS}{CP}}$$

F: 주문 시 주문비용　S: 연간 사용한 품목의 비용(양)　C: 연간 저장비용　P: 단위물품당 구매가격

함께 풀어보기 3-2 경제적 발주량 산출

급식업체의 연간 사용량이 2,400 kg인 품목이 있다. 이것을 주문하는 데 소요되는 비용은 1,000원이고, 유지·저장하는 데 소요되는 비용은 재고총액의 15%이다. 단위당 구매가격이 1,400원이라고 할 경우 1회의 경제적 발주량은 얼마인가?

경제적 발주량에 의한 발주는 수요 변동이 심하고 메뉴가 다양하게 운영되는 단체급식소에서는 사용하기에 적합하지 않으므로 이 방법을 사용할 경우에는 산출량 이외에

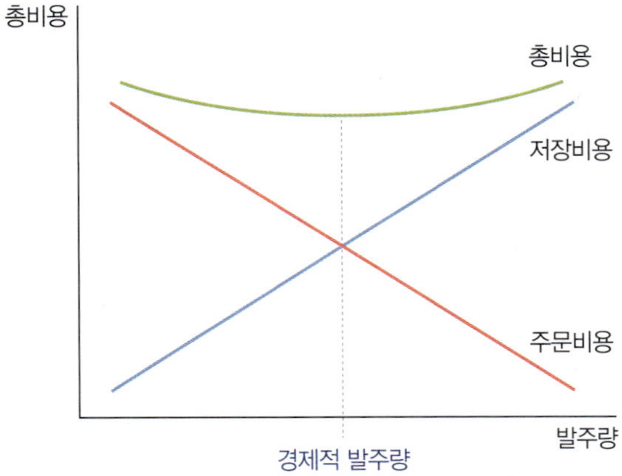

그림 3-13 ▸▸ 경제적 발주량

가격 변동요인, 재료의 저장 특성, 계절요인 등을 함께 고려하는 것이 바람직하다.

(2) 발주방식 결정

발주방식은 구입해야 할 품목에 따라 정기 발주방식과 정량 발주방식 중 적합한 것으로 결정한다.

① **정기 발주방식**(Fixed-order period system)
정기발주방식은 일정 기간마다 발주하는 방식으로 정기 실사방식Periodic inventory system, P 시스템이라고도 하며, 발주량은 발주주기와 최대 재고 수준에 따라 달라진다. 이 방식은 일정기간마다 발주하는 방식으로 발주주기는 일정하지만 발주량은 재고량에 따라 달라질 수 있다. 일반적으로 재고 부담이 큰 고가의 물품, 조달하는 데 시간이 많이 걸리는 물품, 수요예측이 가능한 물품 등을 발주하는 데 적합한 방식이다.

② **정량 발주방식**(Fixed-order quantity system)
정량 발주방식은 부정기적으로 일정한 양을 발주하는 방식으로 계속 실사방식 perpetual inventory, 발주점 방식order point system 또는 Q 시스템이라고도 하며, 재고가 일정수준에 도달하면 발주하게 된다. 이때 일정수준이라 함은 발주부터 입고까지의 기간에 사용할 것이라고 예측되는 재고량과 안전재고량의 합계가 재고로 남아 있는 수준을 말하며 이 시점을 발주점이라 한다. 이 방식은 해당 품목이 발주점에 도달했을

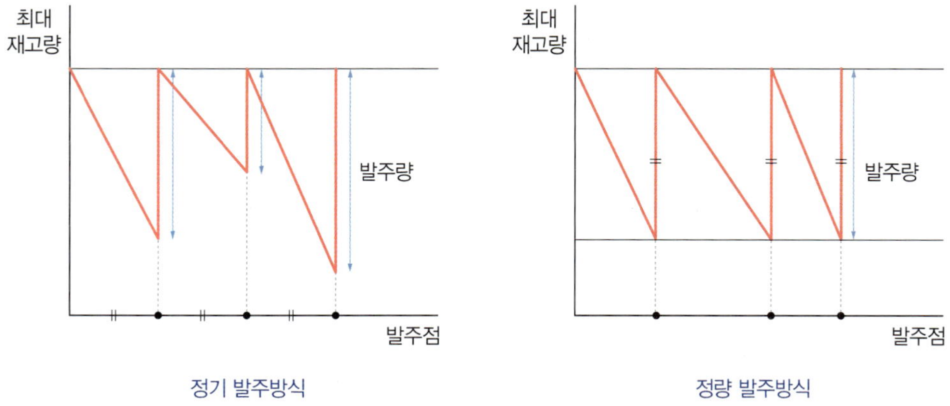

그림 3-14 ▸▸ 정기 발주방식과 정량 발주방식의 비교

때 미리 산출한 경제적 발주량을 발주하는 것으로, 재고 부담이 적은 저가의 물품이나 항상 수요가 있어 일정량의 재고를 보유하고 있어야 하는 물품에 적합하다.

6) 물품 배달, 검수 및 입고

공급업체가 지정된 납품일자에 물품을 배달할 수 있도록 발주서 발행 이후에 업체에 확인의 과정을 거치도록 한다. 공급업체가 물품 배달을 하면 검수담당자는 공급업체가 발행한 납품서Invoice(송장, 거래명세서)를 발주서와 대조하여 물품 목록과 수량의 차이가 없는지 확인하고 물품구매명세서를 기준으로 품질을 확인한다.

검수는 납품된 물품의 품질과 수량, 규격 등이 주문내용과 일치하는지 확인하여 수령 여부를 판단하는 과정으로 문제가 있을 경우 반품 또는 즉시 조치하여 급식 생산에 영향을 주지 않아야 한다. 문제가 없을 경우 물품을 인수하고 바로 사용할 물품과 저장할 물품을 분리하여 이동하고 검수일지에 기록한다.

(1) 검수방법

납품된 물품의 검수는 정확하고 신속하게 이루어져야 한다. 그러므로 검수에 필요한 기기 또는 기구, 필요한 서류를 준비하여 검수 경험과 지식이 풍부한 검수담당자가 시행하여야 한다. 또한 품목에 따라 최적의 검수방법을 적용하도록 한다. 검수할 때 식품위생 안전을 위해 냉장식품, 냉동식품, 채소, 공산품의 순서로 검수한다.

① **전수검수법**

전수검수법은 납품된 식재료를 전부 검사하는 방법으로 시간과 비용이 많이 소요되므로 소량이면서 고가의 식품인 경우에 활용할 수 있다.

② **발췌검수법**

발췌검수법은 전체 식재료 중 샘플을 무작위로 뽑아 검사하고 결과를 판정기준과 대조하여 물품을 인수할지 반품할지를 결정하는 방법으로 시간과 비용 면에서 전수검사법보다 유리하다. 이 방법은 대량 구입하는 식재료인 경우, 검수항목이 많을 때 적합한 방법으로 파괴검사에 효과적이지만 품질이 좋지 않은 식재료가 섞여 있을 가능성이 있으므로 주의해야 한다.

(2) 검수 절차

검수 절차는 일반적으로 납품된 물품의 품질과 수량 확인, 납품된 물품과 납품서 대조, 물품의 인수 또는 반품, 인수 물품의 입고 및 저장, 검수 기록 작성 순으로 이루어진다.

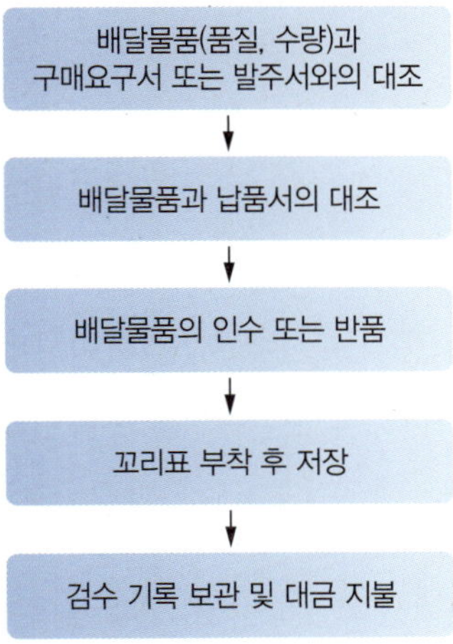

그림 3-15 ▸ 검수 절차

① **납품된 물품의 품질과 수량 확인**

- 배달된 물품의 목록과 수량은 구매요구서 또는 발주서와 대조하여 확인한다.
- 배달된 물품의 품질은 물품구매명세서와 대조하여 확인한다.
- 식품의 품질과 관련하여 학교급식법령 준수사항 평가항목은 표 3-5, 식품의 신선도를 판별하는 법은 부록 3-1에 수록하였다.

② **납품된 물품과 납품서 대조**

- 공급업체에서 납품목록과 수량을 기록하여 제시하는 납품서와 배달된 물품의 목록과 수량이 일치하는지를 확인한다.
- 납품서는 발주서와 대조하여 일치하여야 한다.
- 납품서는 물품대금 청구의 근거로 이용되는 서류이므로 잘못 기록된 사항이 있을 경우 반드시 정정하도록 한다.

표 3-5 ▶ 학교급식법령 준수사항 평가항목(식재료 품질관리부문)

평가항목	관련법규	평가점검내용	중점확인사항	평가점검세부기준
식재료품질관리	법 제10조, 규칙 제4조(별표2)	1. 학교급식 식재료의 품질관리기준을 준수하고 있는가?	• 식재료품질관리 기준 준수 여부 - 검수일지, 거래명세표, 축산물 등급판정확인서, 수입신고필증 등 확인	• 구매계약시 식재료 품질관리 기준, 학교 운영위원회(학운위) 원산지 및 품질등급 심의(자문) 여부, 검수일지, 거래명세표, 축산물등급판정서, 축수산물 수입신고 필증, 축산물관련 HACCP 인증서, 구비 및 기록관리 확인 ※참고사항 - 등급판정서 확인후 축산물품질평가원[축산물유통정보서비스]에 등록 확인(소, 돼지, 닭, 오리, 달걀) - 수입산 축수산물 사용(구매)에 관한 사항 등은 학운위 심의(자문) 실시

자료 : 교육부, 2016

③ 물품의 인수 또는 반품

- 검수 후 물품의 문제가 없는 경우 인수하고, 납품서에 검수 확인에 대하여 서명한다.
- 배달된 물품의 온도, 품질, 식품위생 안전상태 등이 검수 기준에 미달된 경우, 가격이 계약과 일치하지 않는 경우, 적절한 시기에 배달되지 않은 경우 등에는 반품 확인서를 작성하고 반품 조치한다.
- 공급업체와 구매업체는 사전에 물품의 반품 절차와 규칙에 대해 정해야 하며, 반품 원인에 대해 공급업체와 검수담당자 간에 서로 확인하고 기록해 두어야 한다.

④ 인수 물품의 입고 및 저장

- 검수 후 물품 인수가 결정되면 물품을 적절한 장소로 운반·저장하도록 한다.
- 즉시 사용하게 될 식재료는 전처리구역 또는 조리구역으로 이동하며 오염에 유의한다.
- 보관이 필요한 식재료는 저장구역으로 이동하여 실온 보관, 냉장, 냉동 보관으로 구분, 저장하며 이때 꼬리표나 라벨을 부착하는 것이 저장 및 재고관리에 용이하다.
- 꼬리표나 라벨에는 검수날짜, 공급업체, 보관방법 및 기간, 가격, 무게 또는 수량 등을 기입한다.

급식소 보관용	식재료 반품 확인서

1. 납품업체명 :
2. 납품 일시 :
3. 품목 및 수량
4. 반품 이유 :

확인자 : (서명)

입회자 : (서명)

절 취 선

업 체 보관용	식재료 반품 확인서

1. 납품업체명 :
2. 납품 일시 :
3. 품목 및 수량
4. 반품 이유 :

확인자 : (서명)

입회자 : (서명)

그림 3-16 ▸▸ 식재료 반품 확인서

⑤ **검수기록 작성**

검수 후 인수된 물품에 대한 기록은 구입한 물품의 정보를 보유하는 것이므로 중요하다. 검수담당자는 검수일지에 인수한 물품과 공급업체에 대한 내용을 기록한다.

(3) 검수를 위한 구비사항

효과적인 검수를 위해서는 지식과 경험이 풍부한 검수담당자, 검수할 수 있는 적절한 장소와 설비, 물품의 품질과 양을 확인할 수 있는 기계 및 기구, 검수에 필요한 서류

3

단체급식

검수일지

검수자 : (인)

검수 일자 (월/일)	식재료명	단위	수량	유통기한 (또는 제조일)	납품 업체명 (또는 제조업체)	검수 사항			조치 사항
						배송 온도 (℃)	포장 상태	품질 상태	

그림 3-17 ▸▸ 검수일지

자료 : 식품의약품안전처, 2021

등이 구비되어 있어야 한다.

검수에 적절한 장소는 물품의 운반과 저장에 소요되는 노력과 시간을 최소화할 수 있도록 배달 입구와 저장장소가 서로 가까이 있어야 한다. 또한 저장창고의 위치는 검수구역과 조리구역 사이에 있는 것이 동선을 줄일 수 있어 이상적이다. 검수 장소는 적절한 조명시설(조도 540 Lux 이상)을 갖추고, 청소가 용이하고 위생과 안전이 확보된 곳이어야 하며 물품을 바닥에 방치하지 않도록 검수대가 설치되어 있어야 한다. 이때 검수대의 높이는 바닥에서 60 cm 이상이 되도록 한다.

검수에 필요한 기기로는 저울(플랫폼형 저울, 전자저울 등), 온도계(비접촉식 적외선 표면 온도계, 탐침식 온도계 등), 가위, 칼, 통조림 따개 등이 있으며 검수를 마친 물품은 운반차를 이용하여 전처리장 또는 저장창고 등의 적절한 장소로 옮긴다.

7) 구매기록의 보관 및 대금 지불

구매절차에 따른 구매활동 중의 모든 업무 내용은 문서로 기록되어 일정기간 보관하도록 한다. 이 기록은 계속되는 다음 구매활동의 정보자원으로 사용되어 대금 지불을 위한 근거자료가 되며, 계약서나 발주서 등은 법적인 문제가 발생했을 경우 문제 해결의 효력을 발생하기도 하므로 일정기간 반드시 보관한다.

그 외에 학교급식에서는 축산물의 경우 축산물등급판정 확인서를 제출받아 기록하고 관련자료는 3년간 보관하도록 하고 있으며, 축산물품질평가원 홈페이지(http://www.kormeat.com)를 통해 위조 여부를 확인할 수 있다.

6. 저장 및 출고 관리

구매한 물품은 조리에 이용하거나 소비자에게 서비스되기 전까지 그 품질의 변화가 최소화하도록 관리하고, 필요한 때에 손실분 없이 출고할 수 있도록 철저히 저장관리하여야 한다. 저장 및 출고 관리는 도난이나 부패의 위험을 줄일 수 있고, 재고량의 확보 및 적시에 이용함으로써 원가관리의 효과를 가져올 수 있다. 구입한 물품의 저장 및 출고관리는 또 다른 구매 활동과 급식소의 수익성에도 연쇄적으로 영향을 미치므로 저장물품의 관리를 위한 담당자 교육과 절차와 기준의 확립이 필요하다.

1) 저장관리

저장을 효과적으로 하기 위해서는 저장시설의 위치, 창고 내부의 레이아웃, 온도와 습도 조절, 차광 등의 조건을 통제해야 한다. 저장창고의 위치는 검수구역과 조리구역 사이에 있는 것이 검수 물품을 저장창고에 운반하는 데 필요한 노동력이나 시간, 물품의 손실 가능성을 감소시킬 수 있으며, 조리를 위해 운반할 때도 역시 경제적이어서 이상적이다.

식재료를 저장할 때는 다음의 다섯 가지 원칙을 고려하도록 한다.

(1) 식재료 저장관리의 원칙

① 품질 보존의 원칙

식재료 저장의 원칙 중에서 가장 중요한 원칙이다. 구매 후 저장된 물품은 구매 당시의 품질을 유지하고 식재료의 경우 신선도 저하를 최소화할 수 있도록 저장해야 한다. 그러므로 식재료의 최적 보존에 적합하도록 저장시설의 온도, 습도, 환기 등을 관리하여야 한다.

② **선입선출의 원칙**

식재료는 먼저 구입한 것을 먼저 사용해야 한다. 이 원칙이 잘 지켜지면 식재료의 품질 저하로 인해 손실분을 발생시킬 염려가 적어지고 물품 낭비의 가능성도 줄일 수 있다. 이를 위해 식재료 입고 시 나중에 입고된 것은 기존의 식재료 뒤에 적재시켜야 하며, 입고 시 꼬리표 등에 의해 입고일을 기록하여 선입선출에 의한 출고가 이루어지도록 한다.

③ **분류 저장의 원칙**

식재료를 입고할 때 품목별로 분류하여 가나다순 또는 알파벳순으로 정리하여 저장하는 것이 좋다. 품목별로 분류할 경우 식재료의 특성이 유사하여 최적 저장조건이 일치하며, 위생상의 문제가 발생할 가능성도 줄일 수 있다. 또한 저장창고에 적재 시 분류법을 이용하여 대분류·중분류·소분류 등 체계적으로 관리하면 출고 시 노력과 시간을 줄일 수 있다.

④ **저장품 위치 표식의 원칙**

식재료 저장 시 재고조사표의 순서대로 적재하는 것이 좋으며, 물품의 위치를 표시할 수 있는 물품배치표를 눈에 띄는 곳에 부착하면 물품을 찾을 때 용이하고 재고관리 시 시간을 절약할 수 있다.

⑤ **공간 활용 극대화의 원칙**

저장시설이나 선반 등의 공간을 최대한 경제적으로 활용할 수 있는 방안을 모색하는 것이 지나친 공간 확보로 인해 생길 수 있는 비용의 증가를 막을 수 있다.

(2) 식재료 저장시설

식재료의 저장시설은 냉장(창)고, 냉동(창)고, 건조창고로 분류할 수 있다. 각각의 시설은 식재료의 신선도 유지 및 안전성 확보를 목적으로 관리되어야 하며, 각 식재료의 신선도를 유지할 수 있는 최적의 온도, 습도, 환기, 위생조건 등을 만족하고 방서, 방충 등의 위생·안전 조건도 갖추어야 한다. 또한 식재료는 화학용품(세척액, 소독액 등)과는 분리·보관되어야 안전하다. 선반은 바닥과 벽으로부터 각각 15 cm 떨어져 설치해야 습기를 방지하고 환기에도 도움이 된다.

2) 출고관리

출고Issuing란 입고된 물품이 사용부서의 요구가 있을 때 저장시설에서 반출되는 과정을 말한다. 출고는 직접 출고와 저장품 출고로 구분되며, 직접 출고는 검수 후 바로 조리에 이용하는 경우를 말하며, 저장품 출고는 1일 이상 저장시설에 저장했다가 반출되는 것을 말한다.

출고관리는 출고전표 또는 급식관리 전산프로그램 내 출고 부분으로 기록되어 식재료 목록 및 수량을 통제하는 것이다. 출고관리는 입고관리와 함께 급식소의 원가관리에 있어 중요한 정보를 제공하므로 정확히 관리되어야 한다.

식자재 입 · 출고 현황표

번호	식자재명	중량(규격)	입고일	유통기한	출고일	비고
1						
2						
3						
4						
5						
6						
7						
8						
9						
10						
11						
12						
13						
14						
15						
16						
17						
18						

그림 3-18 ▸▸ 식자재 입·출고 현황표

7. 재고관리

재고Inventory란 시간적인 관점에서 볼 때 조직 내 물품의 흐름이 어떤 지점에서 정체되어 있는 상태를 말한다. 조직 내 재고 품목과 수량, 재고자산을 평가하고 파악하는 것은 급식 운영에 있어 중요하다. 재고관리Inventory control란 물품의 수요가 발생했을 때 신속하고 경제적으로 대응할 수 있도록 재고를 최적의 상태로 관리하는 절차를 의미하며, 이를 통해 급식 생산을 원활히 수행하고 도난과 부주의 및 부패에 의한 손실을 최소화할 수 있다.

1) 재고조사방법

재고조사는 실사 재고조사와 영구 재고조사를 병행하며, 두 조사 결과가 일치할 경우 재고관리의 신뢰도가 높아지고 적정 재고관리를 할 수 있다.

(1) 실사 재고조사

실사 재고조사Physical inventory system는 일정한 주기로 저장시설 내 물품의 목록과 수량을 확인하고 기록하는 방법으로 영구 재고조사의 정확성을 확인할 수 있다. 실사 재고조사의 주기는 일반적으로 주 1회, 월 1회 정도 실시하는데, 급식소에 따라서 매일 실시하는 경우도 있으며 이 경우는 시간과 노동력이 많이 요구된다. 재고의 조사는 2인 1조로 수행하며 한 사람은 품목과 수량을 확인하고 한 사람은 기록을 하게 된다. 실사 재고조사는 물품의 도난과 부주의 및 변패에 의한 손실, 영구 재고조사의 기록상 문제점을 파악할 수 있고, 재고자산의 총가치를 정확하게 알려줌으로써 원가 산출에 필요한 정보를 제공하는 장점이 있다. 반면에 시간이 오래 걸리고 가끔씩 부정확하다는 단점이 있다. 이 시스템은 소규모 급식시설이나 신선식품의 재고조사에 유용하며, 실사 재고조사가 효율적으로 이루어지기 위해서 식재료 저장원칙 중 저장품 위치표식의 원칙이 잘 지켜지는 것이 필요하다.

(2) 영구 재고조사

영구 재고조사Perpetual inventory system는 물품의 입고와 출고에 따른 품목과 수량

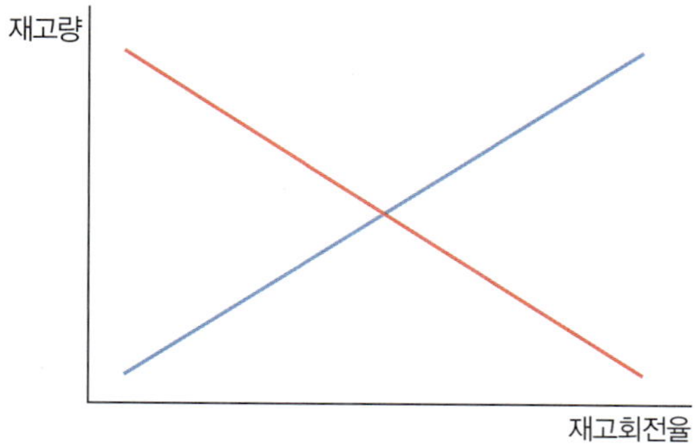

그림 3-19 ▸▸ 재고회전율과 재고량과의 관계

의 변화를 계속적으로 기록함으로써 특정 시점의 재고품목과 수량을 쉽게 파악할 수 있는 시스템이다. 적절한 재고 수준을 유지할 수 있도록 필요한 정보를 수시로 제공하여 효과적인 재고관리가 가능하게 할 수 있으나 경비와 노동력이 많이 소요되고, 수작업으로 운영할 경우 기록상의 실수에 의해 기록체계의 정확성이 떨어질 수 있는 문제점이 있다. 이 시스템은 대규모 급식시설에서 대량으로 재고를 보유할 때 건조 및 냉동 저장시설의 물품, 고가의 품목 등의 재고관리에 많이 활용되며, 최근에는 급식관리 전산 프로그램에 의해 입·출고가 기록됨으로써 경비와 노동력을 발생시키지 않으면서 재고관리를 할 수 있게 되었다.

$$\text{재고회전율} = \frac{\text{총매출원가(당기 식재료비 총액)}}{\text{평균재고액}}$$

총매출원가 = 기초 재고가액 + 당기 구매액 − 기말 재고가액(월말 재고가액)

$$\text{평균재고액} = \frac{\text{(기초 재고가액 + 기말 재고가액)}}{2}$$

함께 풀어보기 3-3 식재료 재고회전율 구하기

세계로급식소의 2016년 9월 초 이월재고가액이 470,000원이었고, 9월 말 마감재고가액이 330,000원, 한 달 동안 사용한 총식재료비가 3,600,000원이었다. 2016년 9월 식재료의 재고회전율을 구하시오.

2) 재고관리 기법

급식소의 규모가 커지면서 재고로 유지해야 할 품목과 수량에 대한 중요성이 점점 커지고 있다. 반면 식자재 유통업이 발달하면서 재고의 필요성을 전혀 느끼지 못하는 경우도 있을 수 있다. 따라서 급식관리자는 급식소의 상황에 맞게 식재료의 품목에 따라 재고관리 기법을 적용해야 한다.

(1) ABC 관리기법

ABC 관리기법ABC inventory control method은 재고 물품의 가치에 따라 A, B, C 세 등급으로 분류하여 재고관리에 투여되는 시간, 노동력, 비용 등을 차별적으로 관리하는 방식이다. ABC 관리방법은 재고가와 총재고량을 기준으로 하는 파레토분석Pareto analysis에 의하여 품목들의 우선 순위를 결정한다.

A형 품목은 전체 재고수량의 10~20%, 재고액으로는 70~80%를 차지하는 품목을 말한다. 이 유형은 육류, 주류, 생선류와 같은 고가의 품목들이 해당되며 필요량과 재고량을 정확히 산출하여 정기 발주방식에 의해 발주하고 재고액을 최소 수준으로 유지하면서 중점적으로 관리해야 한다.

B형 품목은 중가의 품목으로 전체 재고량의 20~40%, 재고액으로는 15~20% 정도를 차지한다. 유제품, 과일, 채소 등이 이에 속하며 A형에 비해 중요도가 떨어진다.

C형 품목은 저가의 품목으로 전체 재고량의 40~60%를 차지하지만, 재고액으로는

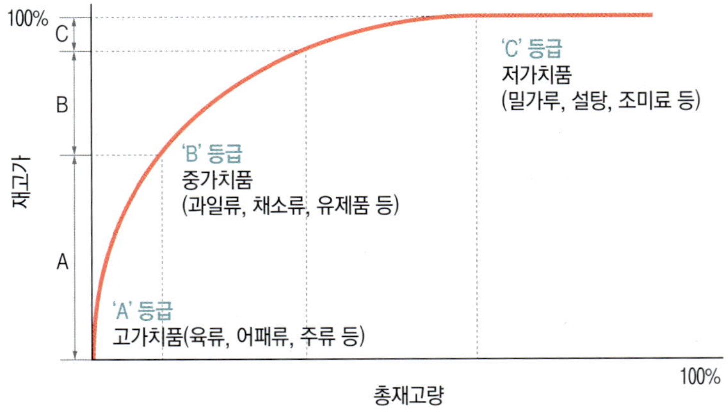

그림 3-20 ▸▸ 파레토 분석에 의한 ABC 관리기법

함께 풀어보기 3-4 ABC 관리기법에 의한 식재료 재고관리

세계로급식소의 연간 식재료 사용금액은 다음 표와 같다. 표를 보고 식재료 품목의 등급을 ABC 관리기법에 의해 분류하시오.

품목번호	단가(원)	연간 사용량 (kg)	연간 사용금액			ABC 등급
			금액 (단가×연간 사용량)	누계금액	누계금액 백분율	
11	1,800	350	630,000	630,000	27.9	A
45	2,300	415	954,500	1,584,500	70.3	
56	600	400	240,000	1,824,500	80.9	B
23	600	300	180,000	2,004,500	88.9	
78	420	250	105,000	2,109,500	93.6	C
48	550	150	82,500	2,192,000	97.2	
82	250	150	37,500	2,229,500	98.9	
35	100	120	12,000	2,241,500	99.4	
29	50	170	8,500	2,250,000	99.8	
67	50	90	4,500	2,254,500	100.0	
합계			2,254,500			

5~10% 정도에 해당한다. 밀가루, 설탕, 조미료, 세제 등 유통기한이 길어 가장 적은 노력을 기울여 관리하는 유형이다.

(2) 최소-최대 관리기법

최소-최대 관리기법minimum-maximum method은 예기치 못한 상황이 발생할 것을 대비하여 재고량이 안전재고량과 조달기간의 사용량을 고려한 최소재고량에 도달하면 적정량을 주문하여 최대재고량을 보유하도록 관리하는 방식이다. 이 방식은 단체급식소에서 많이 사용하고 있으며, 발주시기는 일정하지 않으나 발주량은 동일하며, 최대재고량은 안전재고량과 적정발주량의 합과 같다.

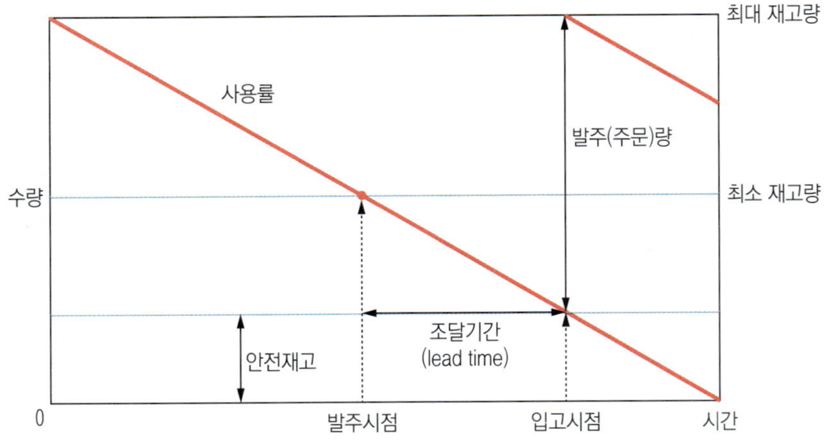

그림 3-21 ▸▸ 최소-최대 관리기법

3) 재고자산평가법

회계에 있어 재고는 현재의 자산에 해당한다. 그러므로 재고 물품의 가치는 재무제표상에 재고자산으로 반영되고, 손익계산서상에는 원가에 영향을 준다. 이러한 재고자산의 가치는 실사 재고조사 시점에서 보유하고 있는 재고에 대하여 산출한다. 구매시기와 가격이 다른 물품들에 대해 어떻게 가치를 부여할 것인가에 대한 문제는 기업의 상황이나 경영의 목적에 따라 다른 평가법을 적용함으로써 해결한다.

(1) 실제구매가법

실제구매가법Actual purchase price method은 재고조사 시 남아 있는 재고의 가치를 실제 구매한 가격에 의해 책정하는 것이다. 이 방법을 사용하기 위해서는 재고물품마다 구매가격 정보가 있어야 하므로 소규모 급식소에서 활용도가 높다.

(2) 총평균법

총평균법Weighted average method은 일정기간에 구입한 물품의 평균단가를 구한 후 재고자산을 평가하는 방법으로 대량의 물품을 구입 또는 출고하는 경우 사용된다.

(3) 선입선출법

선입선출법First-in, First-out method은 먼저 입고된 물품이 먼저 사용되었다는 가정에 따라 재고자산의 가치를 산출하는 것이다. 물가가 인상되는 시기에 재고자산을 높이 평가하고 싶을 때 사용한다.

(4) 후입선출법

후입선출법Last-in, First-out method은 나중에 구입한 물품을 먼저 사용하여 가장 오래된 물품이 남아 있다는 가정에 따라 재고자산을 평가하는 방법이다. 물가가 인상되는 시기에 이 방법으로 재고가치를 평가하면 식재료비는 최대가 되고 이익은 최소화되어 소득세를 줄일 수 있다. 즉, 재무제표상의 이익을 최소화하고자 할 때 사용한다.

(5) 최종구매가법

최종구매가법Latest purchase price method은 어떤 품목에 대하여 가장 최근에 구매한 단가를 적용하여 재고자산을 평가하는 것이다. 이 방법은 간단하고 신속한 계산이 가능하므로 단체급식소에서 많이 사용한다.

함께 풀어보기 3-5 재고자산 평가하기

세계로급식소의 4월 한 달 동안의 김을 구입한 내역과 4월말 기준 재고현황은 다음과 같다. 재고자산평가법 다섯 가지를 이용하여 아래 자료를 보고 재고자산을 평가하시오.

날짜	김 구입량(box)	단가(원)	김의 월말 재고량(box)
4월 5일	13	15,000	0
4월 12일	15	16,000	3
4월 19일	15	15,500	4
4월 26일	13	16,500	7

함 께
풀어보기
정 답

3-1 1) 콩나물의 발주량 = 50g × 500명 = 25 kg

2) 바지락의 발주량

① 바지락의 출고계수 = 100/(100 - 53) ≒ 2.13

② 바지락의 발주량 = 50 g × 2.13 × 500명 = 53,250 g = 53.25 kg

그러므로 콩나물의 발주량은 25 kg, 바지락의 발주량은 53.25 kg이다. 이때 발주 단위가 kg일 경우 바지락은 54 kg 발주한다.

3-2 $EOQ=\sqrt{\frac{2\times1000\times2400}{0.15\times1400}}=\sqrt{22857.1}=151.2$

즉, 1회 경제적 발주량은 152 kg이다. 이때 연간 발주횟수를 구하면 다음과 같다.

2,400 kg ÷ 152 kg ≒ 16(회)

즉, 1년간 발주횟수는 16회가 된다.

3-3 9월 평균재고액 = (470,000 + 330,000)/2 = 400,000원

재고회전율 = 3,600,000/400,000 = 9회

3-4 품목번호 11, 45 : A

품목번호 56, 23 : B

품목번호 78, 48, 82, 35, 29, 67 : C

3-5 1) 실제구매가법에 의한 재고자산

= (16,000원 × 3 box) + (15,500원 × 4 box) + (16,500원 × 7 box) = 225,500원

2) 총평균법에 의한 재고자산

= (15,000원 × 13 box) + (16,000원 × 15 box) + (15,500원 × 15 box) + (16,500원 × 13 box)

= 882,000원

882,000원 ÷ 56 box = 15,750원/box

15,750원 × 14 box = 220,500원

3) 선입선출법에 의한 재고자산

= (16,500원 × 13 box) + (15,500원 × 1 box) = 230,000원

4) 후입선출법에 의한 재고자산

= (15,000원 × 13 box) + (16,000원 × 1 box) = 211,000원

5) 최종구매가법에 의한 재고자산

= 16,500원 × 14 box = 231,000원

부록 3-1 식품의 감별법

품목	감별법	검수방법
쌀	• 토사가 섞여 있지 않고 쌀알이 고르며 윤기가 나는 것 • 투명하고 경도가 높아 씹었을 때 단단한 것	• 관능검사 • 종류 및 원산지 확인
밀가루	• 건조 상태가 좋고 손으로 쥐었다 놓아도 덩어리가 지지 않는 것 • 이상한 냄새와 맛이 나지 않는 것	• 관능검사 • 제조회사 및 유통기한 확인
감자	• 청색을 띠지 않고 싹이 트지 않는 것 • 알이 굵고 겉에 골이 많지 않은 매끄러운 것 • 깐 감자의 경우, 껍질이 완전히 제거되고 표면이 무르지 않은 것	• 관능검사 • 전처리한 감자는 온도 측정으로 10℃ 이하인지 확인
당근	• 마디가 없고 잘랐을 때 심이 없는 것 • 모양이 통통하고 색깔이 일정하게 주황색을 띠는 것	• 관능검사 • 온도 측정으로 일반 채소류는 상온, 전처리 식자재는 10℃ 이하인지 확인 • 농산물의 종류별 표시방법 확인(유기농산물·무농약농산물·저농약농산물)
무	• 속이 꽉 차고 무거운 것 • 외피에 잔뿌리가 적고 썩거나 벌레 먹은 부분이 없는 것	
잎상추	• 크기가 일정하고 잎이 짓무르지 않은 것 • 물에 담그지 않은 것 • 고유의 색깔을 유지하고 흙이나 이물질이 없는 것	
양배추	• 결구가 단단하고 절단 시 속에 심이 없는 것 • 무게가 2.5 kg 이상인 것	
양송이	• 외형이 부서지지 않고 표피의 색깔이 하얀 것	
양파	• 외피가 무르지 않고 단단한 것 • 싹이 트지 않은 것	
오이	• 형태가 곧고 일정하며 성숙한 씨가 없는 것 • 표면의 가시가 손상되지 않은 것	
통배추	• 결구가 잘되고 속이 꽉 찬 것 • 잎이 두껍지 않고 속에 심이 없는 것	
파	• 줄기가 신선하고, 잎은 녹색으로 부드럽고 연한 것 • 실파나 쪽파는 꽃대가 피지 않은 것	
표고	• 갓이 너무 많이 피지 않고 버섯의 형태를 유지한 것 • 표면은 암갈색, 속은 흰색을 띠는 것 • 촉감이 탄력 있는 것	
호박	• 껍질이 연하고 육질이 치밀하며 단단한 것 • 연두색으로 신선도가 높은 것	
두부	• 단단하고 모양이 반듯하며 쉰내가 안 나는 것	• 관능검사 • 제조회사 및 콩의 원산지 확인
콩나물	• 머리의 색깔이 노랗고 잔뿌리가 없는 통통한 것 • 석유 냄새가 나지 않고 이물질이나 썩은 것이 없는 것	• 관능검사 • 제조회사 및 유통기한 확인 • 콩과 녹두의 원산지 확인
숙주	• 잔뿌리가 없고 길이가 4 cm 미만으로 통통한 것 • 석유 냄새가 나지 않고 이물질이나 썩은 것이 없는 것	

품목	감별법	검수방법
귤	• 껍질이 두껍지 않고 겉껍질과 알맹이가 들떠 있지 않은 것 • 표면이 무르지 않고 상처가 없는 것	• 관능검사 • 품종 및 원산지 확인 • 농산물의 종류별 표시방법 확인
바나나	• 노란색을 띠며 크기가 고르고 굵은 것 • 떫거나 비린 맛이 없는 것	
배	• 당도가 11 brix 이상인 것 • 모양이 둥글고 굴곡이 없는 것	
사과	• 당도가 13 brix 이상인 것 • 색깔이 보기 좋고 표면에 상처가 없는 것	
수박	• 크기가 크고 껍질이 얇으며 꼭지가 마르지 않은 것 • 수분이 많고 당도가 높으며 씨가 적은 것	
딸기	• 외피에 손상이 없고 꼭지가 싱싱한 것 • 크기가 크고 특유의 향과 단맛이 강하며 과육이 단단한 것	
달걀	• 표면이 꺼칠꺼칠하고 광택이 없는 것 • 식염수(6%의 소금물)에 넣었을 때 가라앉는 것 • 난황계수(난황높이÷난황지름)가 높은 것 • 난황과 난백이 뚜렷하고 난백의 점도가 높은 것	• 관능검사 • 껍질 깨서 온도 측정
버터	• 미황색으로 얼룩이 없고 변질된 냄새가 나지 않는 것 • 반점이 생겼거나 지방이 분리되지 않은 것	• 관능검사 • 유통기한 확인
우유	• 유백색을 띠고 신선한 풍미가 나는 것 • 물에 한 방울 떨어뜨렸을 때 구름과 같이 퍼져 내려가는 것	• 관능검사 • 온도 측정으로 냉장 10℃ 이하인지 확인 • 유통기한 확인
치즈	• 특유의 향과 풍미를 지니며 조직과 색깔이 균일한 것 • 건조되지 않고, 입에 넣었을 때 부드러운 느낌으로 촉감이 좋으며 이물이 남지 않은 것	• 관능검사 • 유통기한 확인
어류	• 아가미의 색깔이 밝은 선홍색이고 살에 탄력성이 있는 것 • 껍질과 비늘이 밀착되어 있으며, 눈알이 맑고 눈이 표면보다 튀어나온 것 • 비늘에 광택이 있고 선명한 것	• 관능검사 • 온도 측정으로 냉장제품 5℃ 이하, 냉동제품은 -18℃ 이하인지 확인
오징어	• 붉은색이나 초콜릿색으로 탄력성이 있는 것	
건어물	• 건조도가 좋고 냄새가 없으며 모양이 반듯한 것	• 관능검사
쇠고기	• 선홍색을 띠고 윤기가 나는 것 • 지방의 색깔이 희고, 근육 속에 지방이 고르게 분포된 것	• 관능검사 • 온도 측정으로 냉장제품은 5℃ 이하, 냉동제품은 -18℃ 이하인지 확인 • 축산물의 도축검사서, 등급판정확인서 등을 확인 • 덩어리 형태인 것은 표면온도계로 가장 두꺼운 부분의 온도 측정 • 육색, 등급, 부위, 지방점유율 확인
돼지고기	• 분홍색을 띠고 윤기가 나는 것 • 지방의 색깔이 흰색이고 변질된 냄새가 나지 않는 것	
닭고기	• 연분홍색으로 탄력성이 있고 신선한 것	• 관능검사 • 온도 측정으로 냉장제품 5℃ 이하, 냉동제품은 -18℃ 이하인지 확인 • 축산물품질평가원의 품질등급 확인

품목	감별법	검수방법
김치	• 전용기구를 이용하여 맛, 냄새 등을 확인	• 관능검사 • 배추의 원산지증명서 확인
냉장식품	• 포장상태 확인	• 제조회사 및 유통기한 확인 • 식자재 하차 시 온도 측정으로 배송차량 내부가 10℃ 이하인지 확인(신선편의식품 및 훈제연어는 5℃ 이하)
냉동식품	• 포장상태 확인 • 녹은 흔적이 없는 것 • 냉동만두는 제품이 부서지거나 손상이 없는 것(특히 만두가 한 덩어리로 붙어 있는 것은 녹았다가 다시 얼은 것이므로 주의)	• 제조회사 및 유통기한 확인 • 식자재 하차 시 온도 측정으로 배송차량 내부가 -18℃ 이하인지 확인 • 포장된 냉동식품은 상자나 용기의 옆면을 개봉하여 온도계를 그 안의 포장 사이에 넣어 온도 측정
통조림	• 외관이 찌그러지거나 부풀지 않고 녹슬지 않은 것 • 안쪽 면이 변색되지 않은 것	• 제조회사, 제조일자, 유통기한 확인

자료 : 윤지현 외 7인, 2016

4 생산 및 작업 관리

1. 급식 생산관리
2. 급식 작업관리

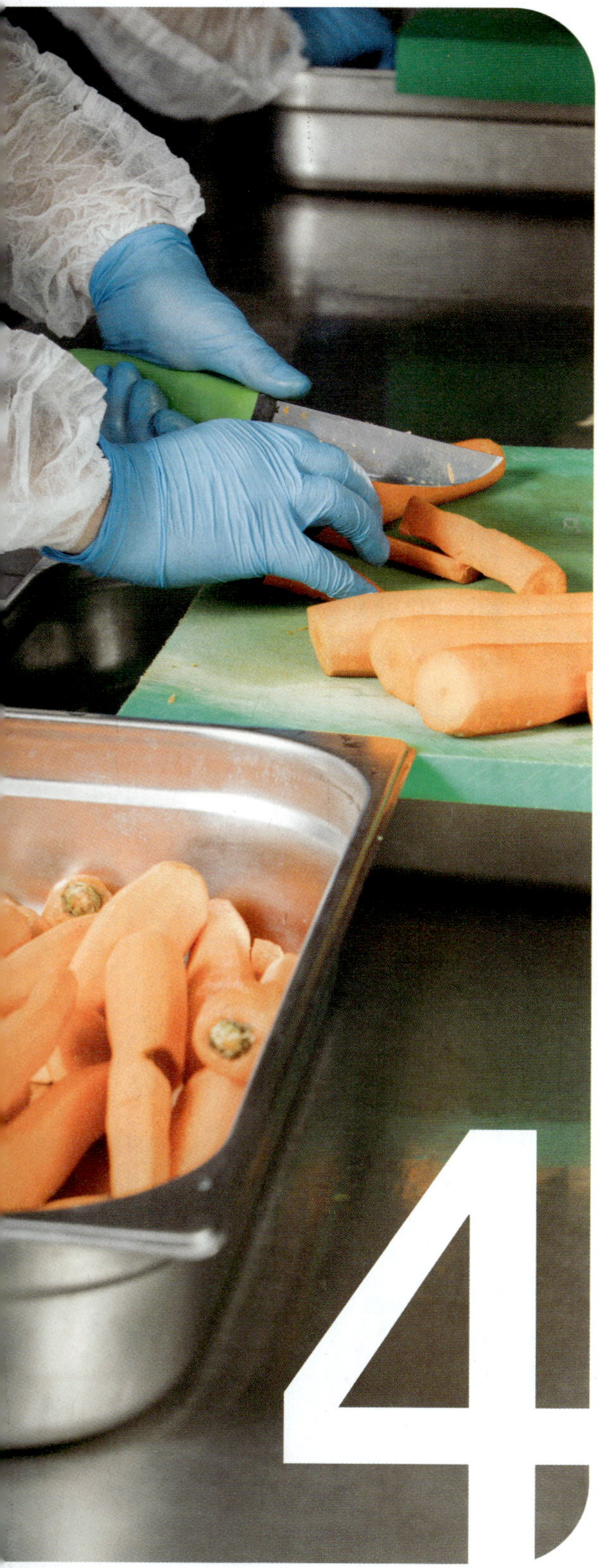

4

학습목표

1 급식 환경 조건에 따른 수요예측을 할 수 있다.
2 표준레시피를 작성할 수 있다.
3 대량조리의 특징과 방법을 각 급식소에서 제공되는 메뉴에 적용할 수 있다.
4 배식방법의 종류와 특징을 나열할 수 있다.
5 급식 생산단계별 음식물쓰레기 감량 방안을 계획할 수 있다.
6 급식 시설에 따른 생산성 지표를 산출할 수 있다.
7 작업 개선을 위한 작업일정표와 작업공정표를 계획할 수 있다.

1. 급식 생산관리

1) 급식 생산관리 개요

생산관리production management란 생산활동을 계획, 조직 및 통제하는 일련의 활동이며, 생산활동은 제조활동을 의미한다. 이러한 정의를 급식 분야에 적용해 볼 때 급식 생산관리 범위는 단순히 조리과정cooking에만 적용되는 것이 아니라, 구입한 식재료를 이용하여 음식의 형태로 전환하고 생산된 음식을 안전하고 효율적으로 고객들에게 제공하는 과정을 포함한다. 그러나 단체급식의 급식 생산과정은 가정에서의 소량조리와는 많은 차이가 있다. 단체급식에서는 급식의 품질 유지, 원가 절감, 및 효율적인 급식 운영을 위해 수요예측과 표준화된 레시피standardized recipe를 이용한 대량의 조리과정과 급식 유형에 따른 다양한 배식과 서비스 방법이 적용되어야 한다.

2) 급식 수요예측

수요예측demand forecast은 급식 생산관리에 있어서 매우 중요하다. 수요예측을 잘못하여 생산량이 초과되는 경우 식재료비의 낭비와 음식물쓰레기 발생이 증가하여 급식 원가가 상승되며, 반대로 생산량이 부족한 경우 고객 불만을 초래함과 동시에 비상발주로 인한 식재료비가 상승하게 된다. 따라서 급식 원가 절감 및 고객만족도 증대를 위해 정확한 수요예측은 급식 생산계획의 기초라 할 수 있다.

대표적인 수요예측 방법에는 시계열분석법 및 인과형 예측법과 같은 객관적인 방법(정량적 접근방법)과 시장조사법, 델파이 기법, 최고경영자기법 및 외부의견조사법 등 주관적인 방법(정성적 접근방법)이 있다. 수요예측방법 선택 시 급식 유형과 규모, 과거 기록의 활용 여부 및 경제적인 측면 등 여러 가지 측면을 고려해야 한다.

(1) 시계열분석법

시계열분석법time series model은 과거의 실적이나 자료가 있는 경우 그 자료를 바탕으로 시간적인 추이나 경향을 파악함으로써 미래의 수요를 예측하는 통계적 방법으로 이동평균법과 지수평활법이 있다. 일반적으로 일, 주, 월, 분기, 연간 단위로 구분하여 이용한다.

① **이동평균법**(moving average model)

이 방법은 최근 일정기간의 자료를 평균으로 하여 수요를 예측하는 방법이며, 계절적 변동이나 수요가 급변하지 않는 경우에 사용한다. 수요예측 시 이용하는 과거 자료에 대해 동일한 가중치를 부여하여 산출하는 경우를 단순이동평균법simple moving average model이라 하며, 과거 3개월간의 자료만을 이용하여 수요를 예측하는 3개월간의 단순이동평균법3-month moving average model을 가장 많이 이용한다. 또한 과거 기록 중 기간에 따라 가중치에 차이를 두어 산출하는 방법을 가중이동평균법weighted moving model이라 하며, 최근 자료에 가장 높은 가중치를 부여한다.

② **지수평활법**(exponential smoothing model)

이 방법은 단기적 수요예측에 많이 사용하는 방법으로 가장 최근 자료에 대해서 가중치를 두어 미래의 수요를 예측한다. 지수평활법은 실제식수와 예측식수를 모두 이용하여 산출한다는 점이 단순이동평균법과 차이가 있으며, 보다 정확한 식수를 예측하고자 할 때 사용한다. 일반적으로 가중치는 평활계수($0 \leq \alpha \leq 1$)에 따라 달라지는데, 수요가 안정되고 변동이 없는 경우 0.1~0.3, 수요가 불안정한 경우 0.4~0.6, 새로운 메뉴의 경우 0.7 이상을 적용한다.

$$F_{t+1} = \alpha D_t + (1 - \alpha)F_t = F_t + \alpha(D_t - F_t)$$

F_{t+1} : 예측식수 F_t : 가장 최근의 예측식수 D_t : 가장 최근의 실제식수 $D_t - F_t$: 예측오차 α : 평활계수($0 \leq \alpha \leq 1$)

(2) 인과형 예측법

인과형 예측법casual forecasting model은 원인과 결과 사이의 인과관계를 찾아 수요를 예측하는 것으로 식수에 영향을 미치는 주요 요인과 관계를 이용하여 예측식수를 산출하는 방법이다. 식수에 영향을 미치는 요인에는 요일, 계절, 날씨, 특별 행사, 메뉴기호도, 주변식당 이용률 및 식당회전율 등이 포함된다. 식수에 영향을 미치는 요인이 한 개일 경우 선형회귀분석을 하며, 요인이 두 개 이상인 경우 다중회귀분석으로 식수를 예측한다.

함께 풀어보기 4-1

다음 A 급식소의 제공된 식수 자료이다.

월	제공된 식수(식)	예측식수(식)
3	1,700	1,800
4	1,900	?
5	1,700	
6	2,100	
7		?

1-1. 3개월간의 단순이동평균법으로 7월의 식수를 예측하시오.

1-2. 3개월 가중이동평균법을 이용하여 7월의 식수를 예측하시오(6월 가중치 α=0.7).

1-3. 지수평활법을 이용하여 4월의 식수를 예측하시오(α=0.3).

(3) 주관적 예측법

수요예측은 일반적으로 과거의 기록을 근거로 이루어지나, 수요예측을 위한 자료 또는 기록이 불충분하거나 시간에 따라 예측에 일관성이 없는 경우 주관적(정성적) 방법subjective forecasting model이 이용된다.

시장조사법market research은 시장조사나 소비자의 의견을 체계적이고 공식적인 방법으로 조사하여 제품이나 서비스의 수요를 예측하는 방법이다. 델파이 기법Delphi method은 1차 전문가 집단의 설문조사에 의해서 의견을 수집하고 합의된 결과가 도출될 때까지 설문조사를 반복하는 방법이다. 이 방법은 비용과 시간이 많이 소요되어 개별급식소에서 적용하기는 힘드나, 급식산업의 변화와 추세를 예측하는 데 이용될 수 있다. 그 밖에도 장기적인 계획 수립이나 신상품 개발에 있어서 최고경영자의 풍부한 경험에 의해서 수요를 예측하는 최고경영자기법이 있으며, 전문조사기관이나 외부 전문가의 의견을 조사하는 외부의견조사법도 있다.

3) 표준레시피

레시피recipe란 메뉴의 생산공정에 필요한 재료의 양과 조리법을 기술한 것으로, 각 급식소에서 제공되는 음식의 품질을 일정하게 유지하고 효율적인 생산관리를 위해 표준화된 레시피standardized recipe가 필요하다. 그러나 급식의 운영 형태, 인력 구성과 숙련도, 예산, 및 시설·설비의 여건이 다르므로 각 급식소 상황에 맞게 레시피를 표준화해야 한다. 표준레시피를 작성하는 데에는 많은 시간과 노력이 필요하며 사용법에 대한 지속적인 교육과 훈련을 해야만이 급식의 일관된 양적·질적 표준화 수준을 유지할 수 있으며, 고객만족도를 증대시킬 수 있다.

(1) 표준레시피의 구성요소

음식명에 따른 표준레시피에는 식재료명, 재료량, 조리법, 총 생산량 및 1인 분량, 배식방법 등이 포함되어야 한다. 표준레시피를 작성하기에 앞서 작성하고자 하는 음식목록의 체계적 분류, 식재료의 분류 및 코드화, 식품의 규격, 측정방법과 단위의 표준화, 조리기구와 배식용기의 표준화 작업이 이루어져야 한다.

① 식재료명과 재료량

식재료의 종류와 형태에 따라 조리법에 영향을 미치므로 규격화된 식재료명과 정해진 코드를 기재하며, 전처리된 식재료의 경우 전처리된 상태와 절단된 모양이나 크기를 함께 명시하도록 한다. 식재료의 양은 무게weight 또는 부피volume 단위로 표시하며, 가식량edible portion, EP과 구입량as purchased, AP으로 나누어 기록한다. 가식량은 실제 섭취하는 양으로 표준레시피에서 식재료량은 가식량을 말하며, 50인 또는 100인 기준으로 표시한다. 구입량은 구입 시 전처리되기 전 양을 말하며, 구매 시 전처리와 조리 시 손실될 분량을 모두 고려해서 산출한다.

② 조리법

조리법은 전처리를 포함한 전 과정에 걸쳐 조리순서에 따라 명확하고 구체적으로 서술하도록 한다. 식재료의 절단 크기cutting size와 모양, 조리시간과 온도, 사용하는 기기와 도구, 조리 시 유의점과 중요한 점을 기록한다. 특히 가정식과 달리 대량조리 시 동일한 조리법이라 할지라도 재료의 상태와 조리기기에 따라 조리온도와 시간이 다르므로 이 점에 유의해야 한다.

③ 총생산량과 1인 분량

총생산량total yield은 레시피에 따라 조리를 했을 때 결과물로 얻게 되는 산출량으로 급식소의 인력이나 조리기기의 조건에 따라 다양하게 표시할 수 있다. 총 생산량은 중량 또는 부피 이외에 제공 되는 팬pan 수 및 제공 인원수 등으로 표시할 수 있으며, 배식량의 표준화를 위해 1인 분량portion size으로 표기하는 것이 중요하다.

④ 배식방법과 기타사항

음식의 종류에 따라 배식에 사용되는 도구와 식기는 다양하므로 조리법 이외에도 효율적으로 배식할 수 있는 배식도구, 식기의 종류 및 그릇에 담는 방법과 장식에 대한 설명 등을 표시한다. 필요에 따라 1인 분량의 영양가와 원가를 추가할 수 있다.

(2) 표준레시피 서식

① 표준형(기본형 또는 가정용, Standard Form)

모든 식재료의 종류를 상단에 기록하고, 조리순서는 번호를 매겨 하단에 쓰는 형식이다. 이 형식은 시선이 계속해서 두 곳(식재료명과 조리순서)을 주시해야 하므로 조리 시 재료나 순서가 누락될 수 있다는 단점이 있다 그림 4-1.

② 블럭형(구술형, Block Form)

이 형식은 조리과정과 재료들이 필요한 순서에 따라 함께 나열되어 있는 형식이다. 즉, 조리과정에 대한 설명과 실제로 사용되는 양이 기술되어 있으며, 단락단락의 형태로 기록되어 있다 그림 4-2.

(3) 표준조리법의 개발과 산출

한 급식소에 사용하는 표준레시피라 할지라도 급식소마다 조리인력과 조리환경이 다르므로 다른 급식소에서 그것을 바로 적용하여 사용할 수 없다. 따라서 사용하고자 하는 급식소의 상황에 맞게 실험조리를 반복하여 표준레시피를 결정해야 한다 그림 4-3.

표준레시피는 제공되는 식수에 따라 산출량을 조정할 필요가 있으며, 다음과 같은 방법을 이용하여 수정할 수 있다.

냉이된장국

No. 013

▸생산량 : 100인분 기준 (1인분량 : 300g, 조리후 생산량: 30kg)

식재료명	재료량	구입량	단위(중량 또는 부피)
냉이	4	4.3	kg
모시조개	3	3	kg
된장	0.35	0.35	kg
마늘	0.1	0.1	kg
대파	0.2	0.23	kg
국멸치	0.6	0.6	kg
물	30	32	kg

전처리 단계

1. 냉이는 뻣뻣한 잎을 떼고 이물질이 없도록 깨끗이 손질한 후 3회 이상 세척한다.
2. 끓는 물에 소금을 약간 넣어 데친 후 물기를 짠다.
3. 모시조개는 박박 문질러 닦은 후 엷은 소금물에 담가 해감을 뺀다.
4. 멸치는 머리와 내장을 빼고 국솥에서 물과 함께 15분정도 끓인 후 우러나면 멸치는 건져낸다.

※ 냉이와 모시조개는 이물질이 많아 충분한 전처리과정이 필요하다.

생산단계

1. 전처리과정 4 에서 준비한 멸치육수에 손질한 모시조개를 넣고 끓인 후 조개의 입이 벌어지면 모시조개는 건져두고 맑은 국물만 받는다.
2. 1의 국물에 된장을 풀고 끓으면 파와 마늘을 넣고 냉이를 넣고 끓인다.
3. 맛이 충분히 우러나면 건져 놓았던 모시조개를 넣는다.

※ 주의사항 : 데친 냉이는 국물이 충분히 끓었을 때 넣어야 색깔이 파랗고 냉이의 독특한 맛도 살릴수 있다.

배식단계

1. 배식하기 전 온도는 65℃ 이상으로 유지한다.
2. 배식할 그릇에 정해진 1인 분량을 담아 배식한다.

※ 주의사항 : 모시조개와 냉이가 골고루 분배되도록 한다.

필요한 조리기구	국솥(steam kettle): 총량에 맞추어 국솥의 크기를 결정한다.
배식 용기	일반 국그릇, 국용 국자
기타 참고사항	필요한 조리기구

그림 4-1 ▸▸ 기본형 표준레시피의 예

① **변환계수(conversion factor) 방법**

- 1단계 : 변환계수는 산출해야 할 음식의 양(식수)을 기존 표준레시피의 기준식수로 나누어 변환계수를 결정한다(예를 들어 100인분의 음식을 300인분으로 조정한다면 변

표준레시피 예 : 대구살 조림

• 총생산량 : 20인분(1인분량: 50g)

메뉴명	재료명	재료량(g)		만드는 방법	영양가분석(1인분)	
		구입시 중량	가식부량		열량(kcal)	단백질(g)
대구살 조림	대구포	900	900	❶ 가시가 없는 잘 손질된 대구포를 준비한다.	47.3	7.5
	대파	22	20	❷ 대파, 마늘, 생강, 참깨, 간장, 고춧가루, 설탕으로 양념장을 만든다.		
	다진마늘	10	10			
	다진생강	6	6			
	간장	60	60	❸ ❶에 ❷와 참기름을 넣고 간을 맞추며 졸인다.		
	설탕	40	40			
	참깨	4	4			
	참기름	6	6			
	총량		1,046	조리 후 총량(20인분) : 1,000g		
Tip – 가시가 없어 아이들이 먹기에 좋고, 무나 감자를 넣고 조리해도 좋다.						

가지볶음

• 총 분량 : 100 인분, 1인 분량 : 60g

Code No. KVG014

수정량(280 인분)		재료량(100 인분)		재료명	조리순서
구입시 (AP)	가식부 (EP)	구입시 (AP)	가식부 (EP)		
18kg	17.5kg	6kg	5.8kg	가지 (길이 4cm/세로로 4 또는 6등분)	가지 —절인다→ 물기를 짠다
110g	110g	40g	40g	제렴	제렴 → 절인다
500mℓ	500mℓ	180mℓ	180mℓ	식용유	물기를 짠 가지 + 식용유 —볶는다(센불)→ 완성
235g	235g	84g	84g	다진마늘	다진마늘, 간장, 참기름 → 볶는다(센불)
588g	588g	210g	210g	간장	
15mℓ	15mℓ	5mℓ	5mℓ	참기름	

배식용기	찬기
주사용장비	국솥
조리온도	스팀압력 1.5
조리시간	10분
1 인당열량	30kcal
1인당단백질	2g

■ 비고 : 색이 변하지 않도록 센 불에서 살짝 볶는다.

그림 4-2 ▸▸ 블록형 표준레시피의 예
자료 : (위)식약처, 2015; (아래)이은, 1999

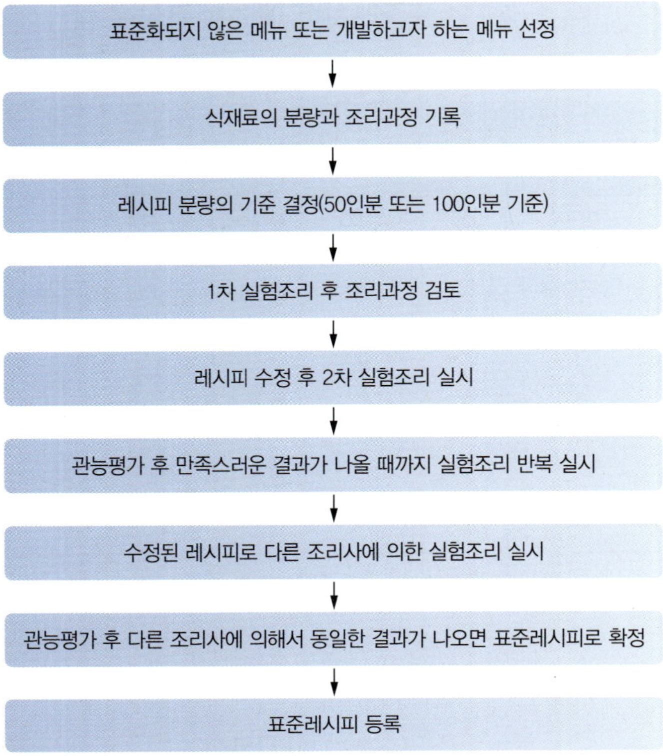

그림 4-3 ▸▸ 표준레시피 개발과정

환계수는 300÷100='3'이 된다).

- 2단계 : 식재료의 단위를 중량(g 또는 kg)으로 변환한다.
- 3단계 : 기존 레시피의 재료량에 변환계수를 곱한다
- 4단계 : 수정된 필요량은 측정하기 편리한 단위로 변경하고, 필요량은 반올림하여 확정한다. 그러나 조미료의 경우 반올림으로 인하여 맛에 영향을 줄 수 있으므로 정확한 양을 산출하도록 한다.

② 백분율(percentage)에 의한 방법

백분율에 의한 방법은 제과·제빵 또는 부침 등 반죽의 양을 조정할 때 많이 사용하며, 표준레시피에 기록된 모든 재료의 양을 총 재료량에 대한 비율로 구한 후 필요량을 결정한다.

- 1단계 : 표준레시피에 있는 모든 재료의 양을 동일한 단위로 변경한다(kg 단위를 g

단위로 변환).

- 2단계 : 변환된 각각의 재료량을 합하여 표준레시피의 총량을 산출한다.
- 3단계 : 산출된 총량에 대한 각 재료량의 비율을 산출한다.

식재료의 비율(%) = (각 재료의 중량 ÷ 식재료의 총량) × 100

- 4단계 : 생산하고자 하는 식수에 대한 식재료의 총량을 결정한다.
- 5단계 : 조리과정에서 발생할 수 있는 손실률handling loss을 예측하여 새롭게 산출된 총량에 더한다. 손실률은 전처리 및 조리과정 중에 발생될 수 있으며, 음식의 종류와 특징에 따라 1~30%까지 다양하다.

총재료량 = [새로운 산출량 ÷ (100% - 손실률%)] × 100

함께 풀어보기 4-2

1. 다음 100인분 기준 미역국의 표준레시피를 참고로 하여 450인분을 생산하고자 한다. 변환계수 방법을 이용하여 산출하시오.

식재료	가식부(100인분)	가식부 (450인분)
건미역	1 kg	
소고기	1.5 kg	
마늘	100 g	
참기름	150 g	
소금	200 g	

2. 다음은 100인분 기준의 감자전 반죽 표준레시피이다. 백분율방법을 이용하여 300인분의 감자전 반죽 레시피를 산출하시오(1인 배식량 70 g, 손실률은 약 3%).

식재료	가식부(100인분)	가식부 (300인분)
감자	6 kg	
당근	0.3 kg	
피망	0.3 kg	
밀가루	0.5 kg	
소금	0.05 kg	

- 6단계 : 손실률을 고려한 식재료 총량에 각각의 식재료 비율을 곱하여 필요량을 결정한다.
- 7단계 : 산출된 각 재료량을 사용하기 쉬운 단위로 변환한다.

③ 직접 계측표(direct reading measurement table)에 의한 방법

25인분, 50인분, 100인분 등 식수 증가에 따른 중량 또는 부피를 미리 표로 작성해 두었다가 필요한 식재료의 양을 표에서 찾는 방법이다. 수학적 계산을 할 필요없이 신속하고 간단히 찾아서 이용할 수 있다.

4) 대량조리

(1) 대량조리의 특징

소량조리와 대량조리의 기준을 명확하게 구분하는 것은 쉽지 않으나 대량조리란 최소 50인분 이상의 음식을 동시에 공급할 수 있는 시설이나 조리기구 등을 사용하는 조리과정이라 할 수 있다. 대량조리는 소량조리와 달리 많은 식품의 양을 취급하고 조리하기 때문에 식품 배합의 비율과 생산되는 음식의 변화를 알지 못하면 만족할 만한 양질의 음식을 만들기 어렵다. 즉, 조리 시 증발되는 수분의 양, 식품이 익는 시간, 조미료의 농도나 침투속도, 사용하는 조리기구 등에 차이가 있다. 그러므로 다음과 같은 특징을 고려하여 대량 생산과정을 통제, 관리해야 한다.

- 한정된 시간 내에 조리과정을 완료해야 하므로 조리기기의 활용과 계획적인 생산관리가 필요하다.
- 많은 양을 조리하기 때문에 음식의 맛과 질감의 저하가 급속히 진행될 수 있다.
- 음식물의 관능적, 미생물적 품질관리를 위해 조리시간과 온도에 대한 통제가 필요하다.
- 작업 일정에 따른 계획적인 생산관리가 필수적이다.

이상과 같이 대량조리의 특징과 문제점을 해결하기 위해 표준레시피 작성, 대량조리기기의 사용, 조리종사자의 기기 활용에 대한 지식과 훈련, 조리작업의 단순화와 표준화된 작업 등이 필요하다.

(2) 대량조리에서의 기본 식재료 준비와 조리방법

단체급식에서는 제한된 시간과 인력으로 많은 식재료를 취급해야 할 뿐 아니라 조리 작업자의 개개인의 경험과 능력에 따라 음식의 생산 결과와 품질에 차이가 나타난다. 따라서 효율적인 생산관리를 위해서 대량조리 시 식재료 준비방법과 기본적인 조리방법에 대한 원리를 아는 것은 매우 중요하다. 다음은 대량조리에서 활용할 수 있는 식재료 준비와 조리방법이다.

① 기본 식재료 준비

전처리과정은 대량조리에 있어서 매우 중요한 과정으로 가열 전 재료의 세척과 썰기, 육수 내기와 연육 처리, 조리기기의 사전 준비 등이 모두 포함되며, 시간 절약과 맛을 위해서 필요하다.

표 4-1 ▶ 효율적인 식재료 준비방법의 예

식재료명	준비방법
양념류	• 대파: 밑동의 흰 부분은 미리 채를 썰거나 다져서 나물과 구이에 양념으로 사용하며, 줄기 부분은 크게 썰어 국이나 탕에 사용함 • 마늘: 일정 양을 한꺼번에 갈아 소량씩 밀봉한 후 냉동 보관하여 사용함 • 생강: 섬유질로 인해 잘 갈리지 않으므로 냉동시켜 갈며, 간 것은 소량씩 비닐 팩에 포장하여 냉동 보관함 • 고춧가루: 굵은 것, 중간 것, 고운 것으로 나누어 사용하며, 맑은 액젓에 개어 두었다가 양념장으로 사용함 • 멸치와 마른새우: 먼저 팬에 볶아서 비린내를 제거하고 사용하며, 멸치는 내장을 제거하고 블렌더에 곱게 갈아 비닐팩에 보관하여 사용함
육류	• 냉동 상태에서 절단기로 얇게 썰면 깨끗하게 썰림 • 고기 간 것은 핏물을 제거한 후 비닐봉지에 얇게 펴서 냉동 보관함 • 완자전은 밀가루를 입혀 그대로 냉동 보관함 • 연육작용을 위해 파인애플, 키위, 생강, 배, 정종 등에 미리 재워 둠
생선류	• 냉동 생선은 조리일정에 맞추어 조리 전 안전한 방법으로 해동을 함 • 마른 생선은 미리 물에 불린 후 부드럽게 함 • 생선은 3~5% 소금물에 몇 분간 절인 후 소금을 뿌리면 소금 간이 골고루 뱀
채소류	• 국, 찌개에 사용할 채소는 손질 후 끓는 물에 데쳐 찬물에 헹군 후 사용하고 보관을 해야 하는 경우 밀폐된 용기에 담아 냉장 보관함 • 세척 후 부착수(水)를 최소화하도록 함
곡류	• 쌀을 미리 씻어 물에 불린 다음(멥쌀 약 30분, 찹쌀 50분 정도) 체에 건져 물기를 뺀 후 일정시간 행주나 천으로 덮어 두면 수분이 촉촉한 밥을 짓을 수 있음 • 검은콩은 약 1% 소금물에 5~7시간 정도 불린 후 사용하면 부드러운 콩을 얻을 수 있으며, 수수는 빨간 물이 나오지 않을 때까지 충분히 세척함

표 4-2 ▸▸ 조리방법의 종류 및 특징

구분	열전달 매체	조리방법	특징
습열 조리	물	삶기 (simmering & poaching)	• 끓는 물의 대류작용을 이용하여 식품을 익히는 방법 • 조직의 연화, 전분의 호화, 살균소독을 목적으로 함 • 국수와 같은 경우 삶거나 데친 후 바로 찬물에 씻어 주어야 함 • 감자, 당근, 달걀 등을 삶을 때에는 찬물에서부터 삶으며, 잠길 정도의 물에 소금을 조금 넣고 삶으면 밑간이 되어 좋음 • 육류의 잡냄새, 기름 및 핏물을 제거하기 위해서 활용되기도 함 • 질긴 고기의 경우 100℃ 이하의 온도(85~96℃)에서 오래 끓이는 것이 조직을 연하게 함
		데치기 (blanching)	• 다량의 물에서 단시간 식품을 가볍게 익히는 조리법 • 조직의 연화, 건조식품의 불림, 효소작용 억제, 독소 제거, 식품의 색 발현과 영양성분의 유지 등을 위해 이용함 • 푸른잎채소는 1~2% 소금물(중량의 5~7배)에서 삶아 식품의 나쁜 맛을 제거함 • 죽순, 우엉, 고사리 등은 쌀뜨물이나 밀가루 물에 삶아 냄
		끓이기 (boiling)	• 100℃ 끓는 물의 대류에 의해 음식을 조리하는 방법 • 익힘과 조미가 동시에 이루어짐 • 장시간 끓이는 경우는 처음에는 불을 세게 하여 끓이다가 끓기 시작하면 서서히 화력을 낮추어야 함 • 대량으로 끓이는 경우 국물의 양이 적으면 중심부에 열이 전달되지 않아 식품이 설익거나 간이 배지 않을 우려가 있으므로 국물 양이 충분해야 함 • 육류든 뼈든 육수를 만들 때에는 흐르는 물에 12시간 이상 핏물을 빼야 맑은 육수를 얻을 수 있음
		찌기 (steaming)	• 100℃ 이상의 수증기 열로 가열하는 조리법으로 재료와 물을 직접 접촉시키지 않음 • 찜통에 수증기를 충분히 발생시켜 방출한 뒤 식품을 넣도록 해야 함 • 천(소독된 것)을 찜통 뚜껑에 덮어 물방울이 음식 표면에 떨어지는 것을 방지해야 함 • 수용성 성분의 영양소 손실을 최소화할 수 있음
건열 조리	기름	튀기기 (deep-frying)	• 150~250℃ 고온으로 가열된 기름의 대류작용을 이용한 방법 • 식품의 크기가 크거나 식품의 중심부까지 익혀야 하는 경우는 낮은 온도(150~170℃)에서 먼저 익힌 후 다시 온도를 높임 • 한 번에 튀기는 양은 용기 표면적의 1/3 정도가 적당함 • 냉동식품을 튀길 때는 냉동 상태에서 옷을 입힌 채로, 옷을 안 입히는 경우는 반 해동 상태로 조리함 • 튀김온도: 냉동식품 160℃, 채소류 170℃, 어육류 180℃
		볶기 (stir-frying or sauting)	• 전도열에 의한 조리법으로 수용성 성분의 용출이 적고, 식재료의 색이 선명하고 영양소의 손실이 적음 • 소량의 기름으로 고온에 단시간 조리하기 때문에 모든 재료의 크기가 비슷하고 작게 써는 것이 좋음 • 팬을 미리 충분히 예열시켜 적은 양의 기름으로 단시간에 볶아야 재료에 지나치게 기름이 흡수되는 것을 막을 수 있음 • 볶는 과정 중 식품 표면이 기름막으로 둘러싸여 조미료의 침투가 늦어지므로 미리 밑간을 한 후 조리하도록 함

구분	열전달 매체	조리방법	특징
건열 조리	기름	부치기(전) (pan-frying)	• 번철이나 프라이팬에 소량의 기름을 사용하여 조리하는 방법 • 전을 부칠 때 팬의 온도가 너무 높으면 겉이 타고 속이 안 익으며, 온도가 낮으면 수분이 지나치게 유출되어 뻣뻣해지므로 온도 조절을 잘해야 함 • 빈대떡이나 감자부침같이 곡류 중심의 전은 기름을 넉넉히 두른 후 부쳐야 하고, 채소류, 어패류, 육류 등에 밀가루와 달걀을 입혀 지져 낼 때는 기름을 적게 두른 후 지져야 함
	공기	구이 (baking & roasting)	• 150~250℃의 고온으로 가열하므로 식품 표면과 내부와의 온도 차이가 커서 표면은 타고 내부는 잘 익지 않을 수 있으므로 조리온도에 주의해야 함 • 수조육류, 어패류 등과 같은 식품은 육즙의 손실을 예방하기 위해 단시간 강한 불로 가열하고, 전분이 많은 식품은 약한 불에서 구워 냄 • 직접구이는 센 불에서 멀리 떨어져 굽는 것이 효과적이며, 간접구이는 조리기구를 먼저 예열하여 적정온도가 되었을 때 재료를 넣는 것이 효과적임 • 간접구이 시 두께가 두껍거나 잘 익지 않는 식품은 조리 중에 물을 가하고 뚜껑을 덮어 가열함

② 조리법의 종류와 특징

대량조리에서 기본 조리과정은 물, 기름, 공기 등의 열 매체와 다양한 조리기구를 이용하여 여러 가지 조리법을 수행하는 것으로 대량조리 시의 조리원리를 알아두는 것은 최적의 음식의 품질을 얻는 데 매우 중요하다. 물, 기름, 공기 등의 매체를 이용한 조리방법과 주요 내용은 표 4-2와 같다.

(3) 대량조리의 생산관리

단체급식은 가정식과 달리 많은 양의 음식을 조리하여 비교적 장시간에 걸쳐 제공하므로 음식의 품질 저하가 초래될 수 있으며, 대량조리 시 잘못 산출된 생산량은 1인분량과 적정 배식량에 영향을 미쳐 고객의 불만과 동시에 급식 원가관리에 문제가 발생될 수 있다. 따라서 생산관리는 음식의 품질 유지, 비용의 낭비 예방과 고객 만족을 위해 매우 중요한 요소라 할 수 있다.

① 온도와 시간관리

대량조리에서는 일정한 품질의 음식을 생산하기 위해 표준레시피를 작성하고 있으며, 표준레시피에는 음식의 재료에 적합한 온도와 시간이 명시되어 있다. 잘못된 온도와 시간관리는 음식의 색, 맛, 그리고 생산량 등에 많은 영향을 미치므로 효율적인 시간과 온도관리를 위해 용도에 적합한 온도계와 타이머가 부착된 조리기기를 활용하도록 한다.

대량조리에 있어서 철저한 온도와 시간관리를 통해 생산된 음식일지라도 총 생산량을 한꺼번에 조리하는 경우 시간이 경과할수록 급속한 품질 저하가 초래될 수 있으며 이러한 경우 분산조리batch cooking 방식을 적용하는 것이 이상적이다. 분산조리는 일시에 대량으로 조리하지 않고 고객의 수, 기기의 용량과 배식시간에 맞추어 일정량씩 나누어 조리하는 방법으로, 특히 채소무침, 튀김요리, 조림 등에 많이 활용된다.

② 대량조리 시 산출량에 대한 고려사항

대량조리 시 구매에서부터 생산공정이 완료되었을 때 생산되는 최종 분량을 산출량yield이라고 하며, 식재료의 특징에 따라 최종적으로 생산되는 분량은 다르다. 특히 식재료 구매 시 전처리 여부에 따라 산출량에 커다란 영향을 미친다. 예를 들어, 육류 또는 가금류의 경우 뼈, 껍질, 지방 등 비가식부에 대한 제거 여부, 생선의 경우 내장

심화학습

분산조리 사례 연구

H회사의 점심시간은 오전 11시 30분부터 총 2시간이며, 식수는 평균 800명이다. 오늘 식단 중 상추무침은 시간이 경과함에 따라 맛과 질감의 질이 저하되는 현상이 예상되어 분산조리방법을 활용하여 다음과 같이 배식하고자 한다.

조리시간	생산량(pan)
11:00	2
11:30	3
12:00	5
12:30	4
13:00	2

1팬(pan)의 규격 : 530×325×150/50명 기준(16팬/800인분)

고려사항

- 전처리된 채소는 조리 전까지 1회 생산량(batch)씩 나누어 냉장 보관한다.
- 준비된 용기를 꺼내는 시간, 조리에 소요되는 시간, 운반시간, 제공된 음식이 소모되는 속도 등을 모두 고려하여 분산조리시간을 계획한다
- 시간이 경과함에 따라 분산 조리된 음식들이 질감이나 맛에 차이가 있으므로 서로 혼합되지 않도록 한다.

과 비가식부의 제거 여부와 절단된 상태 등은 조리 완료 후 산출량에 차이를 나타낸다. 또한 조리과정을 거치는 동안 식재료의 변화는 산출량에 영향을 미치는데, 곡류의 경우 부피가 증가하는 반면에 육류의 경우 수축과정이 일어나 산출량이 감소한다. 채소의 경우 삶거나 데치는 과정에서 부피가 감소되기도 하며, 마른 채소의 경우 불리는 동안 수분을 흡수하여 부피가 증가되는 경우도 있으므로 발주 시기부터 생산과정 전반에 걸쳐 최종 산출량에 대해 충분히 고려해야 한다.

5) 배식관리

배식distribution은 완성된 음식을 식기에 담아 고객에게 제공하는 단계이며, 이 단계에서 가장 중요한 점은 고객에게 영양적, 관능적으로 우수한 품질의 음식을 안전하게 제공하여 고객만족을 향상시키는 것이다. 따라서 배식관리는 급식소의 특징, 급식시설의 건물 구조와 식사 장소, 운반시설과 조리종사자의 여건 등을 모두 고려하여 이루어져야 한다.

(1) 적온급식관리

각각의 음식에는 가장 맛있는 적정온도(적온)가 있고, 적온으로 식사를 제공하는 것은 식사 만족도는 물론이고 잔반율 감소에도 중요한 역할을 한다. 일반적으로 단체급식에서는 조리가 완료되어 일정시간 음식이 보관되며 조리 후 2시간 이내에, 잠재적 위험식품potentially hazardous food, PHF은 1시간 30분 이내에 배식하는 것을 원칙으로 하고 있다. 따라서 조리에서 배식되는 전 단계에 걸쳐 음식의 품질 유지와 안전성을 위해 뜨거운 음식은 뜨겁게, 차가운 음식은 차갑게 보관해야 하며, 다음과 같은 사항을 준수하여 위생적으로 안전한 적온급식이 제공되도록 한다.

- 조리에서 배식까지 시간을 단축한다(분산조리의 활용).
- 식품의 중심온도를 철저하게 관리한다.
- 음식별 가식可食 한계시간을 설정한다.
- 찬 음식은 조리 후 배식 때까지 0~5℃ 이하로 보냉한다.
- 뜨거운 음식은 가급적 상차림 직전에 조리가 완료되도록 하며 57℃ 이상으로 보온한다.

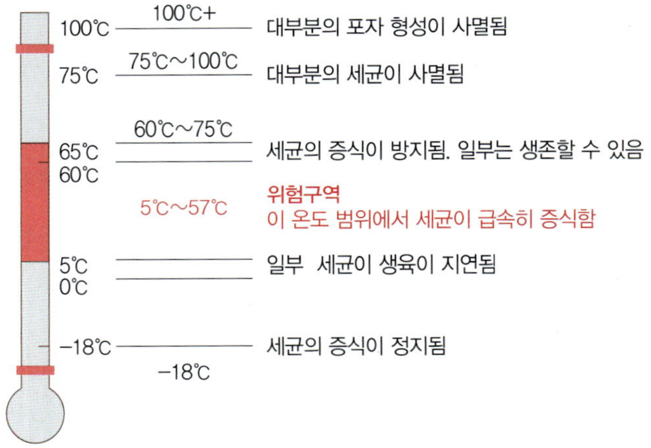

그림 4-4 ▸▸ 식품에 대한 위험온도 구역

표 4-3 ▸▸ 음식 종류에 따른 적정 배식온도

구분	적정온도
밥	80℃ ± 5℃
국	65℃ ± 5℃
찌개	85℃ ± 5℃
조림	50℃ ± 5℃
찬 음식	5℃ ± 5℃
음용수 및 차	65℃ ± 5℃

자료 : 대한영양사협회, 2007

- 배식 시 시간의 흐름에 따라 초기, 중기, 후반기 음식의 적정 보관온도를 확인한다.
- 계절적 온도 변화, 식기의 종류 및 배식방법을 고려한다.
- 교차오염을 예방하기 위해 청결한 식기에 보관하며, 이물질이 삽입되지 않도록 뚜껑을 반드시 덮어 보관한다.
- 배식 중에 남아 있는 음식과 바로 조리한 음식을 섞지 않도록 한다.

(2) 1인 분량의 조절

1인 분량portion은 생산량과 원가 통제의 기본적인 요소로 식단 작성에서부터 1인 분량에 대한 개념이 확립되어 있어야 한다. 즉, 식단 작성 시 1인 분량에 대한 정확한 기준과 예상식수에 따른 총생산량이 명시된 표준레시피의 활용이 요구되며 다음과 같은 정량배식을 위한 사항을 고려한다.

- 1인 분량을 균등하게 배분하는 데 필요한 도구를 파악한다.
- 음식 종류별 적합한 도구(예: 국자, 스푼, 집게)를 정하고 용량 기준을 결정한다.
- 1인 분량을 균등하게 배식할 수 있도록 배식담당자에 대한 훈련을 실시한다. 특히 낱개 단위로 배식되는 음식(생선토막, 전류, 과일, 음료 등)은 정량배식이 용이하나 국이나 볶음, 나물 등과 같이 부피 단위로 배식해야 하는 경우 구성하는 재료가 골고루 정량 분배되도록 더 많은 훈련이 필요하다.
- 급식소의 특징과 개인별 차이를 고려하여 적정량이 배분될 수 있도록 기준량을 설정한다.

(3) 검식

검식food inspection은 급식관리자가 급식소를 운영함에 있어 반드시 수행해야 하는 법적 사항으로 「국민영양관리법」 제17조 영양사의 업무와 「식품위생법」 제52조 영양사의 직무로 제시되어 있다. 검식은 조리가 완료된 후 생산계획에 따라 적절하게 생산되었는지를 평가하는 활동으로, 제공되는 음식을 영양적, 관능적, 기호적, 위생적 측면에서 확인하고 향후 식단 개선에 자료로 활용하며 고객만족도를 향상시키는 데 목적을 두고 있다. 검식은 영양사 또는 급식관리자 등이 실시하며 급식시간대별로 조리가 마감된 후 배식 전에 검식을 하고 검식일지에 기록을 한다. 검식방법과 유의사항은 다음과 같다.

- 검식을 위한 1인분의 상차림을 한다.
- 검식 용기 및 기구는 구분하여 사용하며, 사용 후 반드시 세척, 소독, 보관하여야 한다.
- 검식을 통하여 조리상태의 품질(이물질, 이미, 이취, 온도 등)을 확인하고 가열상태가 완전하지 않을 경우에는 다시 조리하여 배식한다.
- 검식 결과 이상이 있거나 배식이 불가능하다고 판단되는 음식은 즉시 폐기하고 대체식품으로 조리하여 제공한다.
- 음식별 적정온도를 확인한다.

검 식 일 지

결재			

년 월 일 (요일)

식 단		평 가					특 기 사 항	
		분량	영양	관능	위생	분량		
아침								검식시간
								검식자
점심								검식시간
								검식자
저녁								검식시간
								검식자

그림 4-5 ▸▸ 검식일지의 예

국자로 검식(×) 별도 용기로 검식(○)

그림 4-6 ▸▸ 올바른 검식방법
자료 : 대한영양사협회 홈페이지

- 검식일지에는 검식 날짜와 시간, 검식자, 식단명, 평가사항, 및 문제 발생 시 조치사항 등을 기록한다.

(4) 급식 서비스방법

급식 서비스 형태는 서비스 수준, 생산과 배식장소의 분리 여부에 따라 달라진다. 현재 급식소에서 사용하고 있는 대표적인 서비스 형태는 셀프 서비스, 트레이 서비스, 테이블 서비스, 카운터 서비스 등으로 구분할 수 있다.

① 셀프 서비스

셀프 서비스self service는 배식과 반납을 고객이 직접하는 형태로, 배식에 필요한 인력을 절감할 수 있어 급식 및 외식 형태에서 가장 널리 이용된다. 대표적인 셀프 서비스에는 자율배식, 대면배식, 카페테리아 서비스 및 뷔페 서비스 등 형식에 따라 다양하다. 자율배식은 일정금액을 지불한 후 배식대에 준비된 음식을 고객이 원하는 양만큼 용기에 담아 식사를 하는 형태이며, 대면배식은 배식담당 직원이 식사를 일정량씩 배식해 주는 형식으로 두 가지 형식을 혼합하여 운영할 수 있다.

카페테리아 서비스cafeteria service는 제공되는 음식을 자유롭게 선택하고 선택한 음식에 한해서 비용을 지불하는 형식으로 대학식당과 백화점, 대형마트 등 상업적 급식소의 푸드코트에서 운영되는 형식이다. 카페테리아는 음식의 진열방식에 따라 직선식line system과 분산식scramble system으로 나눈다. 직선식 카페테리아의 진행속도는 선택할 음식의 가짓수와 배식대 배치의 익숙한 정도에 따라 달라지는데 보통 상업적 카페테리아는 1분당 3~4명 정도, 학교 카페테리아는 1분당 12~15명 정도를 배식할 수 있다. 분산식은 free flow cafeteria 또는 hollow square cafeteria 등으로 알려져 있으며, 피급식자가 줄을 서서 기다리지 않고 여러 곳에 차려진 음식으로 바로 가서 선택하는 방식으로 익숙한 정도에 따라 1분당 25명도 배식할 수 있다.

뷔페 서비스buffet service는 일정가격을 지불한 후 진열된 모든 음식을 횟수나 양을 제한 없이 선택할 수 있는 방식으로, 과거에는 호텔이나 고급식당에서 운영되었으나 최근에는 고품질의 식사를 제공하기 위해 사업체나 일부 급식소에서도 도입하여 운영하고 있다. 이러한 형식의 서비스는 음식이 제공되는 동안 소형 가열도구를 사용하여 적정온도가 유지되도록 배려해야 하며, 뷔페용 테이블에 진열된 음식이 기침이나 재채기로부터 오염되지 않도록 보호하는 유리나 보호 플라스틱막sneeze guard을 설치한다.

② 트레이 서비스

트레이 서비스tray service는 배식, 반납을 배식 담당직원이 하는 풀 서비스full service에 속하며, 급식시설을 직접 이용할 수 없는 사람들에게 음식을 쟁반에 1인분 분량의 음식을 담아 고객에게 운반하는 방법으로 보통 병원급식, 기내식, 및 호텔 룸 서비스room service 등에서 이용되는 형태이다. 트레이 서비스의 중요한 점은 배식되는 과정에 있어서 적온급식이 유지되도록 보온·보냉 시설이 필요하며, 환자나 고객에게 건강 증진과 식욕을 돋울 수 있도록 배식담당자의 친절한 태도와 고객 응대 서비스에 대한 훈련도 필요하다. 병원급식에서 실시하는 트레이 서비스에는 중앙배선centralized tray service system과 분산배선decentralized tray service system 방식이 있으며 특징은 표 4-4와 같다.

표 4-4 ▸▸ 중앙배선과 분산(병동)배선의 특징

배선방식	특징과 장단점	
중앙배선	특징	• 중앙배선방식은 주조리장에서 환자 개인별 상차림을 한 후 각 병동의 환자에게 배식하며, 식후 수거된 식기 세정, 소독, 보관도 중앙급식시설에서 이루어지는 방식임
	장점	• 병동별로 배선실을 설치할 필요가 없어 시설비가 적게 듦 • 1인 분량에 대한 통제관리가 용이하여 식재료비 절약효과가 있음 • 인건비를 절약할 수 있어 인력관리가 효율적임 • 급식시설에 대한 관리비가 적게 듦
	단점	• 상차림을 위한 시스템, 운반차 및 전용 엘리베이터 등의 시설 설비를 위한 넓은 면적의 주조리장이 필요함 • 적온급식이 어려우므로 음식을 각 병동으로 이동하는 동안 적온급식을 위한 보온, 보냉 운반차가 필요함
분산배선 (병동배선)	특징	• 주조리장에서 검수 및 조리를 하고 분산되어 있는 각 병동에서 1인분량씩 상차림하여 배선관리와 식기 세정이 이루어지는 방법으로 병동이 산재되어 있는 경우에 유리함
	장점	• 상차림 후 고객에게 제공하기까지 시간이 단축되기 때문에 적온급식이 용이함 • 중앙배선처럼 주조리장의 면적이 넓지 않아도 가능함
	단점	• 병동별 배선실 설치로 인하여 시설비가 많이 듦 • 인력 운영 및 식재료비 관리에 어려움이 있음

보온 보냉 운반차 | 컨베이어벨트 | 상차림구역(주조리장) | 중앙배식 전용 승강기

그림 4-7 ▸▸ 중앙배선을 위한 기기와 장면의 예
자료 제공: 영남대병원 급식실(왼쪽), 일본아리아케 암병원 급식실(오른쪽)

③ 카운터 서비스

카운터 서비스counter service는 완성된 음식을 고객에게 바로 식사를 제공하는 방법으로 간이식당과 커피숍 등에서와 같이 신속한 서비스를 원하거나 혼자 식사를 하는 고객을 대상으로 이루어지는 배식형태이다. 고객은 카운터 높이에 맞춘 높은 간이의자stool에 앉아 요구하는 음식을 바로 배식담당자로부터 제공받을 수 있으며, 조리대와 급식대의 동선이 짧아 한 번에 많은 사람에게 배식할 수 있는 특징이 있다.

④ 테이블 서비스

테이블 서비스table service는 직원waiter-waitress이 음식 주문을 받아 준비된 음식을 배식하고 식후 그릇을 회수하는 방법이다. 테이블 서비스에는 서비스 형식에 따라 다양한 방법이 있는데, 고급 레스토랑에서 배식원이 손님이 앉은 테이블 옆 간이 조리대에서 숙련된 조리작업을 보여주면서 바로 배식을 하는 형식을 프랑스식 서비스French service라 하며, 주문한 1인분씩 접시에 담아 배식하는 미국식 서비스American service, 주방에서 음식을 담은 그릇을 들고 나와 테이블 위에서 배식하는 러시아식 서비스Russian service가 있다. 그 밖에도 정해진 예약시간 전에 미리 버터, 드레싱, 칵테일 등을 테이블에 차려 놓는 연회 서비스banquet service가 있다.

6) 음식물쓰레기 관리

음식물쓰레기란 식품의 생산, 유통, 가공, 조리과정에서 발생하는 농·수·축산물 쓰레기와 먹고 남긴 음식찌꺼기 등을 말하며, 전체 쓰레기 발생량의 28.7%를 차지한다.

환경부에 따르면(2013년) 음식물쓰레기의 70%가 가정과 소형음식점에서 발생되며, 약 10% 정도가 집단급식소에서 발생된다고 한다. 이러한 음식물쓰레기로 인하여 연간 20조 원의 경제적 손실과 8천억 원의 처리비용이 낭비된다고 한다(환경부, 음식물쓰레기 줄이기).

① 음식물류 폐기물 감량화 및 자원 활용

환경부에서는 음식물쓰레기를 20% 줄이면 연간 1,600억 원의 쓰레기 처리비용이 줄고, 에너지 절약 등으로 5조 원에 달하는 경제적 이익이 생긴다고 한다. 집단급식소에 발생하는 음식물쓰레기는 크게 전처리와 잔반, 잔식이 크게 기여한다. 전처리 쓰레기는 원재료를 전처리할 때 발생되며, 잔반은 고객이 먹고 남은 음식으로 잘못 제공된 1인 분량과 낮은 기호도 음식의 제공이 주요 원인이며, 잔식은 잘못 예측된 수요예측과 부정확한 배식량 등에 의해서 발생될 수 있다. 따라서 단체급식에서는 급식을 생산하는 모든 단계에서 음식물쓰레기 감량을 위한 계획이 고려되어야 한다.

푸드뱅크를 이용한 식품기탁은 음식물류 폐기물을 줄이면서도 결식아동, 저소득가정과 노숙자쉼터 등 저소득 소외계층 이웃을 도울 수 있는 대표적인 방안으로 제시되어 있다(푸드뱅크 홈페이지).

② 급식 생산단계별 음식물류 폐기물 감량 방안

식단 계획단계

급식대상자의 영양필요량에 맞게 식단을 작성하되, 기호도를 조사하여 고객만족도를 높일 수 있는 식단을 작성한다. 식단 작성 시 전혀 먹지 않는 반찬은 제외하고 잔식이 많은 음식에 대한 원인을 분석하여 식단 계획 시 반영한다(예: 1인 분량의 조절, 조리법 변화, 식재료의 다양화 등). 계절, 날씨와 절기에 따른 다양한 식단을 제공하며 급식 대상자의 기호에 따라 메뉴를 선택할 수 있도록 선택식단제를 도입한다.

급식 수요예측과 발주 단계

정확한 식수 예측은 음식물쓰레기를 감량하는 데 매우 중요한 사항이다. 또한 표준레시피를 활용하여 폐기량을 고려한 적정 식품재료량을 산출하고, 식품 규격과 품질, 구매시기와 구매 형태를 구체적으로 명시하여 발주한다.

식품구매와 검수 단계

신선하고 폐기량 발생이 적은 식품이나 포장제품을 구매한다. 식품은 비가식부를 제거한 전처리된 식품을 구입하거나 대용량 포장, 리필제품이나 재활용 포장제품을 구입한다. 구매해야 할 식품이 식품규격서에 따라 적합한지 확인하며, 배송 직후 검수하여 실온에 방치되는 시간을 최소화하여 신선도에 영향을 미치지 않도록 한다.

식품저장 및 보관 단계

선입선출에 의하여 식품을 보관하고 사용하여야 한다. 잘못된 보관으로 음식물쓰레기가 발생되는 경우 그에 대한 요인을 분석하고 그 이유와 관리자명, 발생량 등을 기록하여 음식물쓰레기를 줄일 수 있는 개선 전략을 세운다.

전처리 단계

냉장·냉동 식품의 전처리 작업은 신선도와 위생을 고려하여 적정분량으로 나누며 실온에서 장시간 수행하지 않는다. 전처리된 식재료 중 온도관리가 필요한 것은 조리할 때까지 냉장고에 보관한다.

조리 단계

급식 대상자의 만족도를 높일 수 있는 조리방법을 지속적으로 연구 개발하고 급식 품질이 계속 유지되도록 각 급식소 특성에 맞는 표준조리법을 사용하여야 한다. 음식의 색이나 모양 등 외관을 좋게 하여 시각적으로 식욕을 촉진하되 불필요한 장식은 피하고 식수에 적합한 국이나 찌개의 국물량은 산출하도록 한다. 조리종사자의 조리 직무능력을 향상하기 위해 지속적인 조리교육을 실시하며, 검식활동을 통하여 식단에 대한 평가를 한다.

배식 단계

식기와 식판의 모양, 색깔, 및 청결도 등은 음식물쓰레기 발생에 중요한 영향을 미치는 요소로 식기 선택에 있어서 세심한 배려가 필요하다. 대면배식을 하는 경우 1인 분량 배식이 원활하게 이루어지도록 훈련을 하며, 밥, 죽, 국 등은 개인의 차를 고려하여 많은 양, 보통 양, 적은 양으로 세분화하여 선택할 수 있도록 한다. 대면배식에 비해 자율배식 또는 부분자율배식은 잔반량을 감량하는 데 효과적이며, 김치를 포함한 한두 가지 채소찬을 테이블마다 비치하여 자율배식을 할 수 있도록 하는 방법도 잔반량 감소에 도움이 된다.

퇴식 단계

퇴식구에서 잔반 줄이기 운동과 홍보를 실시하며, 일주일에 한 번 정도는 '잔반 없는 날'과 같은 행사를 계획하여 이용자들에게 잔반 줄이기 행사에 동참하도록 유도한다. 정기적으로 잔반량을 조사 분석하여 게시하며 급식 생산관리에 반영한다.

잔식량 처리 및 재활용 단계

배식이 종료된 후 남은 음식(잔식)은 푸드뱅크 시스템을 이용하여 식품 기탁을 하며, 음식물쓰레기는 이물질이 혼합되지 않도록 배출한 다음 사료화 또는 퇴비화하여 이용될 수 있도록 한다.

음식물쓰레기 배출 단계

음식물쓰레기 감량의무사업장은 스스로 또는 위탁하여 음식물을 재활용하거나 감량화 처리를 한 후 배출하여야 하며, 그 밖의 사업장에서는 시·군·구의 조례가 정하는 바에 따라 배출하여야 한다. 자체 감량을 하는 경우 가열 건조하여 수분 함량을 25% 미만으로 감량하거나 발효 또는 발효건조에 의해 사료화나 퇴비화를 하기 위해서는 부산물의 수분량을 45% 미만으로 건조할 수 있는 시설 설치가 필요하고, 수분 이외에 염분도 제거하며 30%의 부재료를 혼합해 사료화해야 하므로 자원과 비용이 많이 소

표 4-5 ▸▸ 음식물쓰레기가 아닌 것들

구분	종류
채소류	쪽파·대파·미나리 등의 뿌리, 고추씨, 고추대 양파·마늘·생강·옥수수 등의 껍질, 옥수숫대
과일류	호두·도토리 등의 딱딱한 껍데기 복숭아·살구·감 등 핵과류의 씨
곡류	왕겨(벼의 겉겨)
육류	소·돼지·닭 등의 털과 뼈다귀
어패류	조개·소라·전복·멍게·굴 등의 껍데기 게·가재 등 갑각류의 껍데기, 생선뼈
기타	달걀 등 알 껍데기 한약재 찌꺼기

자료 : 환경부 홈페이지

요된다. 또한 음식물쓰레기에 동물의 뼈나 이쑤시개 등 이물질이 섞여 있을 경우, 사료퇴비의 품질이 떨어지므로 다른 생활 쓰레기와 섞이지 않게 철저히 분리수거를 해야 한다.

식품접객업 및 집단급식소에서는 1회용 컵, 접시, 용기, 나무젓가락, 이쑤시개, 비닐식탁보, 수저, 포크, 나이프 등의 용품과 1회용 광고물의 제작 및 배포를 사용 억제(금지)하고 분해성 합성수지 재질로 대체하도록 환경부에서 규정하고 있다(환경부, 1회용품 사용규제 관련 업무처리지침).

2. 급식 작업관리

작업관리는 작업을 능률적이고 효과적으로 수행하기 위한 제반 관리업무로 작업의 효율성efficiency과 생산성productivity을 높이는 데 목적을 두고 있다. 일반적으로 작업관리는 작업 생산성 측정, 소요인력 산출, 작업일정 계획, 작업공정, 작업동선 및 레이아웃 등에 대한 연구를 하며 급식 생산활동에 있어서 인적, 물적 자원을 최대한 활용하고자 하는 것이다.

1) 급식 생산성지표

(1) 생산성지표의 개념

생산성이란 제품 생산이나 서비스 제공에 있어 투입input 대비 얼마만큼의 산출output이 이루어졌는지를 나타내는 지표이다.

$$생산성=\frac{산출(output)}{투입(input)}$$

생산성은 기업과 조직의 경쟁력에 영향을 미치는 것으로 생산성 향상은 비용 감소와 더불어 기업의 이윤을 증대시키게 되므로 생산관리에 있어서 매우 중요한 목표가 된다.

급식산업에서는 생산성 산출을 위한 투입요소로 노동력, 기술, 식재료, 기기 및 설비 등이 포함되며, 조리 및 급식작업, 관리기능 등 변환과정transformation을 통하여 산출요소, 즉 음식, 고객 만족, 직원의 직무 만족, 기업의 이윤 등을 얻게 된다. 급식소의 생산성에는 많은 요소가 영향을 미치므로 생산성을 비교 평가할 때 각 급식소의 조건과 요소들을 고려해야 한다.

(2) 급식 생산성지표의 산출

생산성지표는 일정기간 급식소의 운영에 대한 효율성efficiency과 효과성effectiveness를 평가하기 위한 자료로, 효율성은 '최소의 투입으로 최대의 산출'을 지향하는 양적 측면이라면, 효과성은 '원하는 목표에 얼마나 도달했는가'라는 질적 측면을 평가하게 된다. 급식산업의 생산성지표는 노동생산성labor productivity과 비용생산성cost productivity과 같이 주로 효율성을 평가하는 데 활용하고 있다.

> **효율성과 효과성**
>
> A 집단급식소에서 3월에는 노동시간당 10식을 제공하였으나, 6월에는 15식을 제공하였다. 그러나 3월에 비해 6월에 고객만족도가 떨어졌다면 효율성은 상승했으나 효과성은 저하되었다고 표현한다.

① 노동 생산성지표

단체급식의 경우 급식생산을 위해 많은 노동력이 요구되어 노동생산성에 따라 급식 운영 효율성에 영향을 미친다. 일반적으로 급식산업에서 노동생산성을 산출하기 위한 측정지표에는 노동시간당 식수meals per worked labor, 1식당 노동시간minutes per meal, 노동시간당 식당량meal equivalents per worked hour 및 노동시간당 서빙수servings per labor hour 등이 있다. 식당량이란 스낵 또는 면류의 경우 일반 식사류에 비해 소요되는 시간을 1/2로 반영하여 1/2식당량으로 계산한다. 카페테리아와 같이 1식의 상차림이 고객의 선택에 따라 다양한 경우 식수보다는 서빙수를 사용하는 것이 바람직하며, 주식 또는 반찬의 한 종류를 1서빙수로 계산한다. 급식소에서 노동시간의 자료는 급식소의 인력 현황과 근무기록을 통해 산출할 수 있으며, 시간제 근로자part timer가 많은 경우 규정 근로시간과 실제 노동시간에 차이가 나므로 노동생산성 산출 시 정확한 인원과 근무시간에 대한 조사가 필요하다.

> 노동시간당 식수 = 일정기간 제공한 총식수/일정기간의 총노동시간
> 1식당 노동시간 = 일정기간의 총노동시간(분)/일정기간 제공한 총식수
> 노동시간당 식당량 = 일정기간 제공한 총식당량/일정기간의 총노동시간
> 노동시간당 서빙수 = 일정기간 제공한 총서빙수/일정기간의 총노동시간

② 비용 생산성지표

급식소에서 음식을 생산하는 데 투입되는 비용에는 식재료비, 인건비, 및 경비 3가지 요소로 나눈다. 비용 생산성지표를 산출하는 경우 일반적으로 인건비만을 반영하여 1식당 인건비labor cost per meal를 산출하나 인건비 외에 모든 비용을 포함하여 1식당 총비용total cost per meal을 산출하기도 한다.

> 1식당 인건비 = 일정기간의 인건비/일정기간 제공한 총식수
> 1식당 총비용 = 일정기간의 총비용/일정기간 제공한 총식수

(3) 생산성지표의 해석과 활용

생산성지표를 측정할 때에는 투입요소와 산출요소가 정확하게 명시되어야 하며, 측정 목적에 타당성validity이 있는 지표를 선정해야 한다. 노동 생산성지표는 급식소마다 식수와 노동시간을 상호 비교하고, 필요한 인력을 산출하며, 인력채용의 기준으로 이용할 수 있다. 국내 급식소별 노동 생산성지표는 급식소에 따라 차이를 보이는데, 예를 들어 환자식만 운영하는 병원급식이 노동 생산성이 가장 낮으며, 학교급식은 공동조리 방식으로 운영하는 곳의 노동 생산성이 가장 높게 나타났다 표 4-6.

그러나 동일한 노동 생산성이라 할지라도 정규직과 일용직에 따라 비용 생산성은 달라지는데, 비용 생산성은 인건비 상승에 따른 급식 단가 조절에 이용할 수 있으며, 급식체계 변화에 따른 효과를 측정하는 데도 유용하다. 급식 생산과정은 매우 복잡한 과정으로 단순히 수치만으로 해석하고 평가해서는 안 된다. 생산성은 다음과 같은 조건에 따라 달라질 수 있으므로 반드시 유사한 조건의 급식소끼리 비교 평가해야 한다.

함께 풀어보기 4-3

다음 급식소에 대한 운영현황이다. 노동생산성과 비용생산성을 산출해 보시오.

1. H기업 연수원은 1일 평균 600식을 제공하는 집단급식소로 주 5일 운영하며, 영양사 1명, 조리사 1명, 조리보조원 2명과 시간제 조리보조원 4명이 근무를 한다. 정규 근무자는 1일 8시간이며, 시간제 근무자는 1일 6시간 근무를 한다. 1개월간 평균 식재료비는 3,000만 원, 인건비는 1,200만 원, 경비는 약 400만 원 정도 사용하였다(1개월 영업일수 22일 기준).
   1) 이 급식소의 노동시간당 식수를 계산하시오.
   2) 1식당 노동시간을 계산하시오.
   3) 1식당 인건비를 계산하시오.
   4) 1식당 총비용을 계산하시오.
2. S대학의 학생식당의 판매 현황이다. 1주간 식사류는 3,000식, 면류는 2,000식을 판매하였으며, 1주간 총 작업시간은 240시간이었다. 이때 면류의 1식은 식사류의 1/2식당량에 해당된다고 가정하면 이 대학교 급식소의 노동시간당 식당량을 계산하시오.
3. K병원의 직원식당은 카페테리아 형식으로 급식을 운영하고 있다. 이곳에서 1주일간 제공한 총 서빙수가 8,400서빙이었으며 1주일간 총 작업시간은 총 300시간이었다고 한다. 이 병원의 노동시간당 서빙수를 계산하시오.

표 4-6 ▸▸ 국내 급식소별 노동 생산성지표

유형 \ 생산성지표	노동시간당 식수(식/시간)	1식당 노동시간(분/식)
사업체급식(단일메뉴)	6.9	8.7
병원급식(환자식만 운영)	4.8	12.4
병원급식(환자식, 직원식 운영)	5.6	10.7
학교급식(단독조리방식)	13.1	4.6
학교급식(공동조리방식)	14.8	4.1

자료 : 양일선 외, 2015

급식생산성 영향요인

- 급식소의 규모와 급식 시스템(전통적 급식체계, 조리저장식 급식체계 등)
- 제공하는 식단의 유형(단일식단 또는 복수식단)과 메뉴의 가짓수
- 배식의 유형(자율배식, 대면배식, 카페테리아, 테이블 서비스 등)
- 구매한 식재료의 전처리 상태(1, 2차 전처리 정도)와 가공식품 사용 정도
- 급식소의 시설 설비 상태(자동화기기 유무, 효율적인 레이아웃과 동선 등)
- 급식종사자의 기술과 숙련 수준
- 1일 배식횟수와 배식시간

노동 생산성지표는 단일요소 생산성single factor productivity으로 전반적인 생산 효율성을 측정하기에는 한계가 있을 수 있다. 그에 비해 총요소 생산성은 여러 가지 생산요소 투입과 산출 간의 관계를 설명하는 것으로, 인력, 재료, 서비스, 설비 및 자본 등 다섯 가지 요소를 고려하여 측정하므로 다양한 측면의 효율성을 평가하기도 한다.

(4) 급식 생산성 증대방안

급식 생산성 증가는 작업 개선을 통해 효율을 높일 수 있다. 즉, 작업방법을 개선함으로써 급식의 질과 고객만족도를 높이는 동시에 급식종사자의 사기를 높이며 경영진을 만족시킬 수 있다. 급식생산소에서 활용할 수 있는 생산성 증대 방안은 표 4-7과 같이 매우 다양하다.

2) 작업관리 연구

일반적으로 작업관리는 인건비의 절약과 조직의 생산성 향상에 목표를 갖고 있으며, 노동 집약적인 생산에 의존하는 집단급식소의 경우 작업의 내용 개선, 안전한 작업환경 제공, 적재적소의 인력 배치, 및 효율적인 작업방법의 제시 등 작업 개선의 목표를 두고 있다. 작업관리는 방법연구method sturdy와 작업측정work measurement 등 두 가지 영역으로 나눈다.

표 4-7 ▸▸ 급식 생산성 증대방안의 예

증대방안	내용
교육훈련 실시	급식관련 종사자들에게 정기적으로 자신의 직무에 필요한 지식과 기술을 갖출 수 있도록 정기적인 교육훈련을 실시함
작업의 단순화	불필요한 작업요소를 제거하기 위해 작업공정을 단순화함(예: 작업동선을 개선하기 위한 기기의 재배열) 개선이 필요한 우선순위 작업에 대해 분석하고 개선점을 찾아 내는 방법연구가 필요함
작업의 표준화	작업 측정을 실시하여 작업의 표준시간을 설정함. 작업자의 업무능력과 생산량에 맞추어 작업일정 계획 및 작업을 배치함
자동화기기 설치	노동력을 대치할 수 있는 자동화기계를 도입하여 인건비 절감을 꾀할 수 있으며, 복합기능을 가진 기계를 사용함으로써 시간과 에너지를 절약하여 생산성 증가를 도모할 수 있음
가공식품 및 전처리 식품의 이용률 증가	일부 가공식품과 전처리 식품의 구매는 어려운 인력 수급에 대한 방안이며, 대량조리에서 적합한 가공 및 반가공식품의 개발이 증가하고 있는 추세임
셀프 서비스 활용	노동력이 많이 필요한 대면배식보다는 자율배식 시스템을 적극 활용하며, 셀프 서비스의 효과를 높이기 위해 급식시설을 이용하는 고객을 대상으로 올바른 식사문화에 대한 지속적인 영양교육과 홍보를 실시함
동기 부여	생산성 증가에 대한 동기 부여를 위해 업무성과와 능력에 따른 인센티브 제도를 도입하도록 함

(1) 방법연구

방법연구는 작업 중에 불필요한 작업요소를 제거하기 위해 작업동선, 시설·설비, 및 작업공정 등을 조사 분석하여 효율적이고 경제적인 방법을 개발하는 기법으로 작업 개선을 위해 표 4-8과 같은 사항을 고려해야 한다.

표 4-8 ▸▸ 작업 개선을 위한 ECRS

구분	설명
제거(Elimination)	불필요한 기능을 제거함
결합(Combination)	중복된 기능을 결합함
재배치(Rearrangement)	효율적인 흐름이 되도록 기기 또는 작업공정을 변경함
단순화(Simplification)	동작경제원칙에 따라 작업방법을 단순화함

제품 생산과정에서 작업work의 가장 작은 단위는 '동작'이며, '동작'이 모여서 '작업'을 이루고, 작업요소가 모인 단위작업의 기능을 '공정'이라 한다. 작업 개선을 위한 방법연구에는 공정분석, 작업분석, 동작연구 등이 있다.

① 공정분석

공정분석working process analysis은 생산과정을 각 단위공정으로 분해하고 각 단위 공정별로 작업물이 공간적, 시간적으로 움직임이 효율적으로 잘 이루어지는지를 검토하는 방법이다. 공정분석은 몇 가지 종류의 기호와 표현방식을 이용해서 공정도process schedule를 작성하고 각 공정을 분석하여 개선방안을 찾아낸다 표 4-9. 재료가 제품으로 완성되는 과정을 분석하는 것을 제품 공정분석이라 하고, 작업자가 이동하는 과정

표 4-9 ▸▸ 공정분석을 위한 기본 기호

기호	구분	설명
○	작업/가공	원료, 재료, 부품 또는 제품의 물리적, 화학적 변화, 작업물 조립, 분해, 운반, 검사, 저장, 가공을 위한 준비작업
□	검사	원료, 재료, 부품 또는 제품의 품질과 수량을 조사하고 기준과 비교하는 과정
⇨	운반	원료, 재료, 부품 또는 제품이 한 장소에서 다른 장소로 운반(가공 및 검사공정은 제외)
▽	저장	원료, 재료, 부품 또는 제품이 계획에 따라 저장되어 있는 상태
D	정체	원료, 재료, 부품 또는 제품이 계획과는 달리 다음 작업을 즉시 수행할 수 없어 대기된 상태

그림 4-8 ▸▸ 제품공정도 기호표시의 예(밥 짓기)

을 분석하는 것을 작업자 공정분석이라 한다. 이러한 공정분석은 시설·설비의 레이아웃 개선, 작업조건의 개선 및 표준화, 표준시간의 설정 등에 유용하게 이용된다.

② 작업분석

생산품에 대한 공정분석이 완료되면 작업자의 작업분석operation analysis을 통해 작업의 비효율적인 요소를 찾아 개선안을 마련한다. 작업개선안은 다음과 같이 제시될 수 있다.

- 작업단위별 꼭 필요한 작업인지를 검토하고 필요에 따라 작업공정을 제거, 결합, 재배치, 단순화한다.
- 생산품의 품질에 영향을 미치지 않는 범위 내에서 다루기 쉬운 재료를 사용하여 작업을 단순화한다(예: 전처리된 식재료의 사용, 재료의 크기와 모양, 반가공식품의 사용 등).
- 각 작업구역 간의 연결성, 시설·설비 간의 상호 연관성 등을 고려하여 작업동선을 단축하고 능률적인 작업이 이루어지도록 한다.

표 4-10 ▸▸ 작업 개선을 위한 작업단계별 조리기기의 배치

작업흐름	작업내용	주요 조리기기 및 장비
반입·검수	식재료 반입 및 품질검사, 분류 및 정리	검수대, 계량기, 운반차, 온도계, 손소독기
저장	식품별·온도별 분류 작업과 정리정돈	냉장·냉동시설, 건조창고, 보관용 용기, 온도계
전처리	선별, 세척, 다듬기, 썰기, 침지, 데치기, 해동하기	싱크대, 칼과 도마와 소독고, 박피기, 절단기, 스팀솥, 제빙기, 장화·앞치마 소독기
조리	밥짓기, 가열조리, 튀기기, 굽기, 무치기 등	저울, 세미기, 취반기, 가스솥, 스팀솥, 오븐, 브로일러, 튀김기, 그리들, 만능프라이팬
운반·배식	상차림, 일시 보관, 배식	식기류, 보온보냉 운반차 및 보관고, 온·냉 식수기, 배식용 도구류
세척·소독	식기 회수, 세척, 소독, 음식물쓰레기 처리	식기세척기, 식기소독고, 칼도마 소독고, 운반차, 잔반처리대, 손소독기, 장화·앞치마 소독기 등
보관	소독된 식기 분류 및 정리정돈	선반, 식기보관고(소독보관고)

표 4-11 ▸ 효율적인 조리작업을 위한 설비

중점사항	내용
넓은 시야 확보	•각 작업대끼리 관찰을 잘할 수 있도록 불필요한 기둥이나 벽은 없애고 대형조리기기의 배치에 주의함
효율적 작업동선	•동선은 일정한 방향으로 배치하며, 각 작업공간이 다른 작업의 통로가 되거나 동선이 교차되어서는 안 됨 •조리작업대의 배치는 오른손잡이 기준으로 볼 때 일의 순서에 따라 왼쪽에서 오른쪽으로 하는 것이 동선을 줄일 수 있음
다목적 기기 선택과 배치	•조리공정상 공동으로 사용할 수 있는 기기를 선택하고 사용하기 편리한 장소에 배치함 •여러 작업에 공통적으로 필요한 기기는 이동성 작업대를 배치하여 활용함 •작업공정상 연결성이 높은 기기나 설비는 가까운 위치에 배치함(예: 스팀솥 주변에 급·배수 시설을 갖추어 기능성을 높임) •양문개폐형 냉장고나 보관시설을 설비하여 동선 단축과 기능성을 높임
적절한 작업범위와 작업대의 조건	•작업범위는 작업자를 기준으로 한 곳에서 작업할 때 양손이 닿을 수 있는 길이 1.8 m 정도의 범위로 구성함 •작업대는 작업자의 팔꿈치 이상 팔을 올리지 않기 위해 높이는 85~90 cm, 폭 55 cm 정도 크기로 설치함
수납공간의 활용	•조리작업대에 수납공간을 활용하여 필요한 소도구, 용기 및 식재료(주로 사용하는 양념류) 등을 수납하여 조리공간을 활용함

- 수작업 공정을 기능적이며 효율성이 높은 조리기기와 자동화기기를 사용하도록 한다.
- 적절한 조리장의 온도, 환기, 조도, 및 안전장치 등 작업장의 환경 개선을 통해 작업의 효율성을 높인다.

양문개폐형 대형냉장고 　 스팀솥과 급배수시설 　 작업대 하단 냉장고 설비 　 작업대와 하단 수납장

그림 4-9 ▸ 효율적인 조리작업을 위한 시설 설비의 예

자료 제공 : 한양대학교병원 급식실

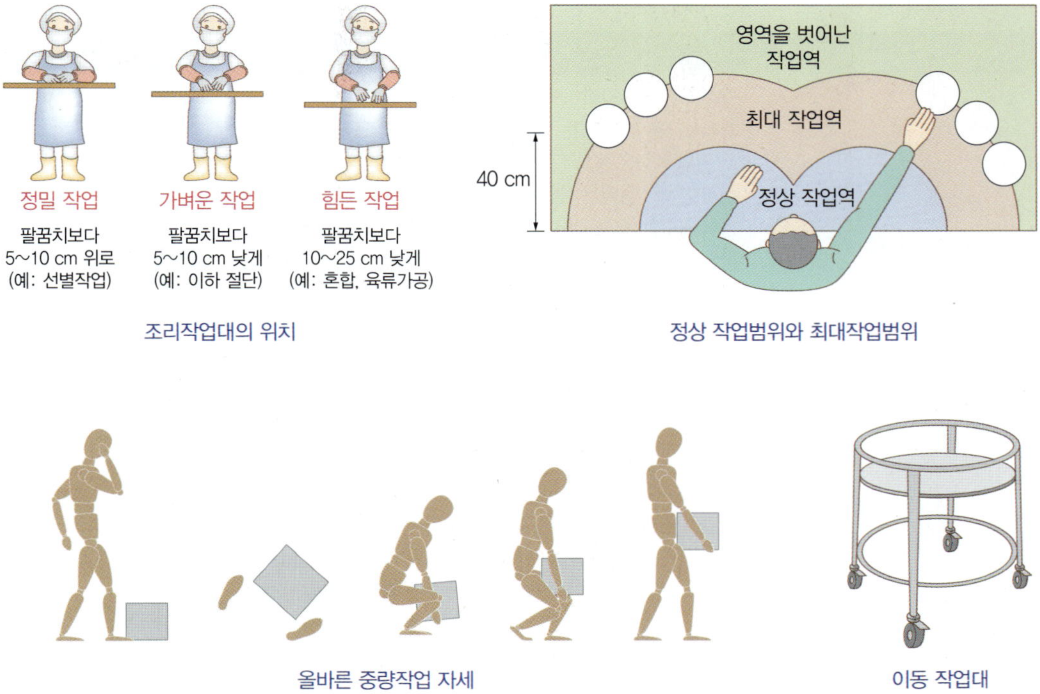

그림 4-10 ▸▸ 효율적인 작업을 위한 동작 기본지침
자료 : 산업재해예방안전보건공단 홈페이지

③ **동작연구**

동작연구motion study는 작업 수행상 불필요한 동작을 제거하고 동작의 표준화를 꾀하고자 각 작업의 동작을 분석하여 가장 경제이고 합리적인 동작으로 개량작업을 연구하는 것이다. 동작연구와 관련하여 길브레스Gilbreath는 동작의 경제성과 능률 제고를 위한 원칙을 처음 제안하였으며, 그 후 반즈Barnes는 많은 학자의 연구결과를 보완, 재편성하여 '동작경제원칙Principles of Motion Economy'을 제시하였다. 이 원칙에는 신체 사용에 관한 원칙use of the human body, 작업장의 배치에 관한 원칙arrangement of the workplace, 공구 및 설비의 디자인에 관한 원칙design of tools and equipment, 동작경제와 피로경감에 관한 내용으로 구성되었으며 표 4-12와 같다.

표 4-12 ▸ 동작경제의 원칙

구분	내용
신체 사용에 관한 원칙	• 양손의 동작은 같이 시작하고 같이 끝나도록 함 • 휴식시간을 제외하고는 양손이 동시에 쉬지 않도록 함 • 두 팔의 동작은 동시에 서로 반대방향으로 대칭적으로 움직이도록 함 • 손과 신체의 동작은 작업을 원만하게 처리할 수 있는 범위 내에서 가장 낮은 동작 등급을 사용하도록 함(예: 손가락→손목→아래팔→위팔→어깨 순으로 동작) • 가능한 한 관성을 이용하여 작업을 하도록 함 • 손의 동작은 부드럽게 연속적인 동작이 되도록 하며, 방향이 갑작스럽게 크게 바뀌는 모양의 직선동작은 피하도록 함 • 탄도동작(ballistic movements)은 고정된 동작보다 더 신속하고, 용이하며 정확함 • 가능하면 쉽고, 자연스러운 리듬이 작업동작에 생기도록 작업을 배치함 • 눈의 초점을 모으는 작업은 없애고 이러한 작업이 불가피할 경우 서로 다른 두 작업 간의 거리를 짧게 함
작업장 배치에 관한 원칙	• 모든 공구나 재료는 지정된 위치에 있도록 함 • 공구, 재료 및 제어장치는 사용위치에 가까이 두도록 함 • 중력 이송원리를 이용한 용기를 사용하여 부품을 사용장소에 가까이 보낼 수 있도록 배치함 • 가능하다면 낙하식 운반(drop delivery) 방법을 사용함 • 공구나 재료는 작업동작이 원활하게 수행되도록 그 위치를 정해 줌 • 작업자가에게 적절한 조명을 설치함 • 작업자가 작업 중 자세의 변경을 임의로 할 수 있도록 작업대와 의자 높이가 조정되도록 함 • 작업자가 좋은 자세를 취할 수 있도록 높이가 조절되는 의자를 제공함
공구 및 설비 디자인에 관한 원칙	• 페달장치(foot-operated device)를 활용하여 양손이 다른 일을 할 수 있도록 함 • 공구의 기능을 결합하여서 사용하도록 함 • 공구와 자재는 가능한 한 사용하기 쉽도록 미리 위치를 정해 줌 • 타자칠 때와 같이 각 손가락이 서로 다른 작업을 할 때에는, 작업량을 각 손가락의 능력에 맞게 분배해야 함 • 레버(levers), 핸들 그리고 제어장치는 작업자가 몸의 자세를 크게 바꾸지 않더라도 조작하기 쉽도록 배열함

(2) 작업 측정

작업 측정은 방법연구를 통해서 제시된 표준화된 작업을 수행할 때 필요한 시간을 산출하여 작업의 내용을 시간으로 정량화하는 것이다. 작업 측정방법은 작업을 측정하는 직접법과 과거의 실적이나 자료를 이용하는 간접법으로 분류하며, 직접법에는 시간연구법, 워크 샘플링 기법이 있으며, 간접법에는 실적기록법과 PTS법 등이 있다.

① 시간연구법

시간연구법은 측정하고자 하는 작업을 기본요소로 세분화하고 스톱워치stopwatch와 촬영도구 등 관측기구나 기록장치를 이용하여 시간적 경과를 직접 측정하는 것이다. 이러한 과정을 통해서 작업에 필요한 시간, 대기시간 및 낭비되는 시간을 찾아내서 작업 개선을 위한 표준작업시간standard operation time을 결정한다. 표준작업시간은 보통의 숙련된 작업자가 표준작업방법에 의하여 측정하고자 하는 작업을 쉬지 않고 수행하는 데 필요한 시간(정미시간)과 작업을 수행하는 과정에 있어서 부가적으로 꼭 필요한 시간(여유시간)을 합하여 결정한다. 새로운 작업에 대한 표준시간을 측정하고자 할 때에는 작업자가 새로운 작업에 익숙해졌을 때 측정하도록 한다.

② 워크 샘플링법

워크 샘플링법work sampling은 통계적인 기법으로 광범위한 분야의 관리기능에 적용되며, 전체 작업(모집단)에서 표본sample을 무작위random관찰에 의해 측정하므로 적은 비용과 인원으로 현상을 측정할 수 있다. 특히 급식소와 같이 순환주기cycle가 긴 작업이나 집단으로 수행되는 동일한 작업의 평균시간을 산출하는 데 활용된다. 예를 들어, 학교급식에서 조리종사자의 작업기능을 조리, 분배 및 배식, 운반, 세척, 사무 및 지연 등으로 세분화하여 소요되는 시간을 측정한 후 각 업무 요소별 소요되는 시간의 비율을 결정하고 각 작업의 시간을 구하는 것이다. 워크 샘플링법으로 산출된 정미시간에 여유시간을 더하여 표준시간을 산출하고 이와 같은 결과를 근거로 적정인력을 산출하는 데 활용한다. 표 4-13과 같이 급식관리자인 학교급식 영양사의 업무를 워크 샘플링법으로 분석한 경우 급식관리자의 직무분석과 향후 업무의 방향을 제시하는 근거자료도 이용될 수 있다.

③ 실적기록법

실적기록법clerical minute per unit, CMU은 일정 기간 내 작업량과 소요시간을 계속 기록하고 통계적으로 작업단위에 대한 표준시간을 산출하는 방법이다. 이 방법은 신속하고 비용이 절약되는 장점이 있어 단기적 참고자료로 활용할 수 있으나, 시간 경과에 따른 작업방법과 환경의 변화를 반영하지 못하므로 작업자의 성과평가를 위한 자료로 활용하기는 어렵다.

표 4-13 ▸ 워크 샘플링법에 의한 학교급식 영양사의 업무 분석의 예

업무요소	단독조리교		공동조리교	
	근무시간/주(분)	비율(%)	근무시간/주(분)	비율(%)
영양관리	334	13.95	221	8.77
구매관리	241	10.07	202	8.01
식재료관리	374	15.62	356	14.12
조리작업 및 배식관리	562	23.48	769	30.50
위생, 시설 및 안전관리	363	15.16	444	17.61
원가관리	136	5.68	51	2.02
인력관리	121	5.05	143	5.67
급식 운영평가	33	1.38	38	1.51
영양교육	69	2.88	106	4.21
기타 사무관리	161	6.72	191	7.58
총계	2,394	100.00	2,521	100.00

자료 : 양일선 외, 2002

④ 기정시간표준법(PTS법)

기정시간표준법predetermined time standard, PTS은 사람이 할 수 있는 모든 작업을 구성하는 기본동작으로 분해하고 그 동작이 수행되는 조건에 따라 이미 정해진 시간을 기준으로 하여 측정하고자 하는 작업의 동작시간을 산출하는 방법이다. 이 방법은 배식작업이나 세척작업과 같이 작업의 동작주기가 짧고 반복적으로 수행하는 작업을 신속하게 분석할 수 있다.

다양한 작업 측정방법을 통해 산출된 표준작업시간은 다음과 같은 목적으로 이용될 수 있다.

- 생산계획을 위한 기초자료(작업일정표)
- 경제적이고 효율적인 작업방법의 비교 선택
- 작업자의 생산량 예측
- 작업에 필요한 표준인력 산출
- 직무평가 및 성과 측정

(3) 급식 생산계획을 위한 도구

급식의 생산성을 높이기 위해서는 업무에 대한 정확한 분석과 효율적인 인력 운영이 중요하다. 따라서 효율적인 급식 운영을 위해 조직구성원에 따른 업무분장표, 작업일정표, 작업공정표 및 작업계획서 등을 이용할 수 있다.

① 업무분장표

업무분장표division of works sheet는 직책과 기능에 따라 각자의 업무를 명시한 표이다 표 4-14.

표 4-14 ▸ 업무분장표의 예(병원급식)

직책	인력(명)	주요업무명	자격 및 조건
팀장	1	• 영양팀 총괄 업무 관리감독 및 책임 -급식관리업무 -임상영양업무 -인사 및 행정사무 관리 -위생·안전 및 시설 관리 • 기타 대내외적인 업무	영양사 면허 및 임상영양사 면허
파트장	2	• 급식관리업무 및 관리 감독 • 임상영양업무 및 관리감독 -행정사무 관리 -위생·안전 및 시설 관리 • 종업원에 대한 영양지도 및 위생교육 • 팀장의 업무 지원 및 대행	영양사 면허 및 임상영양사 면허
영양사 1	4	• 급식관리업무 -환자식 식단작성, 구매관리, 검수 및 배식 관리 -치료식 설명, 고객서비스 관리 등 -조리종사자 관리	영양사 면허 및 임상영양사 면허
영양사 2	3	• 임상영양관리업무 -영양검색 및 영양불량환자 관리 -질환별 영양교육 및 상담 -식품영양 정보의 제공	영양사 면허 및 임상영양사 면허
조리사	5	• 조리업무(식재료의 전처리 조리, 배식 등의 전 과정 포함) • 구매식품의 검수 지원 • 급식설비 및 기구의 위생·안전 실무 • 기타 조리실무에 관한 사항 • 조리보조원의 조리지도 및 관리	조리사 면허
조리보조원	30	• 조리사의 조리 및 조리실무에 관한 보조업무 (식재료의 전처리 조리, 배식 등의 전 과정 포함)	-

직책	인력(명)	주요업무명	자격 및 조건
배식원	45	• 상차림, 배식 업무, 퇴식상 수거 및 세척 업무	-
사무원	1	• 제반 서무 업무(인사, 행정/사무 업무)	-
기능원	3	• 급식 환경관리(청소), 음식물류 폐기물관리, 안전관리 업무	-

② 작업일정표

작업일정표work schedule은 작업종사자별로 출퇴근시간과 근무시간대별 주요 담당 업무 내용을 포함하고 있으며, 생산성지표를 이용하여 필요한 인원을 산정한 후 작업일정에 따라 담당자의 적정업무 배분이 계획되어야 한다 표 4-15. 작업의 강도와 작업자의 숙련 정도, 인력 구성과 업무의 특성을 고려하여 시간대별 배치가 계획되어야 한다.

표 4-15 ▸ 사업체급식 작업일정표의 예

<table>
<tr><td>시각</td><td></td><td>9</td><td>10</td><td>11</td><td>12</td><td>13</td><td>14</td><td>15</td><td>16</td><td>17</td><td>18</td><td>19</td></tr>
<tr><th>식당명</th><th>작업원</th><th colspan="11">업무내용</th></tr>
<tr><td rowspan="2">지하 주방</td><td>조리원 1</td><td></td><td>취반</td><td colspan="4">식기 세척, 취반</td><td colspan="4">취반</td><td>세척</td></tr>
<tr><td>조리원 2</td><td></td><td>취반</td><td colspan="4">식기 세척, 취반</td><td colspan="4">취반</td><td>세척</td></tr>
<tr><td rowspan="6">1층 우측 식당</td><td>책임 조리원</td><td colspan="2" rowspan="2">점심 조리 배식 준비</td><td colspan="3">배식 총괄</td><td colspan="4" rowspan="6">다음날 사용 식품 전처리 및 조리 준비</td><td rowspan="2"></td><td rowspan="15"></td></tr>
<tr><td>조리원 3</td><td colspan="3" rowspan="3">점심 배식</td></tr>
<tr><td>PT7 1</td><td rowspan="4"></td><td rowspan="4">다음날 사용 식품 전처리</td><td rowspan="4"></td></tr>
<tr><td>PT7 2</td></tr>
<tr><td>PT7 3</td><td colspan="3" rowspan="2">퇴식 담당</td></tr>
<tr><td>PT7 4</td></tr>
<tr><td rowspan="8">1층 좌측 식당</td><td>책임 조리원</td><td colspan="2" rowspan="3">점심 조리</td><td colspan="3" rowspan="2">배식 총괄</td><td colspan="5" rowspan="3">저녁 조리, 다음날 점심, 저녁 전처리 및 조리 준비</td></tr>
<tr><td>조리원 4</td></tr>
<tr><td>조리원 5</td><td colspan="3" rowspan="3">점심 배식</td></tr>
<tr><td>PT7 5</td><td colspan="2" rowspan="5"></td><td colspan="3" rowspan="2">저녁 조리 및 다음날 전처리, 조리</td><td colspan="2" rowspan="4">저녁 배식</td></tr>
<tr><td>PT7 6</td></tr>
<tr><td>PT7 7</td><td colspan="4" rowspan="2">식기 세척</td><td colspan="2" rowspan="2">저녁 조리 및 다음날 전처리, 조리</td></tr>
<tr><td>PT7 8</td></tr>
<tr><td>PT7 9</td><td colspan="3">퇴식 담당</td><td colspan="3">저녁 조리 및 다음날 전처리 및 조리</td><td colspan="2">퇴식 담당</td></tr>
<tr><td rowspan="3">스낵 코너</td><td>조리원 6</td><td colspan="2">준비 작업</td><td colspan="8">스낵 코너 운영</td></tr>
<tr><td>조리원 7</td><td></td><td colspan="10">스낵 코너 운영</td></tr>
<tr><td>PT7 10</td><td></td><td colspan="7">스낵 코너 운영</td><td colspan="3"></td></tr>
<tr><td>커피숍</td><td>PT7 11</td><td colspan="3"></td><td colspan="8">커피숍 운영</td></tr>
<tr><td>식권</td><td>PT7 12</td><td colspan="2"></td><td colspan="8">식권판매 커피숍 보조</td><td></td></tr>
</table>

* PT7은 7시간을 근무하는 시간제 조리원을 의미함.
자료 : 대한영양사협회, 2007

표 4-16 ▸ 학교급식 작업일정 계획표의 예

시간	단계	활동내용	담당
08:30~09:00	준비단계	조리원 출근·위생복장 확인 조리기구 점검·위생 및 안전 점검 식품검수 및 당일 공급식품 수령 식단 및 조리방법 안내 위생 및 안전수칙 설명	영양사, 주번 조리원 영양사, 주번 조리원 영양사, 검수요원 영양사 영양사
09:00~11:30	조리단계	위생 및 안전수칙 점검 작업분담 및 조리작업 공정관리 HACCP일지 기록 검식	영양사 조리원 조리원 영양사
11:30~12:00	배식 준비단계	식판 및 식기 배열, 조리 보조 배식 준비 : 밥, 국, 반찬 정열 배식 준비 확인 : 위생복장 착용확인 보존식 채취 후 냉장 보관	배식원 배식원 영양사 배식원, 조리원
12:00~13:30	배식 및 식사	배식 시작, 음식온도 체크 학년별 식당으로 이동해서 배식받기 식사예절 및 정리정돈 지도 잔반처리 지도	배식원, 조리원 각 학급 담임교사 각 학급 담임교사 학생도우미, 영양사
13:30~16:20	정리단계	식품보관실 정리 및 재고현황 기록 조리기구, 배식기구 세척 및 소독 위생적 음식물쓰레기 처리 조리실 청소 및 정리정돈	조리원 조리원 조리원 조리원
16:20~16:30	점검	일·주·월별 청소구역 확인 가스 및 전기점검 조리작업 반성 및 식단 평가 익일 급식준비	영양사 주번 조리원 영양사 영양사

자료 : 이종미 외 6인, 2013

③ 작업공정표

작업공정표progress schedule는 작업내용을 시간상으로 배열한 것으로 메뉴별로 식재료의 전처리, 주조리, 상차림까지 작업에 대한 요점과 순서, 조리장소, 주요 조리기기 및 시간 배분을 제시한다.

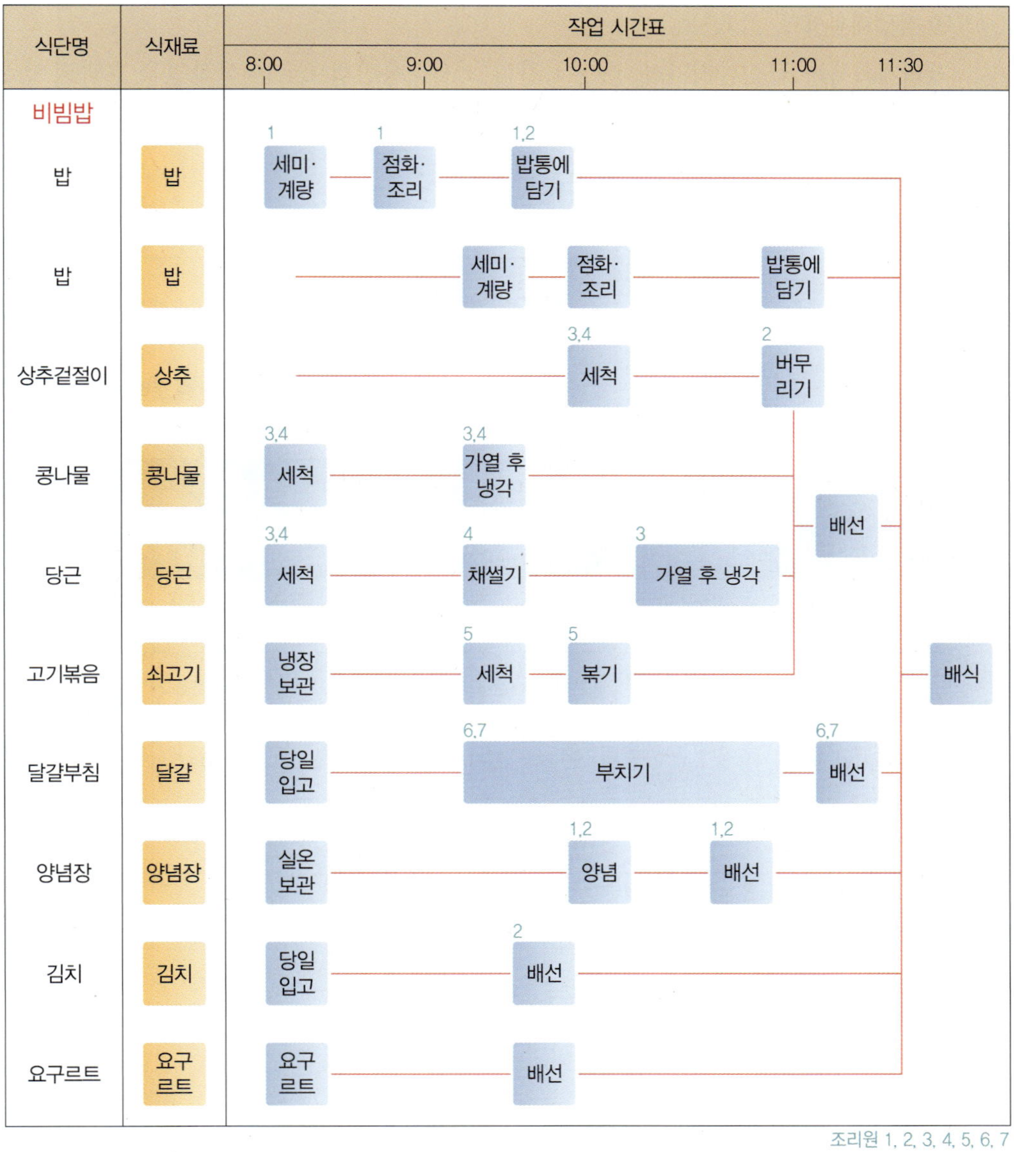

그림 4-11 ▸▸ 작업공정표의 예
자료 : 이종미 외 6인, 2013

④ **작업계획서**

작업계획서는 급식관리자와 종사자 간의 의사소통방법으로 생산작업을 효과적으로 수행하는 데 유용하게 쓰인다. 생산될 메뉴와 총배식량, 필요한 batch 크기 및 개수, 작업책임자, 준비시간, 필요한 기구 등이 포함한다.

작 업 계 획 서

각 메뉴의 총 준비량 : 500인분

년 월 일　　　　배식시간 : 오전 11시 30분 ~ 오후 1시 30분

메뉴	총배식량	필요batch 크기 및 개수	1인 배식량	작업책임자		준비시간		주요사용기기
				직위	이름	총 필요 시간	시작 시각	
잡곡밥	105 kg	10개/50인분 (10.5 kg)	210 g	조리 보조원	김○○	2시간	9:20	가스다단식 취사기
김치 콩나물국	125 kg	5개/100인분 (25 kg)	250 g	조리사	박○○	1시간 30분	9:50	스팀 회전식 국솥
버섯볶음	35 kg	5개/100인분 (7 kg)	70 g	조리사	조○○	1시간 20분	10:00	가스회전솥
삼치구이	25 kg	5개/100인분 (5 kg)	50 g	조리 보조원	이○○	2시간	9:20	콤비오븐
오이생채	25 kg	5개/100인분 (5 kg)	50 g	조리 보조원	장○○	1시간 20분	10:00	야채절단기

그림 4-12 ▸▸ 작업계획서의 예

함 께
풀어보기
정 답

4-1 1-1. (1,900+1,700+2,100)/3=1,900

1-2. (1,900×0.1)+(1,700×0.2)+(2,100×0.7)/1=2,000

1-3. 4월 예측식수: (0.3×1,700)+(0.7×1,800)=1,770

4-2 2-1. 변환계수방법

식재료	100인분	2단계	3단계	4단계
건미역	1 kg	1 kg	4.5 kg	4.5 kg
소고기	1.5 kg	1.5 kg	6.75 kg	6.8 kg
마늘*	100 g	0.1 kg	0.45 kg	450 g
참기름*	150 g	0.15 kg	0.675 kg	675 g
소금*	200 g	0.2 kg	0.9 kg	900 g

*조미료를 정량으로 환산함

2-2. 백분율방법

식재료	100인분	1단계 (단위환산)	3단계 (백분율계산)	6단계 (백분율에 의한 300인분 식재료 산출)	7단계 (단위환산)
감자	6 kg	6,000 g	83.9	18,553 g	18.6 kg
당근	0.3 kg	300 g	4.2	929 g	0.93 kg
피망	0.3 kg	300 g	4.2	929 g	0.93 kg
밀가루	0.5 kg	500 g	7	1548 g	15.5 kg
소금	0.05 kg	50 g	0.7	154 g	0.15 kg
총량		7,150 g(2단계)	100.0%	22,113(4, 5단계 참조)*	

*4단계: 총생산량 결정: 100인분을 300인분으로 환산(또는 1인당 70 g 기준으로 환산) 21,450 g

5단계: 손실률 3% 고려하여 (21,450/97)×100=22,113 g

4-3 3-1. 1주간 총노동시간 : 32시간(정규직)+24시간(시간제)=56시간×5일간=280시간

1주간 총식수 : 600식×5일간=3,000식

1) 3,000식/280시간=10.7식/시간

2) 280시간×60분/3,000식=5.6분/식

3) 총식수(영업일수 22일 기준) : 600식/일×22일간=13,200식

12,000,000원/13,200식=909원/식

4) (3,000만원+1,200만원+400만원)/13,200식=3,485원/식

3-2. 총식당량 : 3,000식+1,000식=4,000식당량, 총 노동시간 : 240시간

4,000식당량/240시간=16.7식당량/시간

3-3. 8,400서빙수/300시간=28서빙수/시간

5 위생·안전관리

1. 급식 위생·안전관리의 개요
2. 작업공정별 위생관리
3. 개인위생관리
4. 급식 시설·설비의 위생관리
5. HACCP을 통한 위생관리
6. 급식 안전관리

5

학습목표

1 식중독의 정의와 발생 현황을 살펴보고, 잠재 위해식품을 파악함으로써 식중독 발생을 예방할 수 있다.
2 작업공정별, 급식 시설 및 설비의 위생 관리방법을 이해하고 실시함으로써 안전하게 급식을 제공할 수 있다.
3 조리작업자뿐만 아니라 급식과 관련된 사람들의 철저한 개인위생관리를 통한 안전한 급식을 제공할 수 있다.
4 HACCP의 정의와 주요 절차를 확인하여 안전한 급식시설을 운영, 관리할 수 있다.
5 급식소 안전사고의 유형을 파악하고 작업공정별 예방법을 교육, 훈련하여 안전사고를 예방할 수 있다.

1. 급식 위생·안전관리의 개요

1) 급식 위생·안전관리의 의의

위생과 안전관리는 급식 계획 및 작업과 밀접한 관계가 있으며, 급식 대상자의 안전 보장과 만족도 향상에 기여하는 요소이다. 위생관리는 식품의 안전을 확보하기 위해 개인위생, 시설·설비관리, 온도, 시간, 교차오염, 세척과 소독 등 식품 취급자가 지켜야 할 행동 요령 등을 습득하는 데 목적이 있다. 또한 식품위생에 있어 인지하지 못하거나, 잘못 인지했던 지식 및 정보를 바르게 제공하여 사람의 인식과 행동의 변화를 통해 급식소의 위생 수준을 향상시키기 위함이다. 위생교육은 한 번의 교육이 아닌 실천할 수 있도록 반복적으로 이루어져야 하며 현재 법규상 위생교육은 「식품위생법」 제41조에 의해 규정되어 있다.

급식시설에서 조리작업은 화기, 칼 등을 사용함으로써 화상, 화재, 감전, 폭발, 골절, 절단 등의 사고가 발생될 수 있으므로 급식 관리자는 안전사고가 일어나지 않도록 시설, 설비를 철저하게 점검해야 하며, 조리작업자들에게 급식시설 사용법을 반드시 숙지시켜야 한다. 급식시설 내에서 발생되는 사고는 피해자의 신체적, 정신적 피해뿐만 아니라 주변 조리작업자들과 해당 사업자에게도 영향을 미치는 등 기업의 이미지 실추, 유능한 인적·물적 자원의 손실, 생산 손실이 동반되므로 급식 관리자는 반드시 예방에 노력을 기울여야 하겠다.

2) 식중독 정의와 예방

식중독은 병원성 미생물이나 유독, 유해한 물질에 의해 오염된 음식물을 섭취하여 일어나는 건강상의 장애를 의미하여, 「식품위생법」에서 식중독은 "식품의 섭취로 인하여 인체에 유해한 미생물 또는 유독물질에 의하여 발생하였거나 발생한 것으로 판단되는 감염성 또는 독소형 질환"을 의미한다(제2조 제14항). 자연산물에 의한 식중독으로서 원추리·독버섯 등에 의한 식물성 식중독과 복어 등에 의한 동물성 식중독으로 분류된다.

'집단식중독'이란 역학조사 결과 식품 혹은 물이 질병의 원인으로 동일 식품이나 물을 섭취한 후 2인 이상이 유사한 질병을 경험한 사건WHO을 의미한다. 일반적으로 식중독은 대인 간에 감염성이 없지만, 노로바이러스의 경우에 대인 간에 감염되는 사례도 있다 표 5-1. 이에 반해 감염병은 특정 병원체나 병원체가 생성하는 독성물질로 인해 발생되는 질병으로 감염된 숙주(사람)에 의해 전염되는 질환을 의미한다. 대표적인 감염병 병원체의 종류로는 세균, 바이러스, 기생충, 곰팡이, 원생동물 등이 있다. 국내에서는 질병관리본부에서 「감염병의 예방 및 관리에 관한 법률」에 따라 수인성, 식품매개질환이 관리되고 있으며, 식중독은 식품의약품안전처에서 「식품위생법」에 따라 식품 섭취로 인한 질병으로 관리되고 있다.

최근 5년간 식중독 발생 현황을 살펴보면 2016년부터 2018년까지 증가, 감소가 반복되었고, 2019, 2020년에는 감소되었다. 특히 2018년에는 학교외 집단급식과 기타 발생

표 5-1 ▸▸ 식중독의 분류

분류		종류	원인균 및 물질
미생물 식중독 (30종)	세균성 (18종)	감염형	살모넬라, 장염비브리오, 콜레라, 비브리오 불니피쿠스, 리스테리아 모노사이토제네스, 병원성대장균(EPEC, EHEC, EIEC, ETEC, EAEC), 바실러스세레우스(설사형), 쉬겔라, 여시니아 엔테로콜리티카, 캠필로박터 제주니, 캠필로박터 콜리
		독소형	황색포도상구균, 클로스트리디움 퍼프린젠스, 클로스트리디움 보툴리눔, 바실러스세레우스(구토형)
	바이러스성 (7종)	-	노로, 로타, 아스트로, 장관아데노, A형간염, E형간염, 사포 바이러스
	원충성 (5종)	-	이질아메바, 람블편모충, 작은와포자충, 원포자충, 쿠도아
자연독 식중독		동물성	복어독, 시가테라독
		식물성	감자독, 원추리, 여로 등
		곰팡이	황변미독, 맥각독, 아플라톡신 등
화학적 식중독		고의 또는 오용으로 첨가되는 유해물질	식품첨가물
		본의 아니게 잔류, 혼입되는 유해물질	잔류농약, 유해성 금속화합물
		제조·가공·저장 중에 생성되는 유해물질	지질의 산화생성물, 니트로아민
		기타물질에 의한 중독	메탄올 등
		조리기구·포장에 의한 중독	녹청(구리), 납, 비소 등

자료 : 식품의약품안전처 홈페이지

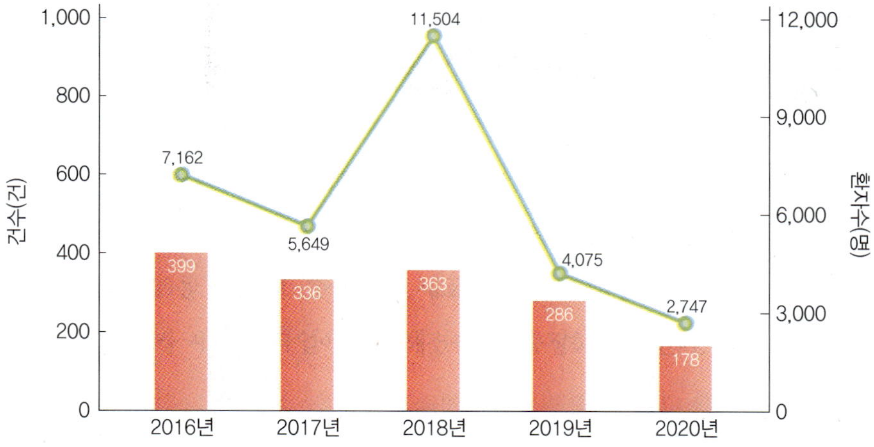

그림 5-1 ▸▸ 최근 5년간 식중독 발생 현황

자료 : 식품의약품안전처 식중독 통계

으로 발생 환자수는 2017년 대비 약 2배 이상 크게 증가하였다 그림 5-1.

식중독은 주로 기온과 습도가 높은 6~9월 기간에 가장 많이 발생되고 있으나 표 5-2, 최근에는 기온과 상관없이 발생되고 있다. 계절별로 분석해본 결과 기온과 습도가 높은 하절기에는 세균성 식중독이 집중되고, 이에 반해 바이러스성 식중독은 11월부터 5월 사이에 주로 발생되고 있다 표 5-3. 발생건수가 가장 높은 원인균은 노로바이러스, 병원성대장균이며, 발생환자수는 병원성대장균에 의한 경우가 가장 많다 표 5-4.

식중독의 주요 발생 장소를 살펴보면 발생 건수로는 음식점이 학교외 집단급식, 학

표 5-2 ▸▸ 최근 5년간 월별 식중독 발생 건수(2016~2020)

연도	월별												
	1월	2월	3월	4월	5월	6월	7월	8월	9월	10월	11월	12월	합계
2016	14	9	25	39	43	36	22	62	39	41	37	32	399
2017	20	18	16	26	40	44	46	46	31	16	17	16	336
2018	17	15	37	25	31	28	35	36	56	45	23	15	363
2019	21	16	19	31	35	37	28	25	22	16	18	18	286
2020	28	8	3	8	4	17	30	19	16	12	16	17	178
합계(5년)	100	66	100	129	153	162	161	188	164	130	111	98	1,562

자료 : 식품안전정보포털-식품안전나라 홈페이지

표 5-3 ▸▸ 최근 5년간 월별 원인별 식중독 발생 건수(2016~2020)

구분		월별												
		1월	2월	3월	4월	5월	6월	7월	8월	9월	10월	11월	12월	합계
세균성	발생건수	7	6	20	30	43	66	73	99	79	42	22	8	495
	환자수	152	68	501	810	1572	2702	1652	5039	6053	1189	437	148	20323
바이러스성	발생건수	40	19	32	24	22	12	6	11	7	14	25	31	243
	환자수	349	239	979	721	525	270	274	354	226	287	471	538	5233

자료 : 식품안전정보포털-식품안전나라 홈페이지

표 5-4 ▸▸ 최근 5년간 월별 대표 원인균에 따른 식중독 발생 건수(2016~2020)

연도	구분	병원성대장균	살모넬라	노로바이러스
2016	발생건수	57	21	55
	환자수	2754	354	1187
2017	발생건수	47	20	46
	환자수	2383	662	968
2018	발생건수	51	19	57
	환자수	2715	3516	1319
2019	발생건수	25	18	46
	환자수	497	575	1104
2020	발생건수	15	17	26
	환자수	532	489	239
합계	발생건수	195	95	230
	환자수	8881	5596	4817

자료 : 식품안전정보포털-식품안전나라 홈페이지

교 등 보다 월등히 발생빈도가 높으나, 발생 환자수는 식수 인원이 많은 집단급식 시설인 학교에서 가장 많은 것으로 보고되었다. 또한 개학철 식중독이 상대적으로 증가되고 있는 것이 특징이다 그림 5-2.

① 주요 식중독 원인균

노로바이러스

국내에서 발생되는 식중독의 주요 원인균인 노로바이러스(외가닥의 RNA를 가진 껍질이 없는Non-envelop)는 장염을 동반하며 기온이 낮을수록 오래 살아남는 특성이 있어 겨

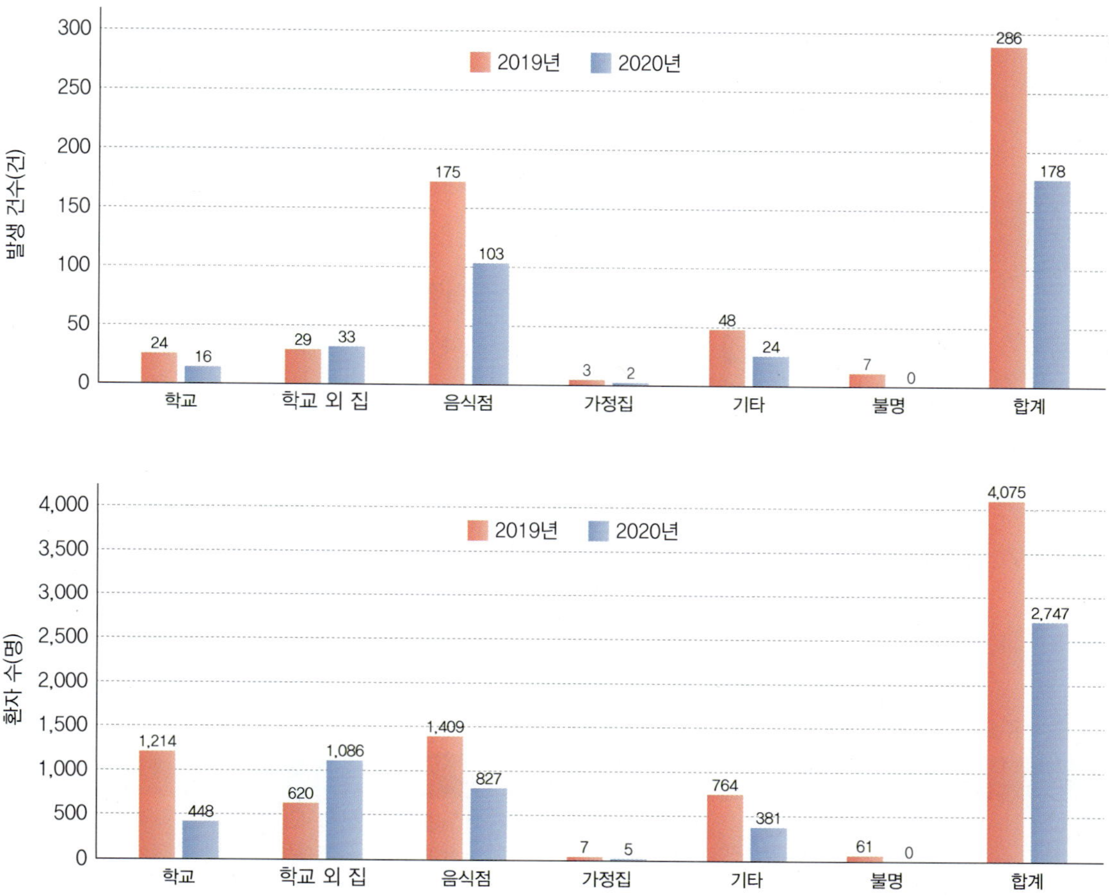

그림 5-2 ▸▸ 2019~2020년 장소별 식중독 발생 건수와 환자수 비교
자료 : 식품의약품안전처 식중독 통계자료

울철에 특히 주의해야 한다. 주로 환경에 노출된 분변·구토물 내의 바이러스가 물, 음식물, 손 등을 통해 사람의 입으로 전파 섭취되어 식중독을 일으키고, 연중 발생 가능하며 2차 발병률 역시 높은 것이 특징이다. 원인식품은 음식(패류, 샐러드, 과일, 냉장식품, 샌드위치, 상추, 냉장조리 햄, 빙과류)이나 음용수이며, 환자 및 보균자에 의해 감염된다. 따라서 2차 감염을 막기 위하여 감염자의 변, 구토물의 접촉을 막아야 하고, 접촉한 후에는 충분히 세척하고 소독해야 한다. 과일과 채소는 철저히 씻어야 하며, 굴 등의 어패류는 중심온도 85℃에서 1분 이상 가열한 후 섭취해야 한다. 급식소 내에 노로바이러스 식중독이 발생된 경우에는 칼, 도마, 행주 등은 85℃에서 1분 이상 가열, 바

닥, 조리대 등은 물과 염소계 소독제를 이용하여 철저히 세척·살균해야 한다.

병원성대장균

건강한 사람의 대장 내 존재하는 정상적인 상재균인 대장균은 대부분 식중독의 원인이 되진 않지만 병원성대장균Pathogenic *E. coli*은 유아 혹은 성인에게 급성 장염을 일으킨다. 대장균 O157:H7가 생성하는 베로독소verotoxin는 대장 점막 내에 궤양을 유발하고, 조직을 짓무르게 하여 출혈을 유발시켜 장관출혈성 대장균이라고 하며, 병원성 대장균들 중 가장 위험한 종류로 분류된다. 대장균은 광범위하게 분포되기 때문에 환자와 보균자의 분변으로부터 직·간접으로 오염될 수 있는 모든 식품이 원인식품이 될 수 있으며, 특히 햄, 치즈, 소시지, 샐러드, 분유, 두부, 음료수, 어패류, 도시락, 급식 등이 주요 원인식품이다. 예방을 위해서는 조리기구(칼, 도마 등) 구분 사용으로 2차 오염을 방지하여야 하며, 생육과 조리된 음식을 구분, 보관해야 한다. 특히 다진 고기는 중심부 온도가 75℃ 1분 이상 가열해야 하고, 비살균 우유나 생수는 섭취하지 않는 것

표 5-5 ▸▸ 주요 식중독 원인균의 오염원과 증상 예방법

	특징	오염원	증상	예방법
노로바이러스	• 사람 장관에서만 증식 • 자연환경에서 장기간 생존 가능	• 사람의 분변에 오염된 물이나 식품 • 노로바이러스에 감염된 사람에 의한 2차 감염 • 겨울철에 많이 발생	• 발병시기 : 24~48시간 • 증상 : 오심, 구토, 설사, 복통, 두통	• 오염된 해역에서 생산된 굴 등 패류 생식 자제 • 어패류는 가급적 가열 후 섭취(85℃, 1분 이상) • 개인위생관리 철저 • 채소류 전처리 시 수돗물 사용 • 지하수 사용 시설은 주변 오염원(화장실 등) 관리 철저
병원성대장균 O157	• 소량(10~100마리)으로 식중독 유발 • 심한 경우 용혈성 요독증으로 사망 유발	• 환자나 동물의 분변에 직·간접적으로 오염된 식품 • 오염된 칼, 도마 등에 의해 다져진 식품	• 발병시기 : 12~72시간(균종에 따라 다양) • 증상 : 설사, 복통, 발열, 구토	• 조리기구(칼, 도마 등)를 구분 사용하여 2차 오염 방지 • 생육과 조리된 음식물 구분 보관 • 다진 고기류는 중심부까지 75℃, 1분 이상 가열
클로스트리디움 퍼프린젠스	• 포자 형성 균으로 가열하여도 생존 가능 • 산소가 없는 환경에서도 성장 가능	• 동물 분변, 토양 등에 존재 • 대형 용기에서 조리된 수프, 국, 카레 등을 방치할 경우	• 발병시기 :8~12시간 • 증상 : 설사, 복통, 통상적으로 가벼운 증상 후 회복됨	• 대형 용기에서 조리된 국 등은 신속히 제공 • 국 등이 식은 경우 잘 섞으면서 재가열하여 사용 • 보관 시 재가열한 후 냉장 보관

자료 : 식품의약품안전처 홈페이지

이 좋다.

클로스트리디움 퍼프린젠스

최근 발생 원인균으로 빈도가 높은 클로스트리디움 퍼프린젠스는 하천과 하수, 토양 등 생태계와 사람을 비롯하여 동물(주로 포유도물)의 장관, 분변 및 식품 등에 널리 분포되어 있고, 집단급식시설 등 다수인의 식사를 조리할 경우 발생되기 쉬운 '집단조리 식중독'이라고 부르기도 한다. 대량조리와 식품 보관 및 냉각 시 발생되는 혐기적 조건에서 잘 발육되는 혐기성 균으로 조리된 식품은 소량씩 용기에 넣어 보관하는 것이 좋다. 또한 식품은 신선한 원재료로 필요량만큼씩 신속하게 가공, 조리해야 한다. 일반적으로 이 균으로 인한 식중독 발생률은 낮은 수준이고 증상도 가벼운 편이지만 일단 발생되면 대규모모 발생되기 때문에 주의를 해야 한다. 원인식품으로는 돼지고기, 닭고기 등으로 미리 가열 조리한 후 실온에서 5시간 이상 방치되지 않도록 보관 시 주의해야 한다.

손 씻기 : 손은 30초 이상 세정제(비누 등)을 사용하여 손가락, 손등까지 깨끗이 씻고 흐르는 물로 헹구세요.
익혀먹기 : 음식물은 속까지 충분히 익혀 드세요(중심부 온도가 75℃ (어패류는 85℃), 1분 이상)
끓여먹기 : 물은 끓여서 마셔야 해요

그림 5-3 ▸▸ 식중독 예방방법
자료 : 식품의약품안전처 홈페이지

심화학습

교차오염(cross-contamination)이란?

식재료, 용수, 기구 등이 미생물에 의해 오염된 경우 오염되지 않은 식재료, 기구, 조리작업자와의 접촉으로 작업과정에서 혼입되어 오염을 일으키는 것을 의미함

교차오염을 막기 위해서는?

- 시설 구역 구분을 통한 작업 분리
  - 일반 작업구역 : 검수 구역, 전처리 구역, 식재료 저장 구역, 세정 구역
  - 청결 작업구역 : 조리 구역(비가열처리 작업), 정량 및 배선 구역, 식기 보관 구역, 식품절임 구역, 가열처리 구역
- 칼, 도마, 집게 등 기구나 용기의 용도별 구분, 전용 제품에 각각 사용
- 세척용기(수조)를 식재료별로 구분, 사용 전후 세척, 소독 구분이 어려울 경우 채소→육류→어류→가금류 순으로 사용 전후 세척, 소독 실시
- 바닥과 떨어진 작업대에서 식품 취급, 작업(바닥면에서 60 cm 이상)
- 식품 취급 작업 전 손 세척, 소독 후 식품용 고무장갑 사용
- 식재료 분리 보관 : 전처리, 비전처리 제품 간 별도 보관

② 식중독 예방방법

식중독은 손 씻기, 익혀 먹기, 끓여먹기를 통해 예방할 수 있으며, 발생이 가장 많은 여름철에는 개인과 시설 위생관리뿐만 아니라 식재료 보관에 주의를 기울여야 한다 그림 5-3. 특히 식재료 보관, 전처리 등의 과정에서 취급자의 부주의에 의한 교차오염이 발생되지 않도록 주의해야 한다.

최근 일반음식점에서도 식중독이 빈번하게 발생되고 있으며, 예방을 위해서는 종업원의 개인위생관리를 철저하게 실시해야 한다. 주방 내 식자재 입고, 보관 시 품질관리뿐만 아니라 적온 관리가 필수적이며, 교차오염이 발생되지 않게 가열 처리한 음식과 비가열 음식을 구분하여 보관해야 한다.

③ 식중독 발생 시 대처방법 및 주요 지표

학교와 같은 집단급식소에서 제공한 식품 등으로 인하여 식중독 환자나 식중독으로 의심되는 증세를 보이는 자를 발견한 집단급식소의 설치·운영자 역시 지체 없이 관할 시장, 군수, 구청장에게 신고해야 한다.

식중독 발생을 최소화하고 예방하기 위해 식약처, 기상청, 국민건강보험공단, 국립환경과학원에서는 최근 5년(2016~2020년) 동안의 세균성, 바이러스성 식중독 발생 유

무를 기반으로 기상에 따른 식중독 발생 가능성을 나타내는 '식중독지수'를 매일 2회 (6시, 18시) 연중으로 제공하고 있다 그림 5-4.

또한 식약처, 기상청, 국립환경과학원, 건강보험공단 4개 기관이 협업하여 일별 식중

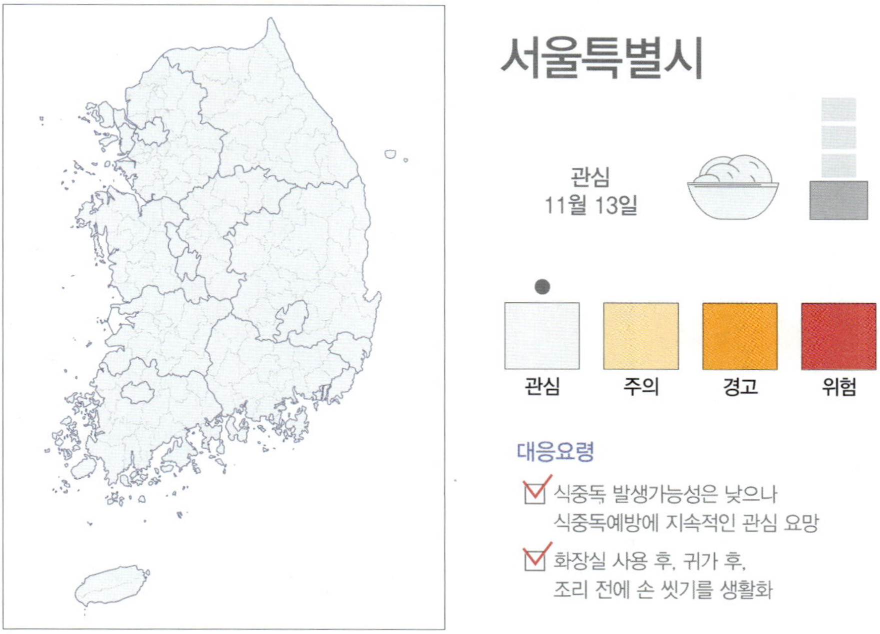

단계별 대응요령

단계	지수범위	대응요령
위험	86 이상	• 식중독 발생가능성이 매우 높으므로 식중독 예방에 각별한 경계가 요망됨 • 설사, 구토 등 식중독 의심 증상이 있으면 의료기관을 방문하여 의사 지시에 따름 • 식중독 의심 환자는 식품 조리 참여에 즉시 중단하여야 함
경고	71 이상 86 미만	• 식중독 발생가능성이 높으므로 식중독 예방에 경계가 요망됨 • 조리도구는 세척, 소독 등을 거쳐 세균오염을 방지하고 유통기한, 보관방법 등을 확인하여 음식물 조리, 보관에 각별히 주의하여야 함
주의	55 이상 71 미만	• 식중독 발생가능성이 중간 단계이므로 식중독예방에 주의가 요망됨 • 조리음식은 중심부까지 75(어패류 85)로 1분 이상 완전히 익히고 외부로 운반할 때에는 가급적 아이스박스 등을 이용하여 10이하에서 보관 및 운반
관심	55 미만	• 식중독 발생가능성은 낮으나 식중독 예방에 지속적인 관심이 요망됨 • 화장실 사용 후, 귀가 후, 조리 전에 손 씻기를 생활화

※ 의학자문 : 서울대학교병원운영 서울특별시 보라매병원 내과 고성준 서울의대 교수

그림 5-4 ▸ 식중독지수

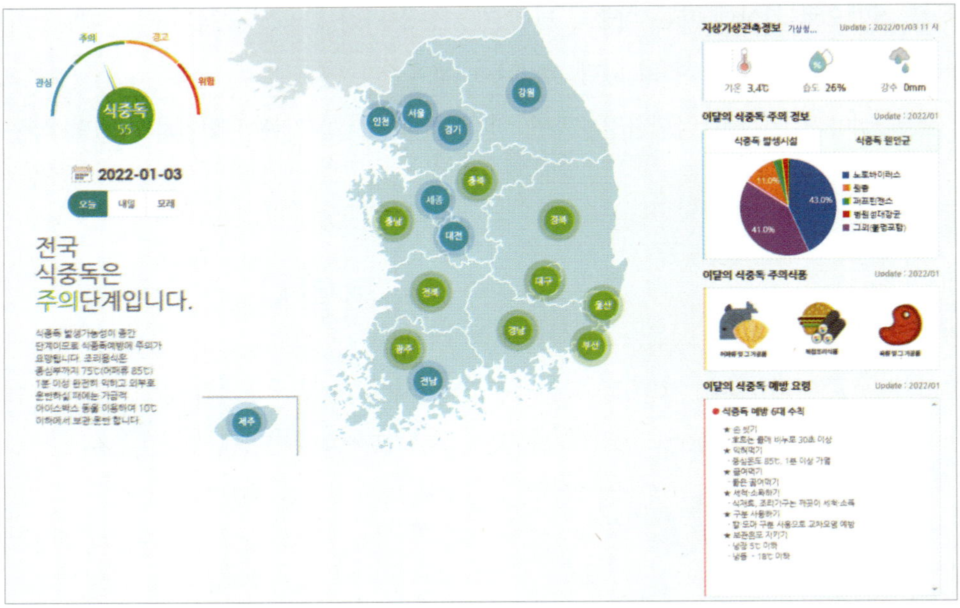

그림 5-5 ▸▸ 식중독 예측 지도

자료 : http://forecast.nhis.or.kr/menu.do?selectedMenuId=3&linkOrgan=mfds

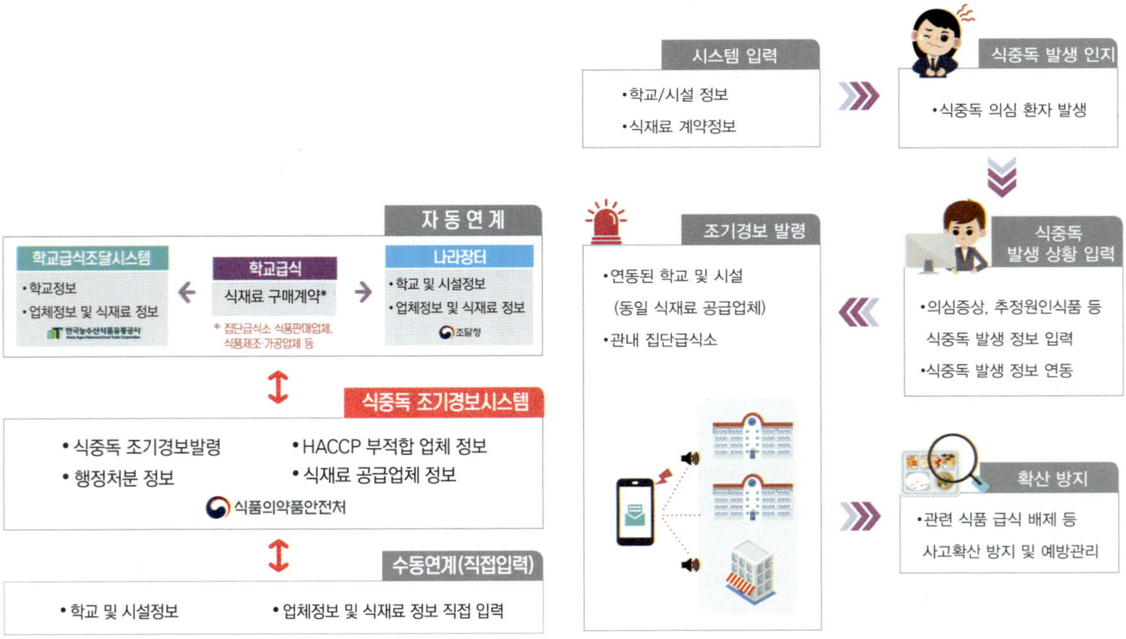

그림 5-6 ▸▸ 식중독 조기경보시스템 운영 체계도(왼쪽)와 식중독 조기경보 시스템 발령 흐름도

자료 : 식품의약품안전처 식품나라–식중독 조기경보 시스템 홈페이지

독 예측지도를 기상청 홈페이지에 게시하여 식중독이 예방, 관리되도록 서비스를 제공하고 있다 그림 5-5.

식중독 조기 경보 시스템은 학교에서 식중독 의심 환자 발생 시 해당 학교와 거래하는 업체 및 이 업체와 연계된 다른 학교를 확인하여 경보 발령 등 식중독 확산 방지를 위한 예방 관리 시스템이다 그림 5-6.

학교에서 식중독 의심 환자가 발생한 경우 발생 규모와 주변 학교로의 전파 가능성을 예측하여, 확산이 우려되는 유관학교 급식담당자에게 식중독 예방요령 등 주의 경보 메시지를 전파하기도 한다. 또한 각 학교에서 식재료 업체 선정에 참고할 수 있도록 HACCP 부적합 업체 정보, 행정처분 정보, 식중독 발생 통계 등을 제공해 주기도 한다.

④ 잠재 위해식품

잠재 위해식품Potentially Hazardous Foods, PHF이란 시간 및 온도에 주의하여 취급하지 않을 경우 식중독을 유발할 수 있는 취급 주의 식품으로 조리 후에는 날짜를 표시해야 하고, 냉장 보관(5℃ 이하)으로 24시간 이내에 제공되어야 한다. 음식을 제공할 때에는 뜨거운 음식은 57℃ 이상, 차가운 음식은 5℃ 이하로 유지해야 하며, 육류의 경우 조리 시 중심온도를 잘 관리해야 한다 표 5-5.

표 5-5 ➠ 잠재 위해식품

- 병원성 미생물의 발육이나 발생된 독소가 문제가 될 수 있는 시간과 온도의 통제가 필요한 식품
- 단백질 함량과 수분 함량(A_w 0.85 이상)이 높은 식품
- pH가 4.6~7.5인 중성, 약산성 식품
  - –날것/익힌 동물성 식품 : 육류(소고기, 돼지고기, 양고기 등), 가금류(닭고기, 오리고기 등), 해산물(생선, 패류, 갑각류 등), 알류, 우유, 유제품(치즈, 사워크림 등)
  - –익힌 식물성 식품 : 밥, 익힌 감자, 익힌 콩, 익힌 채소, 두부, 대두 단백식품
  - –양념 및 소스 : 다진 파, 마늘 양념, 마늘-오일 소스 등
  - –기타 : 메론(슬라이스), 토마토(날것, 슬라이스), 싹(순, 종자 발아식품)

2. 작업공정별 위생관리

1) 구매 및 검수 단계

식재료를 구매할 때에는 공급업체의 선정 및 관리기준을 확실하게 마련하여 위생관리

❶ 청결한 복장, 위생장갑 착용 후 검수 시작

❷ 식재료 운송차량의 청결상태 및 온도 유지 여부 확인

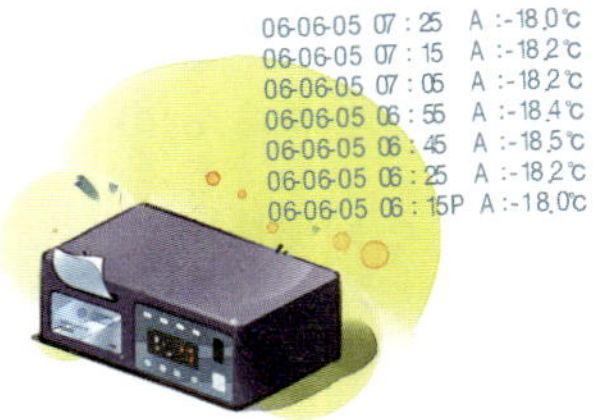

❸ 표시사항, 유통기한, 원산지, 중량, 포장 상태, 이물 혼입 등 확인

❹ 제품 온도 확인

냉장식품	5℃ 이하
냉동식품	얼은 상태 유지(−18℃ 이하), 녹은 흔적이 없을 것
생선 및 육류	5℃ 이하
전처리 채소	5℃ 이하(일반 채소는 상온, 신선도 확인)

※ 식재료별 검수는 식품의약품안전처 「주요 식재료 검수도감」 참조

※ 식품공전상 냉장온도는 10℃ 이하이나 안전관리를 위해 5℃ 이하를 권장함

❺ 검수 끝난 식재료는 곧바로 전처리 또는 냉장 또는 냉동 보관

※ 외부 포장(박스) 제거 후 조리실 반입

※ 반송품 별도 보관 후 반품 또는 즉시 반품

그림 5-7 ▸ 검수절차 및 유의사항

소·돼지고기

- 온도 측정(5℃ 이하)
- 등급판정서 확인(날짜 및 중량, 등급 확인) : 쇠고기 3등급 이상, 돼지고기 2등급 이상
- 중량, 냄새, 탄력성, 색감 등 확인
- 포장 상태

닭고기

- 온도 측정(5℃ 이하)
- 얼리지 않은 생것이 좋으며, 얼음 채워 배달
- 도계증명서 확인(날짜 및 중량)
- 중량, 냄새, 탄력성, 색감 등 확인

생선·조개

- 온도 측정(5℃ 이하)
- 얼리지 않은 생것이 좋으며, 얼음 채워 배달
- 생산·제조일·포장일자 확인
- 중량, 냄새, 탄력성, 색감 등 확인

달걀

- 온도 측정(5℃ 이하)
- 껍질이 깨끗하고 오물이 없는 것
- 파손되지 않은 것
- 등급판정서 확인(날짜 및 등급 확인) : 2등급 이상

채소

- 원산지 표시
- 박스 제거 후 반입
- 중량, 신선도 등 확인
- 전처리 채소 : 온도 측정(5℃ 이하)

그림 5-8 ▸▸ 원재료별 검수방법

및 운영 능력이 있는 업체를 선정해야 하며, 정기적으로 배달원의 위생 상태와 납품 차량의 상태를 점검하여야 한다. 납품된 식재료의 신선도와 품질은 조리된 음식의 품질과 위생, 안전성과 바로 직결되는 중요한 요소이므로 식재료 구입 시에는 규격 기준을 분명히 마련하고, 검수 절차와 유의사항에 따라 검수를 실시해야 한다 그림 5-7. 검수 시에는 원료별 식품 검수기준 그림 5-8에 맞게 검수해야 하고, 기준에 부합되지 않는 식재료는 내규에 따라 반품 조치를 취해야 하며 검수 기록지에 기록해야 한다. 또한 상온

에서 보관 가능한 곡류, 식용유, 통조림 등을 제외한 육류, 어패류, 채소류 등 신선도가 중요한 재료는 당일 구입, 당일 사용함을 원칙으로 한다.

2) 보관 및 저장 단계

식품은 저장 기간에 미생물에 의해 오염되지 않도록 각 식재료 보관방법에 따라 건조, 냉장, 냉동 조건에 맞게 철저하게 보관해야 한다. 원칙적으로 식재료는 선입선출에 따라 관리해야 하고, 식품의 품질을 최적으로 유지해야 하며, 적정 보관기간을 준수하여 사용해야 한다. 특히 잠재 위해가 있는 식품의 경우 위험온도 범위(5~57℃)에서 보관하지 않도록 주의해야 한다. 또한 오염된 포장, 포장 상태 불량으로 인해 식품이 오염되지 않도록 보관해야 하며, 저장장소의 온도 및 습도 기준을 철저하게 준수해야 한다 그림 5-9.

(1) 냉장 저장

냉장시설의 저장온도는 0~5℃ 이하, 습도는 75~95%로 유지해야 하고, 내부에 온도계를 설치하여 하루 2회 이상 정기적으로 온도를 점검하여야 한다. 온도가 준수되지 못할 경우 경고음, 확인을 통해 점검, 관리해야 한다. 교차오염을 막기 위해 가열된 음식은 상단, 날 식재료는 하단에 보관하며, 개봉하여 일부를 사용한 통조림과 캔 제품은 소독된 용기에 담아 라벨(제품명, 개봉 날짜, 원산지, 유통 기한, 제조업체 등)을 별도 부착, 보관해야 한다. 유제품은 향이 강한 음식과 분리해서 저장해야 하며, 과일과 채소는 매일 상태를 체크해야 한다. 창고형 대형 냉장고가 설비된 급식소에서는 내부 선반을 청결하게 유지하기 위해 금속성 자재를 내구재로 이용하는 것이 좋으며, 이동 조작이 쉽도록 설계해야 한다.

(2) 냉동 저장

육류와 냉동 가공식품은 장기 저장을 위해 냉동 저장이 적합하나, 달걀과 우유 및 유제품 등은 냉동 저장이 부적합하므로 주의해야 한다 표 5-6 그림 5-10. 냉동고의 온도는 -18℃ 이하로 유지해야 하며, 냉장 저장과 동일하게 1일 2회 이상 온도를 점검해야 한다. 특히 저장기간이 늘어날 경우 냉해, 탈수, 오염, 손실 등이 생길 수 있으므로 식재

창고 보관방법

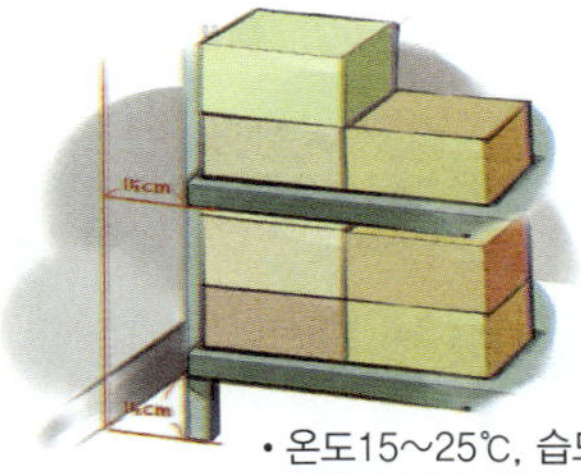

- 온도15~25℃, 습도 50~60% 유지
- 식품 보관 선반은 벽과 바닥으로부터 15cm 이상 거리 두기
- 직사광선 피하기

- 식품과 비식품(소모품)은 구분하여 보관
- 세척제, 소독제 등 별도 보관

- 대용량 제품을 나누어 보관하는 경우 제품명과 유통기한 반드시 표시
- 유통기한이 보이도록 진열
- 입고 순서대로 사용(선입선출)

- 외포장 제거 후 보관
- 식품은 항상 정리정돈 상태 유지

냉장 · 냉동 보관방법

- 보관 용량은 찬 공기의 원활한 순환을 위해 70% 유지
- 냉장 온도 0~5℃, 냉동 온도 −18℃ 이하 유지 및 내부 온도는 주기적으로 확인

- 박스 제거 후 보관
- 조리한 음식은 충분히 식힌 후 냉장·냉동 보관 및 덮개 사용
- 교차오염 방지를 위한 구분 보관
  - 날음식은 하단, 익힌 음식은 상단 보관
  - 생선·육류는 하단, 채소·가공식품 상단 보관

- 외포장 박스는 제거 후 보관
- 문의 개폐는 신속히 최소한으로 함
- 일주일에 한 번씩 성에 제거 및 수시로 안팎 청소

- 먼저 들어온 것 먼저 사용하기(선입선출)
- 해동한 음식은 재냉동 금지

그림 5-9 ▸▸ 저장장소별 식재료의 보관방법

심화 학습

식품별 냉장고 명당자리 찾기

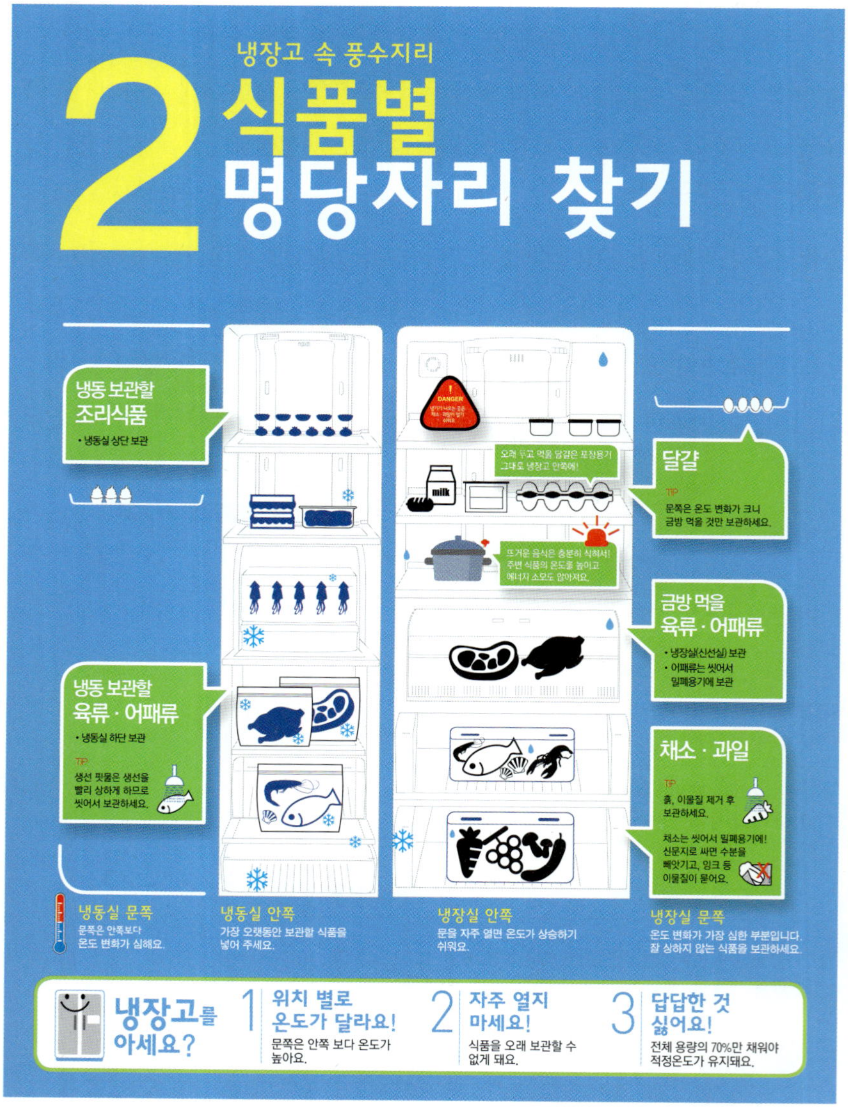

냉장	냉동	실온	상온	한곳(냉소)	건냉소, 냉암소, 서늘한 곳
0~10℃	-18℃ 이하	1~35℃	15~25℃	0~15℃	법적 온도 기준 없음

표 5-6 ▸ 식품별 보관기간

	식품	최적 보관온도	최대 저장 기간	비고
냉장보관	선어	1~2℃	20일	느슨하게 포장된 상태
	조개, 오징어, 낙지	1~2℃	5일	뚜껑이 있는 용기에 담긴 상태
	갈은 고기	3℃	2일	느슨하게 포장된 상태
	절단고기	2℃	6일	느슨하게 포장된 상태
	닭고기	2℃	7일	느슨하게 포장된 상태
	달걀	4℃	3주	느슨하게 포장된 상태
	잎채소류	7℃	7일	씻지 않은 상태
	식품	**최대 저장기간**		
냉동보관	기름 있는 등푸른생선(고등어 등)	3개월		
	기타 생선	6개월		
	쇠고기	6개월		
	쇠고기(갈은 것)	3~4개월		
	돼지고기	4~8개월		
	돼지고기(갈은 것)	1~3개월		
	생닭, 생오리	12개월		
	절단된 가금류	4개월		

마요네즈, 크림, 요구르트 등의 유가공품류
냉동 보관 시 층이 분리되거나 응고됨

상추나 양배추
수분이 날아가 품질이 급격히 저하됨

달걀
냉동 시 껍질이 손상되어 해동 시 껍질로부터 내용물이 오염될 수 있음

통조림류
냉동 보관 시 내용들의 품질이 변하거나 용기가 팽창될 수 있음

그림 5-10 ▸ 냉동 보관이 어려운 식품

료를 신선하게 섭취할 수 있는 적절한 저장기간을 준수해야 한다. 냉동식품의 경우 완전히 해동하지 않은 상태로 조리한 경우는 품질이 현저히 떨어지므로 반드시 적절한 방법으로 해동한 후 사용해야 한다 그림 5-11.

냉장 해동(○)
다른 식재료와의 교차오염 주의, 해동 중 표시

흐르는 물 해동(4시간 이내, ○)
물이 주위에 튀지 않도록 주의

전자레인지 해동(○)
오븐 이용은 해동이 아니라 조리에 해당

흐르는 물 넘침(×)

오븐 해동(×)

상온 해동(×)

온수 해동(×)

침수 해동(×)

주의사항
- 해동된 제품은 5℃ 이하 유지
- 해동제품 재냉동 금지
- 끓는 물로 해동 금지

그림 5-11 ▸▸ 올바른 해동방법

- 식품별 표시사항 확인 : 적절한 보관장소와 보관방법 선택
- 식품의 신속한 동결 : 식품 조직 중 얼음 결정의 성장 최소화, 해동 시 육즙의 손실 최소화
- 사용량을 기준으로 하는 소분 : 반복적인 냉·해동의 피해 최소화, 식품 품질 유지
- 식재료의 선입선출 원칙 준수
- 저장 중 덮개 사용 준수 : 공기와 접촉으로 인한 수분 손실, 고유의 향 손실 최소화, 특히 조리된 음식의 교차오염 억제
- 냉장·냉동 저장 식품 포장 패키지 : 기화 등으로 인한 냉동 중 식재 손상 억제
- 냉장·냉동 시설 및 기기 이용 주의사항 준수 : 개폐는 신속하고 필요시에만 최소화
- 냉장·냉동 시설 및 기기 온도 준수 : 특히 냉동고는 -18℃ 이하

- 냉장·냉동 시설 내 식재료 관리 : 식재료 목록표 외부 부착(적정 보관기한 기록), 관리
- 냉장·냉동 시설 청소 : 정기적으로 관리, 기록지 부착

3) 전처리 단계

안전한 음식을 제공하기 위해서는 입고된 식품의 전처리와 세척에 주의를 기울여야 하며, 교차오염을 막기 위해 어류, 육류, 채소류 등 식품 종류별로 나누어 처리해야 한다. 식재료의 전처리는 25℃ 이하에서 2시간 이내에 수행되어야 하며, 1회 분량으로 소량씩 식품의 내부 온도가 15℃를 넘지 않도록 주의해야 한다.

주의사항

- 외포장 제거와 다듬기 작업은 일반 작업구역에서 실시함
- 식품이 바닥에 닿지 않도록 함
- 고무장갑, 앞치마 등은 전처리용을 사용함
- 다듬기 작업 시 칼·도마는 육류용, 어패류용, 채소류용 등으로 구분해서 사용함

심화학습

락스, 잘 알고 쓰자!

어떤 락스도 식품에 모두 사용할 수 있을까? No! 과일 채소를 소독하는 락스는 식품첨가물로 허가된 락스만 가능하다.

- 품명 : 식품첨가물로 허가된 염소소독제(락스)
- 용도 : 주방 등의 살균

- 품명 : 일반 염소소독제(락스)
- 용도 : 조리기구 및 식품 가공 설비 등의 살균소독

신선한 과일이나 채소는 조리 전 흐르는 깨끗한 물로 충분히 씻어야 하며, 반드시 손 세척용 싱크대나 식기 세척용 싱크대가 아닌 전용 싱크대를 이용해야 한다. 특히 비가열 생채소나 과일은 흐르는 물에서 3~4회 이상 전용 1종 세척제나 차아염소산나트륨 소독액(식품첨가물로 표시된 세척제 사용)를 이용하여 세척해야 한다. 식재료별로 싱크대를 구분하여 사용하는 것이 원칙이나 시설 구조상 하나의 싱크대를 사용해야 하는 경우에는 세척하는 식품을 채소류, 육류, 어류, 가금류 순으로 사용해야 하며, 식재료 세척 전후 싱크대를 세척하고 나서 다음 식재료를 세척해야 한다. 세척 후 육안검사로 청결 상태와 이물질 잔존 여부를 확인하고 충분하지 못한 경우 재세척, 소독해야 한다. 또한 조리작업자들은 식재료별 올바른 세척방법을 확인 한 후 신속하게 식재료를 세척해야 한다 그림 5-12.

소·돼지고기

- 먹는 물로 충분히 세척
- 핏물(갈비, 사골, 잡뼈)을 충분히 제거
- 세척물이 튀지 않도록 함

조개류

- 애벌세척 후, 소금물에 담구어 모래 배출
- 먹는 물로 충분히 세척

어류

- 먹는 물로 충분히 세척
- 세척물이 튀지 않도록 주의

채소

- 잎채소류는 오염된 외피 제거 후 한 장씩 세척
- 흐르는 물에 3회 이상 세척
- 육안검사 후 깨끗하지 않을 경우 재세척
- 반드시 세척 후 절단

그림 5-12 ▸▸ 식재료별 올바른 세척방법

4) 조리 단계

식중독을 예방하기 위해서는 용도별 칼, 도마, 용기 등을 사용하여 신속하게 조리해야 한다. 뜨거운 식재료와 접촉하는 기구는 스테인리스 등 내열성 기구나 용기를 사용해야 한다.

(1) 칼과 도마 사용

칼과 도마는 용도에 맞춰 구분하여 사용해야 하며 그림 5-13, 표면이 긁히거나 오래된 도마는 새제품보다 교차오염이 더 잘 발생되므로 주기적으로 교체하는 것이 좋다. 도마 사용 시 한 식품을 사용한 후 다른 식품을 사용해야 하는 경우엔 최소 10초 이상 물로 헹궈 사용해야 한다.

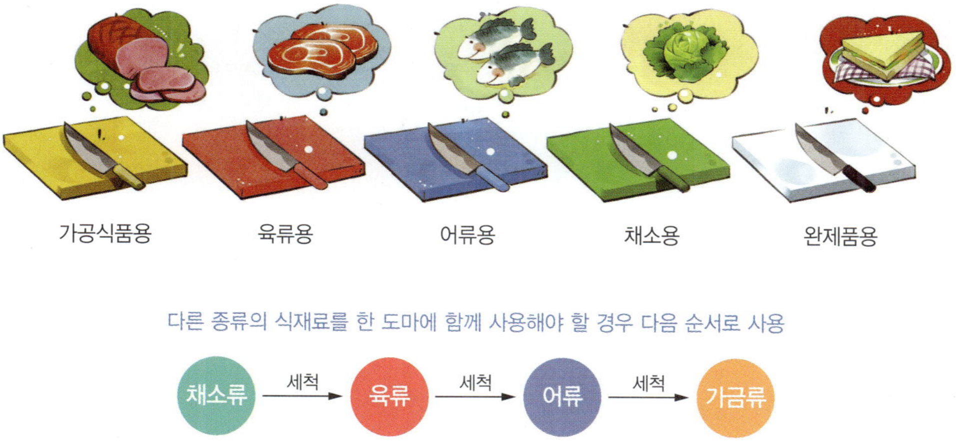

그림 5-13 ▸▸ 용도별 칼, 도마 사용

> **심화학습**
>
> **비가열조리**
>
> 식품 자체의 감촉과 맛을 음미하기 위해 조리 시 열처리를 하지 않은 것을 의미하며, 회, 생채, 냉국, 쌈, 샐러드가 이에 해당된다.
>
> **주의점**
>
> - 복장을 준수하며, 특히 소독된 장갑을 착용해야 한다.
> - 조리용기, 조리도구 소독을 철저하게 해야 한다.

(2) 조리시간과 온도 조건

조리 시에는 미생물이 증식하기 쉬운 위험온도(5~57℃)를 피해야 하며, 식품을 가열 조리 시 내부 중심온도를 반드시 확인해야 한다. 튀김, 구이 및 찜, 조림 및 볶음, 데침 등 가열 조리 시 식품 중심온도가 75℃ 이상으로 1분 이상 가열되고 있는지를 온도계로 반드시 확인해야 한다.

조리 후 위험온도를 벗어나 미생물의 증식을 피하기 위해 음식을 신속하게 냉각시켜야 하며, 올바른 기준을 준수해야 한다 그림 5-14. 위생적으로 냉각시키기 위해 블라스트 칠러나 텀블 칠러를 이용해야 하며, 선풍기·에어컨을 사용하거나 상온방치형 냉각방식은 금지해야 한다.

냉각시간

- 60℃ —2시간→ 21℃
- 21℃ —4시간→ 5℃

냉각대상

- 냉면 육수, 찬 음료(식혜, 수정과) 등
- 냉국용 얼음 제조 시, 끓여서 차게 제공하는 보리차 등
- 차게 제공되는 음식(감자샐러드, 고구마범벅) 등

냉각방법

얇은 용기나 작은 단위로 소분 (금속용기 사용)

얼음 담긴 용기에 식품용기를 담가서 냉각

막대로 저으면서 냉각

급속냉각기 이용

주의사항
- 뜨거운 음식을 냉장·냉동고에서 냉각하지 않기
- 선풍기 냉각 금지(먼지로 인한 오염 발생)

그림 5-14 ▸▸ 조리된 음식의 냉각방법

(3) 조리작업 중 관리

식중독, 경구전염병 발생을 막기 위해 생식품의 사용을 삼가고 조리 시 설정된 조리온도와 조리시간을 준수하도록 조리작업자를 교육해야 한다. 조리 중에도 조리식품과 비조리식품을 구분해야 하며, 맛을 볼 때에는 전용 용기와 숟가락을 사용하여 교차오염을 예방해야 한다. 조리작업 시에는 소독된 장갑을 착용해야 하며, 무치기용 조리기구는 알코올 등을 통한 소독, 휘발 후 사용해야 한다. 마지막으로 안전하고 위생적인 조리를 위해서는 효율적인 조리순서대로 조리하는 것이 좋다.

조리순서에 따른 조리방법
- 반찬 가짓수가 많은 경우 첫 번째 반찬 만든 시간을 기준으로 배식시간 고려
- 나물 데침 등 가열 후 조리(양념, 무침)하는 경우는 최대한 늦게 고려
- 육류와 채소 혼합 볶음이나 조림 시 육류 먼저 조리 시작
- 양념은 가급적 조리 시작할 때 첨가

5) 보존식과 배식단계

급식 시설에서 발생될 수 있는 위생사고에 대비하여 식중독의 원인을 규명하기 위해 제공되는 모든 끼니, 간식 메뉴는 보존식으로 보관되어야 한다. 보존식 용기는 스테인리스 재질의 뚜껑이 있는 전용 용기 혹은 1회용 멸균백(일반지퍼백 허용)을 사용할 수 있고, 배식 직전에 제공된 음식 종류별 각 1인 분량(최소 100 g 이상)을 독립 보관하며, 완제품을 제공하는 경우는 원상태(포장상태)로 보관하면 된다. 보존식 채취 시 사용되는 모든 기구는 소독된 것이어야 하고, 담는 전 과정을 위생적으로 관리하여 교차오염을 방지해야 한다. 보존식은 -18℃ 이하에서 144시간(6일) 동안 전용 냉동고에 보관해야 하며, 보관일시, 폐기일시를 반드시 모두 표기해야 한다. 사용 완료된 보존식 용기는 열탕소독하고 자외선 소독고나 식기 건조기에 보관한 후 재사용할 수 있다.

위생사고 발생 시 보관 중인 보존식과 식재료는 역학조사가 완료될 때까지 훼손해서는 안 된다. 보존식은 반드시 지정된 담당자를 통해 관리되어야 하며, 보존식 기록지에는 반드시 날짜, 시간, 채취자 성명, 폐기일시 등을 기록해야 한다 그림 5-15.

❶ 위생장갑 착용 후 깨끗하게 소독된 용기와 기구를 사용하여 검취한다.

❷ 검취한 양이 100 g 이상인지 확인하여 각각의 용기에 담는다.

❸ 용기 뚜껑을 닫은 후 메뉴와 일시 등을 기록한 후 용기에 부착한다.

❹ −18℃ 이하의 보존식 전용냉동고에 144시간 보관한다.

그림 5-15 ▸▸ 보존식 관리법

보관

- 조리 후 바로 배식을 권장하나 부득이한 경우에는 적정온도에서 보관 요망
- 완성된 음식은 세척, 소독된 용기에 뚜껑을 덮어 오염 방지
- 차가운 음식은 5℃ 이하, 더운 음식은 60℃ 이상에서 보관 후 배식

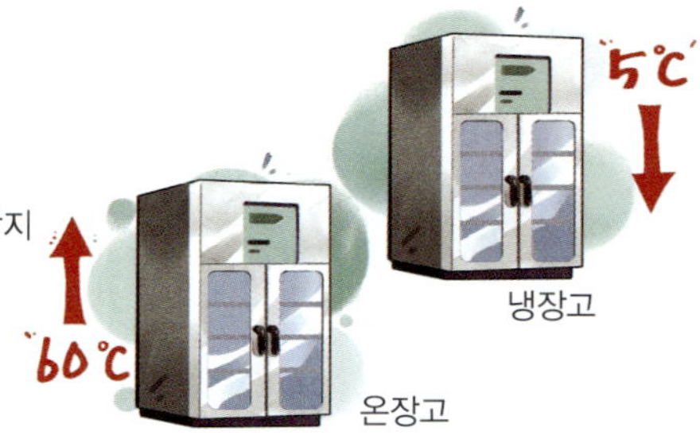

운반

- 운반자의 손 위생 및 청결관리 철저
- 교실 또는 그 외의 장소로 운반하여 배식할 경우 운반차량, 운반기구 청결관리
- 승강기 내부에 물이 고이거나 식품 및 음식물에 떨어지지 않도록 관리
- 운반 도중 적정온도가 유지되도록 보온·보냉 용기 이용
- 운반 중 식품오염이나 식품이 쏟아지는 것을 방지하기 위해 밀폐용기를 이용하여 이동

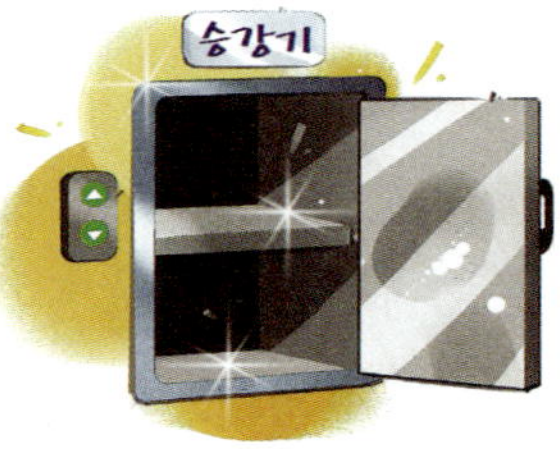

그림 5-16 ▸▸ 올바른 음식 보관과 운반

배식 전 조리된 음식은 적온에 세척된 용기에 뚜껑을 덮어 보관해야 하고, 다른 장소에서 배식이 이루어질 경우 운반 차량, 운반 기구를 청결하게 관리해야 한다 그림 5-16.

배식 전에는 반드시 손을 세정, 소독해야 하며, 기구 역시 세척, 소독하여 건조된 것을 사용해야 한다. 배식에 참여하는 조리작업자는 위생복, 위생모, 마스크를 바르게 착용해야 한다. 특히 마스크 착용 시 코는 노출되지 않아야 하며, 귀 역시 모자 밖으로 나오지 않도록 주의해야 한다. 위생장갑을 착용하더라도 배식 시 도구(집게)를 사용해야 하고, 맨손을 사용해서는 안 된다. 배식되는 음식은 반드시 조리 후 1~2시간 이내 배식되도록 준비해야 하고, 배식하던 용기에 새로운 음식을 혼합하면 안 된다. 또한 배식 후 남은 잔반은 전량 폐기해야 한다.

3. 개인위생관리

1) 건강 진단

집단급식소 근무자들은 개인 건강상태가 좋지 못할 경우 내재된 질병의 원인 미생물에 의해 교차오염이 발생할 수 있으므로 관리자는 매일 종사원들의 작업 전 건강 상태를 체크, 관리해야 한다 그림 5-17. 조리 종사자가 발열, 설사, 복통, 구토 등 식중독 의심 증상이 발생할 경우 조리 작업에 참여하게 해서는 안 되며, 의사의 진단을 받은 후 조치해야 한다. 식품을 직접적으로 접촉하는 조리 종사자와 영양사 외에 식품 납품업자 등도 급식의 안전성을 확보하기 위해 개인위생관리를 철저하게 해야 한다.

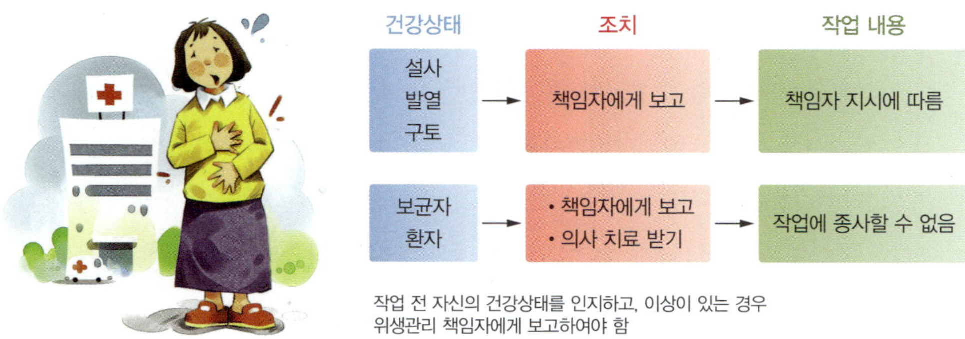

작업 전 자신의 건강상태를 인지하고, 이상이 있는 경우 위생관리 책임자에게 보고하여야 함

그림 5-17 ▸▸ 작업 전 종사원의 건강상태 체크

영양사와 조리 종사자는 연 1회 이상 건강검진을 받아야 하며, 최초 건강검진 결과 확인서를 수령한 날짜부터 1년 이내에 재검을 받은 후 유효한 건강검진 결과서를 발급받아야 한다. 시간제 임시 고용자 역시 건강검진 결과서가 필요하며, 보육시설 종사자 및 보육시설에서 함께 근무하는 자는 연 1회 이상 건강진단을 받아야 한다. 다만 학교급식 조리작업자들은 「학교급식법 시행규칙」 제6조 제1항에 따라 6개월에 1회 건강검진을 받아야 한다. 직원 신규 채용 시에는 채용 신체검사서를 받아야 하며, 「식품위생법」 제40조 제4항에 명시된 제1군 전염병, 결핵환자(비활동성 제외), 피부병 및 화농성 질환자는 조리업무에 종사할 수 없으므로 채용 시 제외해야 한다 표 5-7. 조리작업자 본인을 비롯한 가족 중에 법정 감염병 보균자가 있거나 발병한 경우에는 완쾌 확인이 될 때까지 작업에 참여하지 못하게 해야 한다.

표 5-7 ▸▸ 집단급식소 조리 업무 불가능자(「식품위생법」 제40조 제4항)

제1종 감염병 중 소화기계 감염병 - 콜레라, 장티푸스, 파라티푸스, 세균성 이질
제3종 감염병 중 결핵(비감염성인 경우 제외)
피부병 기타 화농성 질환
간염(감염의 우려가 없는 비활동성 간염은 제외)

2) 손 위생

손에는 육안으로는 보이지 않지만 많은 세균이 존재하여 식품을 다루는 과정에서 교차오염을 발생시킬 수 있으므로 조리작업자는 항상 손톱을 짧게 다듬고 매니큐어를 칠하거나 반지와 시계 등의 장신구를 착용하지 않아야 한다. 또한 로션은 세균의 번식에 도움을 줄 수 있으므로 식품 취급 중에는 손에 로션을 바르지 않아야 하며, 조리를 시작하기 전 손가락에 상처나 화농이 없는지 확인해야 한다. 작업자의 손에 상처가 있을 경우에는 손 상태에 따라 조치를 취하고 작업을 제한해야 한다 그림 5-18.

조리작업자는 조리 작업 전이나 조리작업 중에 전화를 받거나 화장실을 이용한 후, 식품 검수, 육류·어류·달걀 등 미생물 오염이 용이한 식품과 접촉한 후, 쓰레기나 청소도구를 처리한 후, 신체 일부를 접촉한 후, 음식 찌꺼기를 처리한 후, 식기 세척 후, 음식물을 취식한 후 등에는 반드시 손을 씻어야 한다.

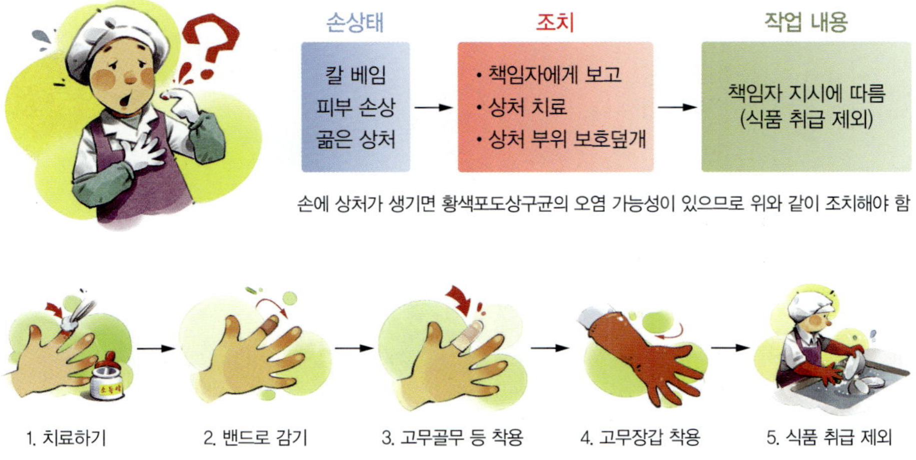

그림 5-18 ▸▸ 손 상처 발생 시 올바른 조치법

식중독을 예방하기 위해 작업자들의 올바른 손 씻기는 매우 중요하며, 손을 씻은 후에는 종이 타월로 물기를 제거한 후 70% 에틸알코올 혹은 동일 수준의 소독액을 사용하여 자연 건조시켜야 한다.

3) 복장 위생

조리작업자뿐만 아니라 조리실 내에 있는 모든 작업자는 위생복, 위생화, 위생모를 착용해야 하며, 이때 머리카락이 위생모 밖으로 나오지 않도록 주의해야 한다 그림 5-19. 작업자들은 위생복장을 착용한 채로 작업구역을 벗어나지 않아야 하며, 특히 화장실 출입을 하지 않도록 해야 한다. 식품 취급 전에 작업자는 위생 마스크를 착용하고, 용도별(청소용, 조리용, 배식용, 전처리용)로 장갑 및 앞치마의 색을 구분하여 세척 및 소독 후 사용해야 한다.

4) 납품업자의 위생관리

식재료 납품업체 직원들은 조리작업자와 동일하게 건강검진을 받아야 하고, 조리 작업장의 검수실로 출입이 제한된다. 급식 관리자는 납품업체 직원 및 방문자들이 급식소 출입 시에는 방문자용 위생가운, 위생모, 위생화를 준비하여 청결하게 관리해야 한

그림 5-19 ▸▸ 복장 위생 주의사항
자료 : 2016년 식중독 예방진단 컨설팅 매뉴얼

다. 또한 납품업체에서는 직원은 개인의 건강상태 외에 작업시설, 운반 차량 등을 관리, 점검해야 한다. 특히 어린이 급식시설의 주방 위생 점검을 목적으로 한 방문자는 정확한 소속과 신분을 알려줄 의무가 있으므로 기록부를 작성하지 않거나 신분증이 없는 경우 급식소 내부 점검을 거부할 수 있다.

4. 급식 시설·설비의 위생관리

1) 급식시설 위생관리

급식소에서는 급식의 안전성 확보를 위해 대량의 식재료를 위생적이고 안전하게 조리하여 제공할 수 있는 시설을 갖추어야 한다. 바닥, 벽과 천장, 출입구, 하수, 조명 등의 위생적인 급식시설을 관리하기 위해 고려해야 하는 사항은 표 5-8과 같다.

표 5-8 ▸ 위생적인 급식시설을 위한 고려사항

구분	고려사항
바닥	• 바닥재는 흡수성과 미끄러짐이 없어야 한다. • 바닥에는 이은 자국, 틈, 깨진 곳이 없어야 한다. • 바닥과 벽 사이의 각진 코너나 틈은 굴곡지게 하고 틈새를 막아 청소하기 쉽게 한다.
벽과 천장	• 청소하기 쉬워야 한다. • 소음을 줄일 수 있어야 한다. • 색상이 밝아야 한다. • 열을 받는 구역은 내열성이 있어야 한다. • 습기나 충격으로 벽이 헐거나 금이 가기 쉬운 곳은 스테인리스 스틸을 부분적으로 사용한다.
출입구	• 조리작업자와 식재료 반입을 위한 출입구는 별도로 구분 설치한다. • 위생해충의 진입을 방지하기 위한 방충·방서 시설 또는 에어커튼 등이 설치되어야 한다. • 조리장 전용 신발로 갈아 신기 위한 신발장 및 발판 소독조와 수세시설을 갖추어야 한다.
하수	• 배수량이 충분하고 배수관이 천장 위로 지나가지 않아야 한다. • 바닥 청소용 물과 장비에서 나오는 오수가 주방 바닥으로 쏟아지지 않도록 한다. • 배수로의 거름망은 크게 설계하고 자주 이물질을 제거한다.
조명	• 조리 장소, 식기 세척 장소, 화장실, 식기저장고는 최소한 200룩스이어야 한다. • 작업대에 그림자가 생기지 않도록 한다. • 전구를 보호할 수 있는 커버를 씌운다.
환기	• 조리장 내에서 발생하는 가스, 매연, 증기, 습기, 먼지 등을 바깥으로 배출할 수 있는 충분한 시설을 갖춰야 한다. • 팬을 이용하여 환기시키며, 공기의 흐름은 청결 작업구역에서 일반작업구역 방향으로 흘러가도록 한다. • 기름을 많이 사용하는 구역에는 후드 필터를 설치한다.

자료 : 식품의약품안전처-식중독 예방 홍보 홈페이지

2) 급식기기 위생관리

식품과 직·간접적으로 접촉하는 기구 및 용기 등의 세척을 통해 교차오염을 예방하고 미생물을 안전한 수준으로 감소시키기 위해 작업 중 세척과 소독이 반드시 병행되어야 한다.

(1) 세척

세척은 급식시설 내 기구와 기기 표면의 이물질을 제거하고, 표면과 내부를 세제로 닦아 물로 헹궈 내는 작업으로 소독 전에 반드시 용도별 세척제를 이용해야 한다 그림 5-20 표 5-9. 식기의 경우 용기에 잔존하는 음식물 찌꺼기 반드시 제거한 후 세척해야 하며, 소독 후 공기로 건조하여 청결하게 보관 가능한 수납장이나 보관고에 넣어 두어야 한다.

세척제 종류

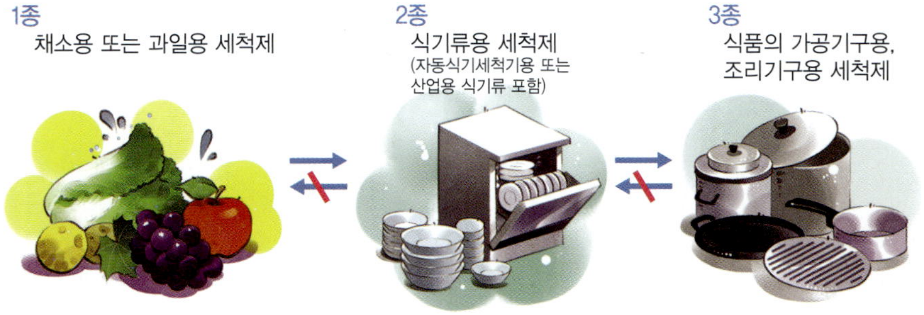

1종은 2종 및 3종(또는 2종→3종)으로 사용 가능하나, 3종은 2종(또는 2종→1종)으로는 사용 불가

1종 세척제	사람이 그대로 먹을 수 있는 채소 또는 과일 등에 사용 채소, 과일을 5분 이상 담가서는 안 되며, 씻은 후에는 반드시 먹는 물로 세척 - 흐르는 물 : 과일·채소 ~30초 이상, 식기류 ~5초 이상 - 흐르지 않는 물 : 물을 교환하여 2회 이상 세척
2종 세척제	식기류용 세척제(자동식기세척기 등)
3종 세척제	식품의 가공기구용, 조리기구용 세척제 2 ,3종 세척제 사용 후에는 잔류하지 않도록 음용에 적합한 물로 씻어야 함 - 2, 3종 세척제를 사용하는 경우 용도 이외로 사용하거나 규정량 이상 사용해서는 안 됨

그림 5-20 ▸▸ 세척제의 용도별 분류 및 사용에 대한 규정
자료: 2016년 식중독 예방진단 컨설팅 매뉴얼

(2) 소독

소독은 세척 후 기구와 기기 표면의 미생물의 수치를 안전한 수치로 감소시키기 위한 것을 의미하며, 기기 및 기구에 따라 적합한 소독제를 선정하여 단계별로 소독해야 한다 표 5-10. 칼을 비롯한 기구 등은 사용 후 흐르는 물로 세척한 후 건조하고 위생적으

표 5-9 ▸ 세제의 종류와 용도

종류	특징
알칼리성세제	• 강알칼리성세제 : 수산화나트륨(식기세척기 세제에 포함)을 함유한 세제로 저렴하고 세척력이 강하지만 피부를 포함한 거의 모든 물질의 표면을 부식시키며 헹구어 내기 어려움. 오래되거나 건조된 오염물질, 기름때 제거 시 주로 사용 • 약알칼리성세제 : 탄산수소나트륨(베이킹파우더)을 함유한 세제로 강알칼리에 비해 부식성이 적고 피부에 닿아도 무방 • 기물 및 식기 세척, 청소작업 등에 널리 사용 • 계면활성제를 포함하고 있어 오염물질을 불리고 분산시켜 세척을 도와줌
산성세제	• 식기세척기 세제의 찌꺼기 제거 시 사용 • 금속기구의 부식과 설비 표면의 변색을 일으킬 수 있으므로 산성 내구성 확인 후 사용
용해성세제	• 오븐, 가스레인지의 묵은 기름때 세척에 사용 • 자주 사용하지 않는 표면에 묻은 오염물질 세척 시 사용
연마성세제	• 바닥, 천장의 오염물질을 제거하고 광을 내는 데 사용 • 플라스틱 재질에는 부적합

자료: 윤지현 외 7인, 2016

표 5-10 ▸ 살균소독 종류 및 방법

소독 종류	대상	방법
자비소독 (열탕소독)	식기, 행주	• 열탕소독 : 100℃에서 5분 이상 가열 • 증기소 독시 : 100~120℃에서 10분 이상 가열
건열소독	식기	• 160~180℃의 식기소독기 또는 식기세척기 내에서 30분 소독 • 식기세척기를 통과한 식기 표면온도는 71℃ 이상이어야 함
자외선 소독	칼, 도마, 컵, 기타 식기구	• 살균력이 가장 강한 2,537Å 파장의 자외선램프가 부착된 자외선 소독기 이용 • 살균력은 램프출력, 사용시간 등에 따라 차이가 있으므로 제품설명서에 표시된 권장 살균시간(예 : 출력 10w 램프 사용 시 40분 이상)동안 살균 • 자외선은 살균력은 강하지만 물질을 투과하지 못해 컵이나 기구 등을 포개거나 엎어두면 살균효과 없기에 컵 등의 내면이 자외선램프 쪽을 향하고 겹치지 않게 1단씩만 배치 • 살균력은 습도가 높으면 감소하므로 식기류를 세척하여 건조시킨 후 자외선소독기에 넣도록 함 • 자외선램프의 표면을 주기적으로 청소하여 자외선 방사효율을 최적상태로 유지
화학소독	작업대, 기기 칼, 도마, 고무장갑	• 용도에 맞는 살균소독제를 용법과 용량에 맞게 사용 • 염소용액(주로 차아염소산나트륨 사용) -식품 접촉 기구 및 용기 표면소독 : 200 ppm 1분 이상 -발판소독조 : 100 ppm • 요오드 용액 : pH 5 이하, 24℃ 이상, 25 ppm 1분 이상 • 70% 에틸알코올 : 손, 용기 등에 분무 후 건조

자료 : 윤지현 외 7인, 2016

로 보관해야 하며, 특히 칼은 자외선 살균기에 넣어 보관하는 하는 것이 좋다. 조리대 옆에는 항상 소독세제와 살균효과가 있는 소독비누를 비치해야 하며, 자주 사용하는 도마와 세균이 잔존하기 쉬운 목제 기구는 소독 후 충분히 건조시켜야 한다. 항균기능이 있는 제품이라 할지라도 소독은 반드시 필요하며, 특히 다빈도로 사용되는 행주는 습기 여부와 용도에 따라 구분하여 사용한 후 열탕, 염소 소독 후 건조하여 사용해야 한다. 식품을 분쇄, 절단하는 데 자주 사용되는 기구들은 분해하여 세척, 살균 후 사용해야 한다.

(3) 주요 기구 및 기기별 세척, 소독법

식기세척기는 헹굼 온도가 80℃ 이상이 되도록 하며, 세척된 용기의 표면온도가 71℃ 이상이 되는지 확인해야 한다. 세척기에 식기를 넣을 때에는 세척용 고무장갑을 사용하고, 세척이 끝난 후 식기를 정리할 때 소독된 조리용 장갑을 사용해야 한다. 열 소독고는 내부온도가 75℃ 이상 지속되어야 하며, 건조는 2시간 정도로 유지하는 것이 좋으나 열에 약한 플라스틱 그릇 등은 적합하지 않으므로 주의해야 한다. 자외선 소독고는 살균등(자외선램프)의 작용 여부를 항상 확인해야 하며, 내부는 물기가 없이 청결하고 컵의 안쪽 면에 자외선이 직접 전달될 수 있도록 30~60분 정도 세워 두어야 한다. 정수기는 외부로 노출된 꼭지가 오염되기 쉬우므로 정기적으로 정수기 꼭지를 소독해야 하고, 필터의 경우 교체시기, 점검시기를 기록해야 한다. 소규모의 기구류는 세척, 소독한 후 지정된 장소나 소독고에 보관해야 한다. 다빈도로 사용되는 반찬통, 국통, 소쿠리 등은 1일 1회 소독한 후 살균소독제의 용법, 용량에 맞게 바닥의 물이 튀지 않도록 60 cm 이상의 높이에서 보관해야 한다 그림 5-21.

급식소에서 발생되는 쓰레기는 반드시 주방용 쓰레기통, 잔반 수거통, 일반 쓰레기통으로 분리하여 버려야 하며, 모든 쓰레기통 및 잔반 수거통은 반드시 뚜껑을 사용해야 한다. 사용 중인 쓰레기통은 곤충이 침입할 수 없는 자재로 만들어진 제품을 사용하여 이취를 막고, 액체가 새지 않도록 해야 한다. 쓰레기 배출 집하장 및 장소는 수거한 후에 세척 및 소독을 실시하여 항상 청결하게 관리해야 하며, 쓰레기통 및 잔반은 지정된 장소에서 내부 내용물이 2/3 이상 채워지지 않도록 수시로 비워야 한다.

그림 5-21 ▸▸ 기구 등의 살균소독법
자료: 2016년 식중독 예방진단 컨설팅 매뉴얼

그림 5-22 ▸▸ 배수구의 세척과 소독

심화학습

올바른 소독방법

소독방법

소독액 조제

예) 4% 차아염소산나트륨 10 mL에 물 약 4 L를 넣어 희석

→ **농도 확인**

기준표와 비교하여 100 ppm 농도 확인

→ **소독**

5분간 침지

↓ **세척**

먹는 물로 3회 이상 세척

※ 소독제 : 식품의약품안전처에서 식품첨가물로 인정한 제품 사용
(차아염소산나트륨, 오존수, 차아염소산수, 이산화염소수 등)

소독대상

가열하지 않고 생으로 먹는 채소·과일류

※ 세척공정부터는 장갑, 앞치마를 조리용으로 착용

자료: 2016년 식중독 예방진단 컨설팅 매뉴얼

급수시설의 경우 정기적으로 수질검사를 실시하여 오염 여부를 확인하고, 미생물이 발육되지 않도록 배수 라인과 배수구에 쌓인 음식물 찌꺼기와 틈새에 낀 이물질을 완전히 제거해야 한다. 배수 라인과 배수구는 반드시 상부에 덮개시설을 설치해서 교차오염을 막아야 한다 그림 5-22.

급식소 작업자들이 사용하는 화장실은 종업원 수 등 업소의 규모를 고려하여 작업에 영향을 미치지 않도록 위치, 규모를 결정한 후 설치해야 한다. 특히 전염병이나 그 밖의 외부로의 사고를 방지하기 위해 타인의 사용을 금지해야 하고, 내부는 내구성이 있는 타일 시공이 되어 있어야 하며, 정화조가 갖추어진 수세식 화장실이어야 한다. 시설 내에는 자동 또는 페달식 손 세정 설비와 일회용 냅킨 또는 에어 타올을 설치하는 것이 좋다. 출입문과 창은 완전히 밀폐식으로 설계하는 것이 좋으며, 특히 출입문은 자동개폐식으로 설치하여야 한다.

5. HACCP을 통한 위생관리

1) HACCP의 정의와 의의

HACCP은 Hazard Analysis and Critical Control Point의 약어로 식품위해요소중점관리기준을 의미하며, 식품이 조리되는 전 과정에서 위해 물질에 의해 오염되는 것을 방지하기 위해 각 과정을 중점적으로 관리하는 기준을 의미한다. HACCP은 최종 생산물 검사 대신 생산의 단계별로 감시하고, 잘못된 것을 단계별로 교정한 후 다음 단계로 넘어가게 함으로써 사전 예방적 식품안전관리체계를 의미하며, 미美항공우주국NASA에서 우주선 비행사들에게 안전한 식량을 제공하기 위해 최초로 고안되었다. 궁극적으로 체계적인 위해 관리를 통해 식품 제조과정을 보다 과학적이고 체계적으로 관리하여 식품의 안전성을 확보하기 위함에 그 목적이 있다.

2) HACCP의 주요 절차

HACCP는 먼저 위해요소 분석Hazard Analysis, HA을 실시한 후 중점관리점Critical Control Point, CCP을 결정, 관리하는 체계이다.

(1) Step 1. 위해요소 분석(Hazard Analysis)

위해요소는 건강에 악영향을 미칠 수 있는 생물학적, 화학적 또는 물리적 인자를 의미하며, 원재료의 생산, 제조 및 가공, 최종 소비에 이르기까지 모든 단계에서 발생 가능한 위해 요소를 분석해야 한다.

(2) Step 2. 중요관리점(Critical Control Point, CCP) 결정

중요관리점은 HACCP을 적용하여 식품의 위해 방지, 제거하거나 안전성을 확보할 수 있는 단계 또는 공정을 의미하며, 분석된 위해요소는 식품 조리과정 중에 제거한다.

(3) Step 3. 각 중점관리점의 한계 기준(Critical Limit : LC) 설정

생산단계별로 보관온도, 조리온도, 열장온도, 해동조건, 소독액의 적정 농도 등의 적절한 기준을 설정한 후 지속적으로 CCP가 적정하게 관리되는지를 확인한다.

예) 가열 조리 시 식품의 중심온도는 75℃에서 1분 이상
　　채소 소독은 100 ppm에서 5분간

(4) Step 4. 각 CCP에 대한 모니터링 방법 설정

CCP에서 설정된 한계기준의 관리 상태를 모니터링하기 위해 측정 및 관찰 제도 기준을 마련한다.

(5) Step 5. 개선조치를 설정

모니터링 결과가 CCP의 관리기준으로 관리되지 못한 경우에 제시해야 하는 개선방법을 정하고 조치한다.

(6) Step 6. 검증방법 설정

HACCP 시스템에 의한 위생관리가 효율적으로 수행되는지 또는 수정이 필요한지를 판단하기 위한 절차나 시험검사 등의 검증방법을 확립한다.

(7) Step 7. 문서화와 기록 유지

HACCP 원칙 적용에 관련된 방법과 결과에 관한 문서를 작성, 보관한다.

6. 급식 안전관리

집단급식소에서의 작업은 대개 40~50대 여성들에 의해 제한된 공간 내에서 동시 다발적인 작업으로 이루어지고, 작업 특성상 단순 반복작업이 많으며, 단시간 내 다량의 조리작업이 이루어진다는 특징이 있다. 또한 제한된 공간에서의 조리작업으로 인한 고온 다습한 환경 노출, 대형화된 조리기구 사용, 다양한 형태의 중량물 취급 등으로 인해 집단급식소 내에서 작업하는 조리작업자 및 영양사는 근골격계 질환을 비롯한 여러 가지 산업 재해의 위험에 노출되어 있다 그림 5-23. 주요 안전사고의 원인으로는 넘어짐, 화상, 근골격계 질환, 절단·끼임·베임, 화재 폭발, 떨어짐, 부딪힘, 화학물질 접촉 등이다. 안전한 급식 환경은 소비자와 작업자의 신뢰를 얻을 수 있게 해주고 작업 효율을 증가시킬 수 있으며, 이는 급식소의 매출로 이어져 경제적 이득을 창출하는 데 도움이 된다.

급식 관리자는 안전한 급식 환경을 만들기 위해 첫째, 위험기기 및 기구 설비의 안전 점검 및 사고 발생 가능성을 작업 전에 확인해야 한다. 둘째, 유해물질 취급 작업자에 대한 건강 상태 확인 및 안전자료 비치 상태를 확인해야 한다. 셋째, 조리작업자 재해 예방을 위한 안전·보건 교육을 실시하고 확인해야 한다. 넷째, 조리실 내 통로에 걸려 넘어지거나 미끄러질 위험이 없도록 작업장을 정리정돈하고 안전 통로를 확보하기 위해 확인, 감독해야 한다. 마지막으로 재해 발생 시 상부기관에 보고하고, 동시에 원

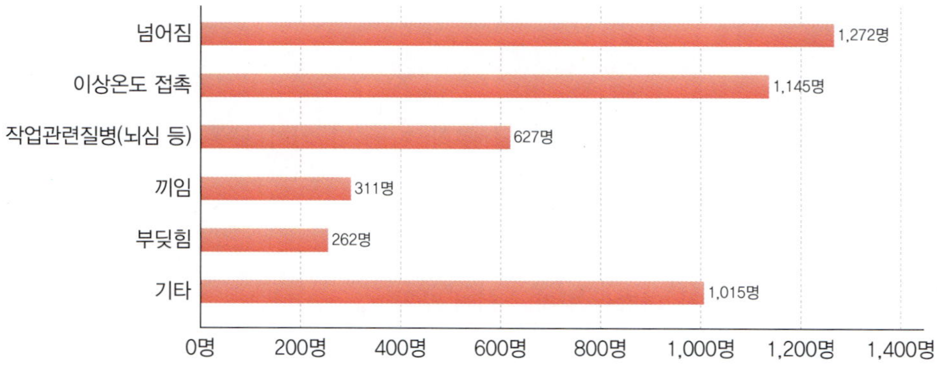

그림 5-23 ▸▸ 학교급식실에서 발생된 재해현황(2014~2019)
자료: 꼭 알아야 할 학교 급식실 산업안전보건 매뉴얼, 2021

인을 조사하고 재해방지 계획을 수립하는 긴급하게 사후조치를 취해야 한다.

1) 작업공정별 주요 위험요인 및 예방대책

(1) 식재료 검수와 보관 단계

① 위험요인

- 입고된 무거운 식재료, 기물을 취급하는 중 근골격계 질환의 위험이 있으며, 바닥과 계단 등에서 낙상 혹은 무거운 재료가 신체에 떨어질 때 부상이 발생될 수 있음
- 칼에 의한 부상, 검수대 등 주방 시설물에 충돌 위험

② 예방대책

- 식재료 운반용 손수레나 이동 운반차 등 도구 사용
- 무거운 물건을 이동, 취급 시 2인 1조로 협업 작업
- 바닥에 미끄럼 방지 스티커 부착 및 물기 제거
- 벽체 안전바 설치

(2) 전처리 단계

① 위험요인

- 칼이나 절단기 등 칼날 부착 조리기구(절단기, 분쇄기 등)로 인한 절단사고 위험
- 미끄러운 바닥으로 낙상, 물건 낙하로 인한 부상, 무거운 물건 운반·취급 시 근골격계 질환 위험

② 예방대책

- 칼, 채소절단기, 양념분쇄기 등 칼날 부착 기구 및 기기 사용 시 작업 안전수칙 교육 실시, 작업시 안전화, 보호장갑 착용
- 기기 칼날에 방호 덮개 설치
- 바닥의 물기를 제거, 미끄럼 방지 스티커 부착

(3) 조리 및 배선 준비 단계

① 위험요인

- 조리 시에 뜨거운 기구나 증기, 기름 등에 의한 화상, 조리 중 칼에 의한 자상의 위험, 바닥의 물기로 인한 낙상 위험과 가스 취급 시 화재·폭발 위험 등

② 예방대책

- 취사기 등 발열기기 옆에 방열판 설치, 작업중 보호 장갑 착용, 벽체에 '화상주의' 표지판 부착
- 노후된 분말소화기 교체(월 1회 이상 소화기 이상 유무 확인)
- 뜨거운 음식 취급 시 보호장갑 혹은 보조집게 사용
- 뜨거운 그릇 운반방법 교육, 감독

(4) 배선·식 및 세척 단계

① 위험요인

- 배선 시에는 그릇 파손으로 인한 상처
- 배식 시 뜨거운 음식물에 의한 화상, 무거운 물건 취급에 의한 근골격계 질환, 이동운반기 사용 중 부상, 계단에서 넘어지는 낙상사고
- 식기세척 시 깨진 그릇에 의한 베임, 조리기구 청소 및 수리 시 부상, 세척제의 피부 접촉에 의한 부상

② 예방대책

- 작업 전 스트레칭을 통한 긴장 해소
- 배식용 이동 운반차 이용, 안전 운반 교육 실시
- 1인이 운반 가능한 무게 5 kg 이하로 설정, 교육
- 세척제, 소독제 사용전 보호장갑, 보호안경 착용

2) 안전사고 유형별 주요 원인 및 예방대책

(1) 화상사고

① 주요 원인

- 끓는 물 또는 튀김 조리, 식기의 열탕소독, 화학약품에 의한 화상사고
- 스토브, 오븐, 압력솥, 뜨거운 용기나 조리도구 등 가열 기기 및 도구 사용 시

② 예방대책

- 기기 조작 전 사용자 지침서 교육, 준수
- 모든 금속용 손잡이 사용 시 열상 가능성 확인
- 조리 시 작업자 자신에게서 먼 쪽으로 열리도록 뚜껑을 개방함
- 튀김 후 뜨거운 기름은 식을 때까지 이동하지 않기
- 튀김요리 시 반드시 장갑 착용, 튀김재료는 튀김솥의 가장자리부터 넣음
- 뜨거운 물은 용기의 70% 이하로 채움
- 화학약품 취급 시 보호장갑과 보호안경 착용

③ 응급처치

- 화상 시 피부의 열을 식혀야 하므로 젖은 옷을 신속히 벗기고 흐르는 찬물로 열을 식힌 후 거즈로 상처 부위를 덮어줌
- 잘못된 응급처치
  - -알코올로 화상 부위를 닦으면 모세혈관 확장으로 상처가 악화될 수 있음
  - -감자나 간장으로 닦으면 화상 부위에 병균 감염의 우려가 있음
  - -얼음을 화상 당한 피부에 직접 갖다 대면 표면이 거친 얼음으로 인해 피부 손상을 초래할 수 있음

(2) 감전사고

① 주요 원인

- 물기 있는 손으로 전기 콘센트를 만지거나 전원을 끄지 않고 물청소 및 전기기구 수리, 전기줄의 피복이 벗겨진 부위 방치, 누전차단기 고장, 무접지 콘센트 사용 등으로 감전사고가 발생할 수 있음

② 예방대책

- 청소 시 전원차단기를 내리거나 플러그를 뽑은 후 실시
- 전기 코드는 열, 물, 기름에 닿지 않도록 설계
- 물 묻은 손은 평상시보다 4~10배 감전율이 높아지므로 젖은 손으로 전기제품 만지지 않기
- 누전차단기는 월 1회 이상 점검(시험용 단추 눌러 보기)
- 전기기계, 전기기구는 반드시 견고하게 접지하고 콘센트에서 전기줄을 당겨서 빼지 말고 플러그를 직접 잡아 분리해야 함
- 전기코드와 플러그는 매일 점검하고 마모 및 손상된 것은 즉시 교체

③ 응급처치

- 사고가 발생하면 당황하지 말고 침착하게 대처하면서 119에 도움을 요청함
- 사고 시 조리실 전체 전원 차단기를 내림
- 감전된 사람을 맨손으로 만지지 말고 전류가 통하지 않는 것(나무막대기 등)을 사용해 전선을 떼어 내며, 몸에 물기가 있으면 마른 담요 등 절연체를 깔아 놓음
- 감전된 사람의 의식이 있더라고 몸 안쪽 깊숙이 화상을 입는 경우가 있으므로 신속히 병원에서 진찰받도록 함

(3) 가스 화재사고

① 주요 원인

- 가스 연결 부위의 노후한 호수로 인해 발생함

② 예방대책

- 가스 사용 전 창문을 열어 환기하고 평상시 정기적으로 비눗물로 점검
- 점화 후 불꽃이 켜져 있는지 확인하고, 사용 후에는 밸브가 잠겼는지 확인
- 가스총을 사용할 경우, 가스총에 불꽃이 붙었는지 확인한 후 가스 밸브를 열어 점화함
- 가스렌지 주변의 기름때, 이물질 등을 깨끗이 청소하여 화재의 위험을 예방
- 화재 발생 시 소화기의 사용방법 숙지(소화기와 경보장치의 위치 숙지, 경보를 울려 직

원 대피, 즉시 소방서 연락 등)

- 화재 시 출구와 통로에는 장애물이 없도록 조치

(4) 골절사고

① 주요 원인

- 바닥의 물기나 기름기로 인한 미끄러짐, 장애물에 걸려 넘어짐, 무거운 물건을 혼자서 들어 이동, 머리 위에 있는 선반에서 물건을 내리거나 신체에 떨어짐으로 인해 골절사고 발생

② 예방대책

- 바닥에 물기가 있으면 8배 더 미끄러우므로 바닥의 물기는 수시로 제거하고, 조리실 바닥의 배수를 용이하게 설계함
- 경사진 곳에 미끄럼 방지 테이프 부착함
- 식품 재료(바나나, 양파 껍질 등)가 바닥에 떨어진 경우 즉시 제거하고, 기름을 사용한 조리가 끝나면 바닥을 청소
- 조리실에서는 미끄럼 방지 장화 착용
- 한꺼번에 무거운 물건을 들지 말고 여러 번에 나누어 운반하거나 다른 조리작업자와 함께 운반
- 바닥에서 무거운 물건을 들어올릴 때, 허리만 숙여 들지 말고 다리를 굽혀 앉았다 일어나며 들어올려야 허리에 무리를 주지 않음

③ 응급처치

- 뼈가 부러지거나 관절이 삐었을 때 상처 부위를 고정시킨 채 구급차를 부르며, 단순히 삔 경우는 탄력붕대를 넓게 감싸 다친 부위를 보호함
- 단순골절과 염좌는 움직임을 최소화하고, 다리를 다쳤을 때는 심장보다 높게 해줌
- 부종과 통증을 줄이기 위해서는 얼음으로 냉찜질을 해주고 사고 부위를 고정함

(5) 절단사고

① 주요 원인

- 칼이나 날카로운 칼날이 있는 조리기기 및 도구에 의해 절단이나 베여 발생
- 유리제품이나 깨진 접시 등에 의해 절상이 발생함

② 예방대책

- 칼을 이용하는 썰기 작업은 반드시 도마 이용
- 채소절단기, 분쇄기, 칼 등을 다룰 때 기기 사용방법 숙지, 주의 집중
- 작동 중인 기계에 손을 넣지 않음
- 칼을 사용하는 작업 시 한 개의 도마에서 두 명 이상이 작업하는 것을 금함
- 칼을 상용하여 절단, 다듬기, 뼈 발라 내기를 할 때에는 자신의 몸 바깥쪽으로 칼날이 향하도록 함
- 부서지거나 금이 간 유리 및 도자기 제품은 폐기

③ 응급처치

- 출혈이 있는 경우 상처 부위에 깨끗한 거즈를 대고 직접 눌러 압박하여 지혈
- 지혈이 되면 베타딘으로 소독(과산화수소나 알코올은 피함)
- 소독약이 완전히 마르면 깨끗한 거즈나 손수건으로 덮어 주고 테이프나 붕대로 소독한 부위를 고정한 후 상처를 심장보다 높이 들어 병원으로 이송함

심화 학습

MSDS란?

물질안전보건자료(Material Safety Data Sheet, 이하 MSDS)로 화학물질 또는 화학물질을 함유한 제제의 명칭, 물리·화학적 성질, 유해/위험성, 화재/폭발 시의 방재 요령, 환경에 미치는 영향 등을 기록한 자료를 말한다. 화학물질을 취급하는 근로자에게 유해성·위험성 등에 대한 근로자의 알권리를 확보하고, 화학물질로 인한 산업재해를 예방하기 위하여 도입되었다. 유해 화학물질로부터 근로자의 건강을 보호하기 위해서 유해·위험성 등에 대한 설명서를 작성하여 보기 쉬운 작업장소에 비치하고, 그 물질을 담은 용기에는 경고 표지를 부착하도록 함은 물론, 이를 취급하는 근로자에게 유해·위험성 등을 정확하게 알도록 교육한다.

6 시설·설비관리

6

학습목표

1 효율적인 급식시설을 계획하기 위해 고려해야 할 사항을 열거할 수 있다.
2 작업동선에 맞추어 시설·설비를 계획할 수 있다.
3 작업구역별 중요 시설·설비를 열거할 수 있다.
4 위생적이며 안전한 급식을 제공하기 위한 급식시설을 계획한다.
5 급식시설의 조리기기 및 도구 사용방법을 설명할 수 있다.

1. 급식 시설·설비 관리의 개요

급식 시설은 작업 공간과 설치된 기기를 의미하며, 설비는 급·배수, 환기, 열원, 조명, 냉·난방 등을 말한다. 시설·설비관리는 단순한 공간 배열layout이 아닌 위생, 안전성, 능률, 경제성을 기반으로 하는 설계를 의미하며, 사전에 반드시 계획되어야 한다. 급식 관리자인 영양사는 급식 시설을 잘 파악하고 설비, 기기 및 기구를 적극적으로 활용, 유지·관리해야 한다. 급식 시설은 「식품위생법」과 「학교급식법」 등 법령에서 제시한 시설 기준에 따라 설치 운영되며, 특히 학교급식의 경우 학교급식 위생·안전점검표에 시설기준과 관리항목이 별도로 제시되어 있다.

급식 시설 설계 시 급식소 대상 및 급식 유형, 제공하는 메뉴, 급식소의 위치, 시설·설비 예산과 규모, 관련 법규, 종업원 및 직원 복리 시설 등을 고려해야 한다. 급식시설의 위치는 효율성, 편의성, 위생적인 측면을 고려한 후 선정해야 하며, 일반적으로 지하층이나 고층보다는 지상층이 채광, 환기, 통풍, 식재료 및 쓰레기 처리, 운반 면에서 유리하다.

2. 급식 작업시설 관리

급식 시설의 작업구역은 식재료와 물품 이동의 흐름에 따라 검수, 저장, 전처리, 조리, 배선 및 배식, 퇴식과 세척 순으로 구분되며, 이 중에서 검수, 저장, 전처리, 퇴식과 세척 구역은 일반 작업구역으로, 조리, 배선 및 배식 구역은 청결 작업구역으로 분류한다 표 6-1, 표 6-2.

표 6-1 ▸ 작업구역의 구분

작업구역	작업내용	
일반 작업구역	검수 구역 식재료 저장 구역 식품 절단 구역(가열, 소독 전)	식재료 구역, 전처리 구역 세정 구역
청결 작업구역	식품 절단 구역(가열, 소독 후) 조리 구역(가열, 비가열 조리) 배식 준비 구역	

자료 : 교육과학기술부, 2010

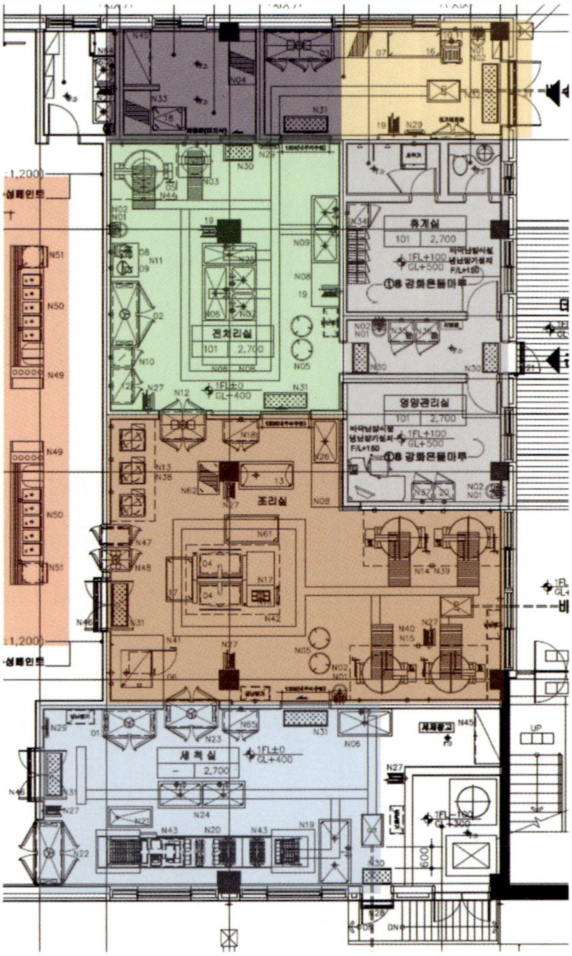

그림 6-1 ▸▸ 급식 시설 설계 도면의 예
자료 : 경일초등학교 급식소/서울시학교보건진흥원_학교급식포털

조리작업별로 주요 작업내용에 맞추어 적합한 기기를 설치함으로써 작업의 효율성과 경제성, 위생성을 극대화할 수 있는 작업 환경을 구축할 수 있다.

1) 검수·저장 구역

식재료 반입, 저장하는 구역으로 입고되는 식재료는 품질과 수량, 상태 등을 상세히 검수하고 식품별로 올바른 저장장소에 저장해야 한다 표 6-2. 검수공간의 면적은 급식

레스토랑 설계

레스토랑 설계 시 기본 도면 외에 후드, 전기, 급배수 도면이 필요하며, 설계 초기 영업 후 변화와 변동을 예측하여 전기용량, 급배수 용량 등을 예측, 반영해야 한다.

수도권 대형 쇼핑몰 푸드코트 도면

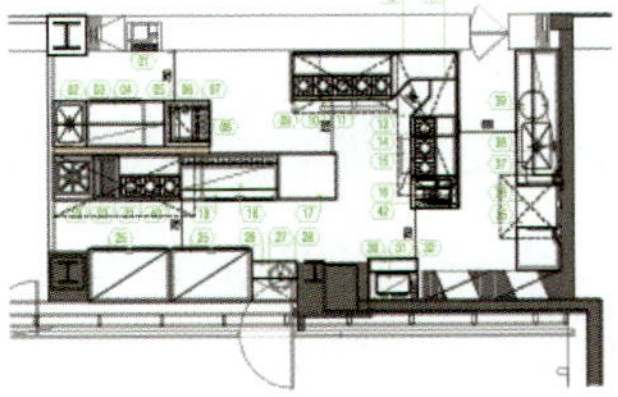

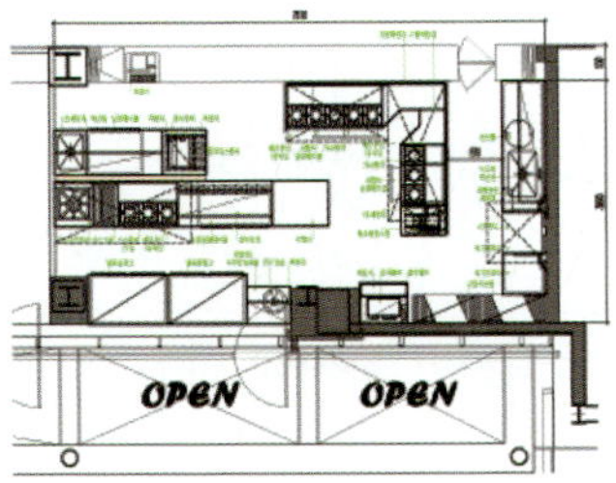

설치기기 리스트와 전기, 배기용량

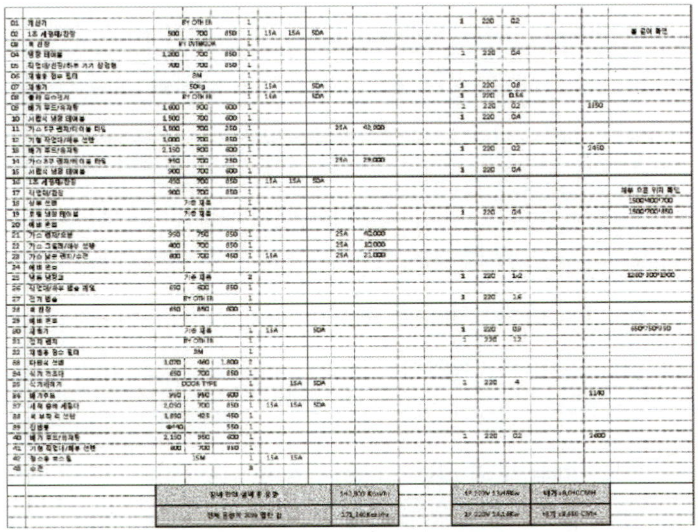

냉온 급배수 도면

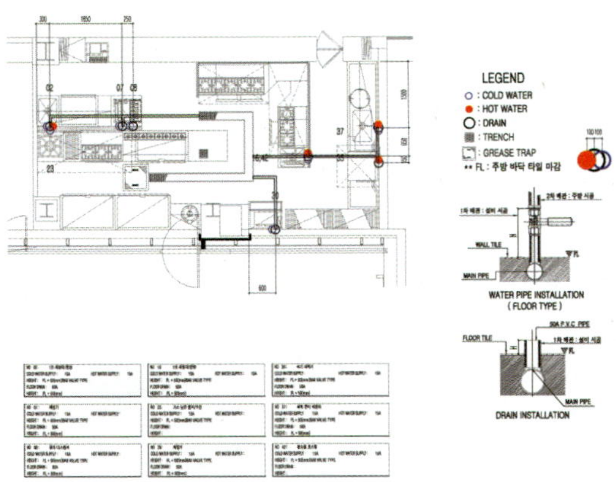

전기 도면

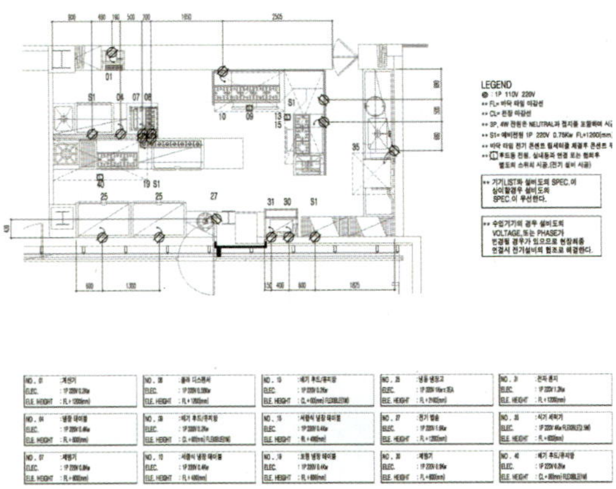

표 6-2 ▸ 저장 구역별 식재료명

구분	식재료명
식품 창고	건어물, 조미료, 곡물류, 구근류 등
냉장고	육류, 어류, 채소류, 유가공식품 등
냉동고	육류, 어패류, 채소류 등

소의 규모, 식재료 조달 및 배송 방식, 반입 빈도, 1회 배송량 등에 따라 다르며, 식재료를 신속하게 확인, 취급할 수 있도록 설계되어야 한다. 신속한 검수를 위해 검수대의 높이는 60 cm 이상이어야 하며, 검수 구역의 바닥은 청소가 용이하도록 설계되어야 한다.

식재료를 저장하는 저장고의 위치는 검수 구역과 조리 구역 사이에 위치하는 것이 작업 효율에 좋으며, 급식 시설 설계 시 동일 층에 검수장소, 저장고, 전처리실, 주조리실이 배치해야 한다. 검수 구역과 저장고 간의 거리는 불필요한 이동과 노동력을 감소하기 위해 짧을수록 좋으며, 저장공간의 면적은 급식 시스템, 메뉴의 종류, 식수, 급식 횟수 등에 따라 다르다. 최근 가공 식재료의 활용이 증가되면서 과거에 비해 냉장, 냉동 저장공간의 필요성이 증가되고 있다. 냉장·냉동고 외 일반 식품의 창고 선반은 바닥면, 내벽과 거리를 두어 습기와 열기로부터 식재료 및 소모품의 상태 변화를 막을 수 있도록 설계되어야 한다 그림 6-2. 세척용품, 위생비닐, 랩 등의 소모품은 식재료와 섞이지 않도록 분리된 별도의 장소에 보관해야 한다.

식재료 입고를 위한 출입구는 직원 출입구와 별도로 구분하여 설치하는 것이 좋으며, 조리실의 문은 개폐가 용이하되 닫혔을 때 틈이 생기지 않아야 한다. 또한 출입구

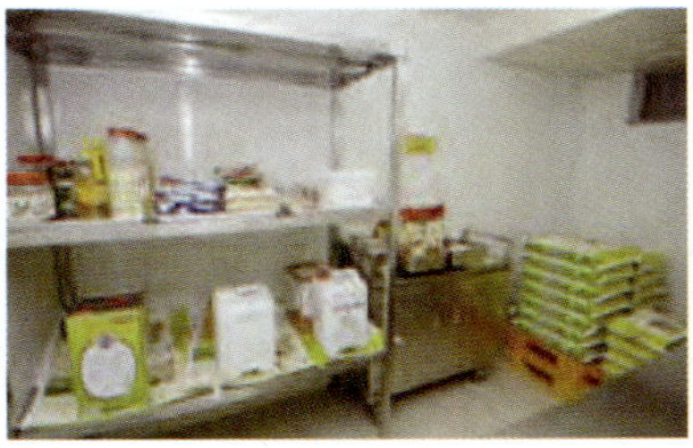

선반 정리정돈

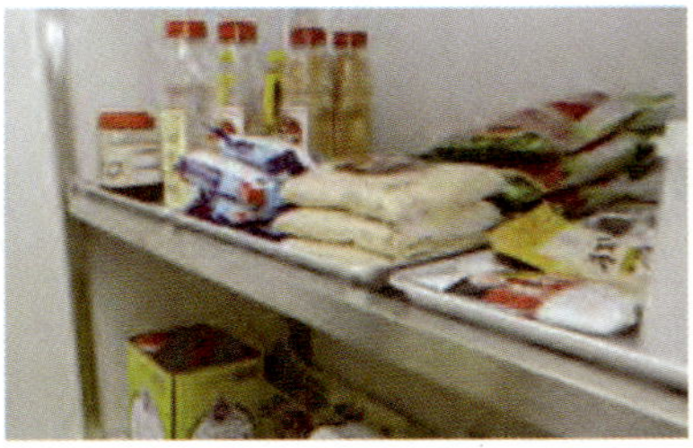

식자재 정리정돈

그림 6-2 ▸ 일반 식품 및 소모품 창고 내부

에는 작업자들이 조리실 전용 신발로 갈아 신기 위한 신발장 및 발판 소독조와 손 세정대가 갖추어져야 한다.

2) 전처리 구역

전처리 공간은 본격적인 조리 이전에 입고된 식재료를 1차적으로 세척, 기초 조리를 하는 공간으로 저장공간과 조리공간의 사이에 위치하는 것이 좋다. 식재료에 의한 교차오염을 방지하기 위해 전처리 구역과 저장 구역, 퇴식 및 세척 구역 등은 일반 작업구역과 청결 작업구역으로 분리되어야 한다. 전처리 구역은 크고 작은 다양한 기기를 사용하며, 많은 작업자가 함께 작업, 운반, 이동을 하기 때문에 충분한 통로와 작업대가 필요하다. 또한 식재료를 세척하기 위해 다량의 물을 수시로 사용하므로 청소가 용이하고 건조가 잘 되도록 바닥과 배수구가 설계되어야 한다 그림 6-3. 전처리 공간의 시설·설비는 급식소가 설치된 후에는 변경하기 쉽지 않으므로 설계 초기 단계부터 식재료별 전처리 공간과 세척 공간이 분리, 설계되어야 한다.

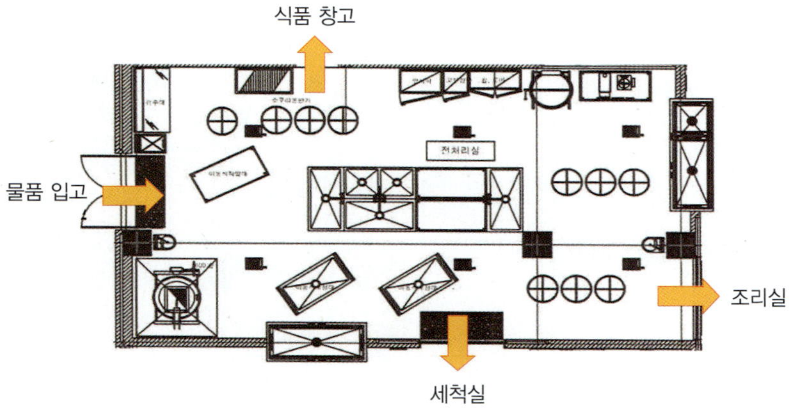

그림 6-3 ▸▸ 전처리 공간 배치도

3) 조리 구역

조리 구역은 작업자들이 정해진 메뉴를 위생적이며 안전하고 효율적으로 생산할 수 있도록 설계되어야 하며, 모든 기기와 작업대는 작업자의 동선을 고려하여 배치하여야 한다. 조리면적은 이용 고객수, 작업자의 수와 동선, 메뉴(단일 메뉴, 복수 메뉴 등), 조리방법, 가공 식재료 이용 빈도와 양, 조리 기기의 종류와 수 등에 따라 달라진다. 조리 구역의 바닥면적은 기기의 바닥면적과 조리작업자들이 조리를 위해 필요한 작업면적의 합으로 구할 수 있고, 단순히 기기의 점유면적을 계산할 경우에는 조리실면적을 기기 점유면적의 2.5~3.5배로 할 수 있으며, 양면 사용기기나 이동기기가 많을 경우 약 3배 정도가 적당하다. 조리 구역의 내벽은 내구성과 내수성이 있어야 하며, 표면은 매끄러워야 한다. 바닥면은 낙상을 방지하기 위해 미끄럽지 않은 재질로 마감해야 하며, 물이 고이지 않고 잘 빠질 수 있도록 경사도를 고려하여 설계해야 한다.

4) 배식 구역

배식 구역은 배선과 배식 구역으로 구분되며, 배선 구역은 배선 조리된 음식을 그릇이나 식판에 담는 공간으로 조리 구역과 배식 구역 사이에 위치하는 것이 좋다. 이 구역의 면적은 급식, 배식 유형과 총식수에 따라 다르며, 다양한 형태로 설계될 수 있다 그림 6-4. 대부분의 급식소는 배식공간이 식당의 한 부분으로 구성되어 있으나, 별도로 배

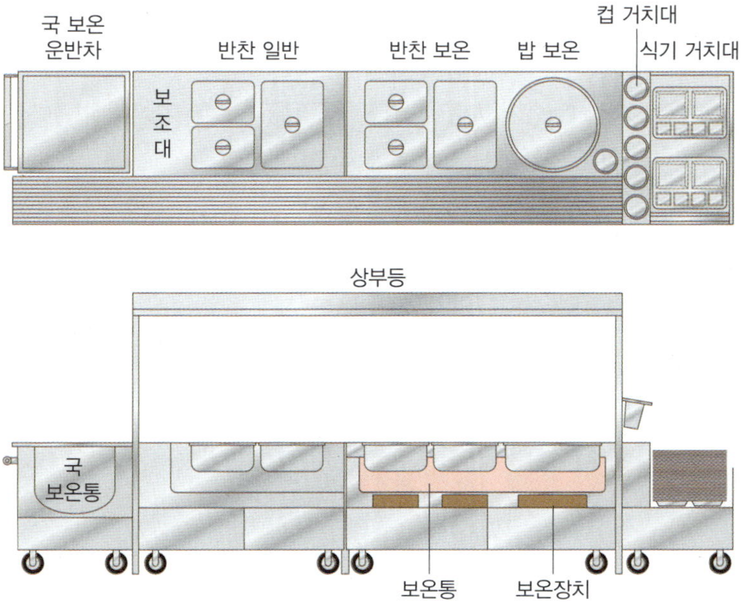

그림 6-4 ▸▸ 배식대 구조

선차량을 이용할 경우 급식시설 내 덤웨이터dumbwaiter나 엘리베이터를 설치하는 것이 좋다.

식당은 식사와 더불어 휴식을 취할 수 있는 장소로 안전하고 위생적이며, 조용하고 안정감이 있어야 하며, 통풍과 채광, 조도가 적절해야 한다. 식당의 테이블은 식탁 기둥 사이가 뚫려 있는 것이 활용도가 높으며, 의자는 가볍고 이동이 용이한 것이 좋다. 식당은 일정한 식사시간 내에 다수의 이용자가 집중되므로 이용 대상자들이 안전하고 원활하게 이동할 수 있도록 테이블 간의 충분한 통로가 확보되어야 한다. 특히 주요 통로의 경우는 복수의 이용자가 통과할 수 있도록 120 cm 이상 간격의 공간을 확보해야 하며, 보조 통로는 40~60 cm로 설계되는 것이 좋다.

식당의 면적은 총식수와 회전율turnover ratio을 고려해야 하며, 한 좌석당 바닥면적은 급식소 형태, 좌석 배치에 따라 달라질 수 있으나, 일반적으로 보통 1.2~1.7 m^2

심화 학습

기능 공간별 적정 면적

배식방법에 따라 조리시설 설계를 위한 면적이 다르며, 특히 취식을 위한 식당이 없을 경우 전체 조리시설은 동일 식수조건의 30~50% 면적만 차지하고 있음

식당배식형

(단위 : m^2)

구분	500명 기준	1,000명 기준	1,500명 기준
전처리실	50	74	86
조리실	62	90	113
세척실	45	50	63
식품 창고	12	14	18
소모품 창고	3	3	6
급식관리실	12	13	13
휴게실	12	16	21
준비실(전실)	6	6	8
샤워/세척/화장실	8	10	12
기타(보일러 등)	14	16	16
식당	335	736	966
합계	559	1,028	1,322

심화학습

교실배식형

(단위 : m^2)

구분	500명 기준	1,000명 기준	1,500명 기준
전처리실	50	75	86
조리실	62	86	113
세척실	51	65	72
식품 창고	12	14	18
소모품 창고	3	3	6
급식관리실	12	13	13
휴게실	12	16	21
준비실(전실)	6	6	6
샤워/세척/화장실	8	10	12
기타(보일러, 엘리베이터)	23	25	25
배식차 보관고	40	59	66
합계	279	372	438

(0.36~0.5평)의 범위로 계획된다. 좌석회전율은 식사시간에 따라 달라지는 식수를 모두 고려할 수 없으므로 식수가 가장 많은 시간대를 기준으로 산정하는 것이 일반적이며, 대략 시간당 2.5회전으로 산정하는 것이 적당하다.

식당 면적 = (총고객수/좌석회전율) × 1좌석당 바닥면적
회전율 = 이용 고객수/좌석수

5) 퇴식과 세척 구역

퇴식 구역은 자동 컨베이어벨트를 통해 식기를 신속하게 회수하기도 하고, 식기 회수용 랙rack을 이용하여 랙에 식기가 가득 차면 세척실로 이동시키는 방식을 취하기도 한다. 퇴식 구역에서는 퇴식하는 사람과 식당 이용객의 동선이 교차하여 혼잡하지 않도록 공간을 분리, 설계해야 한다. 퇴식구와 세척구역 사이에 별도의 차단막 없을 경우 세척기 소음과 식기 운반 등의 소음으로 인해 식사하는 고객에게 불편을 줄 수 있

교실배식형 급식시설 도면과 기기의 예

1,000명 교실배식일 경우

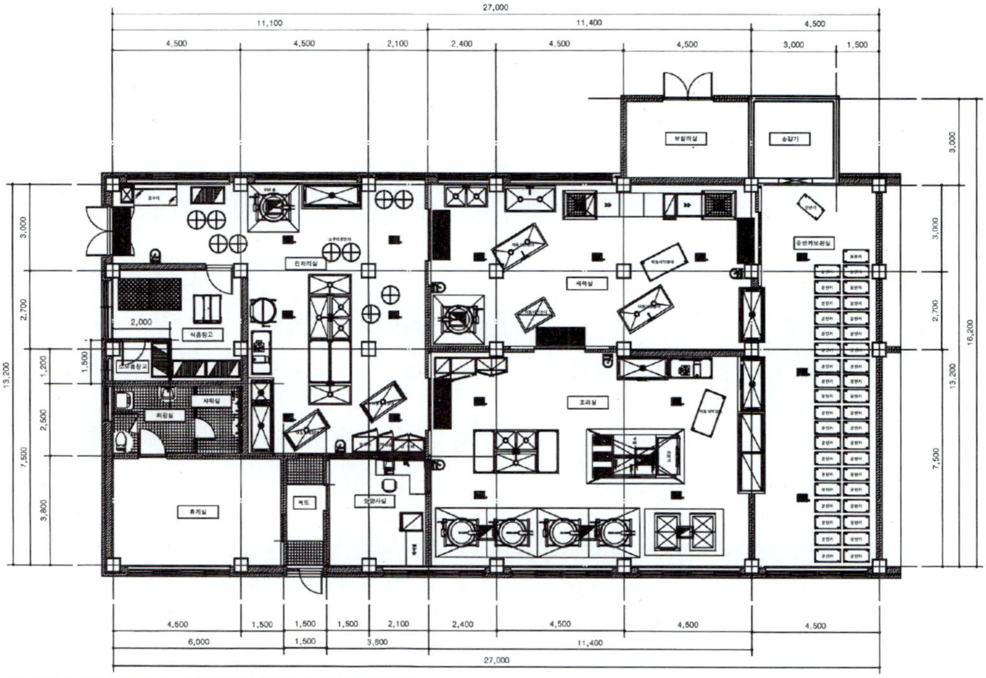

구분	보유기기	규격 (가로*세로*높이 : mm)	500명 이하	500 ~ 1000명	1000 ~ 1500명	고등 1000명 이상	고등 1500 이상	비고
전처리 구역	칼도마 소독고	1100*450*1300	1	1	1	1	1	
	고무장갑 소독고	2단, 30켤레	1					
		3단, 45켤레		1	1	1	1	
	다단식 선반	1500*750*1900		1	1	1	1	
	자동호스 워터릴	냉온수겸용	3	4	6	6	6	
	세미기 (용량 1회 80Kg)	850*900*1620	1	1	1	1	1	세정된 쌀의 하부 배출구 방식 지양
	이동 작업대	1200*600*850	1	1	2	2	3	
	이동 세정대	1200*600*850	1	1	2	2	3	
	전기식기 소독기	1500*750*1950	1	1	1			세척실과 면할 경우 양문형 설치
		1800*750*1950				1	1	
	소쿠리 운반차	Φ 620*730, 스텐배수관	6	8	10	12	12	
	행주 소독고	600*600*780 (14장)	1					
		600*600*1270 (28장)		1	1			
		450*600*1800 (40장)				1	1	
식품 보관실 (건창고)	L형 운반카	900*600*800	1	1	1	1	1	
	선반	1500*750*1900	1	2	3	3	3	
	곡물받침대	1100*1100*140	1	2	2	2	2	
조리 구역	소독발판	1700*450*20	3	3	3	3	3	조리실로 통하는 출입문쪽에 모두 설치
	고정식 작업대	1500*750*800	1	2	2	2	2	이동식활용
	냉동 냉장고	1260*800*1830,4칸	1	1	1	1		냉장고종류는 학교실정에 맞게
		1800*800*1830,6칸					1	
	음식보온 보냉고 (양문형)	880*780*1820	2					
		1260*850*1820		2	2	3	3	
조리 구역	콤비스티머	가스 20단	1					급배기후드, 방목등 설치 1500 이상교는 트롤리 2개 구입 권장
		가스 40단		1	1	1	1	
	손세정대	435*535*850	2	2	2	2	3	손소독기와 병행설치
	이동 작업대	1200*750*800	1	2	2	2	2	
	칼도마 소독고	1100*450*1300	1	1	1	1	1	
	고무장갑 소독고	2단, 30켤레	1					
		3단, 45켤레		1	1	1	1	
	앞치마 소독고	18벌	1	1				
		24벌			1	2	2	
	전기소독기	1500*750*1900	1	1	1			
		1800*750*1950				1	1	
	자동호스 워터릴	냉온수겸용	3	4	4	6	6	
배식 구역	배식대	2280*850*800	1	2	3	4	4	
	국보온카	600*600*850	1	2	3	4	4	
	수저식판 배분대	1080*680*850	1	2	3	4	4	
사무실	보존식 냉동고	200L (560*535*1720)	1	1	1	1	1	
	전기온돌		1	1	1	1	1	*컴퓨터, 프린터, 팩스, 전화기 등 설치
	테이블							
	캐비넷(서류 보관함)	1200*600*1800						
	옷장							
편의 시설	세탁기	10kg	1	1	1	1	1	
	전기온수판넬		1	1	1	1	1	
	옷장	1인용	4	8	10	13	16	
	세면대		1	1	1	1	1	
	변기		1	1	1	1	1	
	샤워호스		2	3	4	4	4	

으므로 주의해야 한다. 식기 세척 공간은 잔반 제거 및 배출을 비롯한 급·배수 설비와 환기 설비가 필수적이며, 물이 바닥에 고이지 않도록 배수구를 향해 바닥의 기울기가 설계되어야 한다. 또한 식기소독 보관고, 열탕 소독시설 등이 설치되어야 하며, 음식물 쓰레기를 처리하기 위한 뚜껑이 있는 폐기물 용기를 구비해야 한다.

6) 기타 구역

기타 구역에는 급식소 사무실, 직원 탈의실, 손 세정실, 조리원 전용 화장실 등의 직원 후생시설이 포함된다. 사무실은 급식소를 운영하는 데 필요한 기획업무와 작업일지 작성, 각종 서류를 보관하며, 조리작업자들의 교육 훈련과 관리 감독을 하는 곳이다. 사무실의 면적은 공간과 예산의 허용 범위에 따라 달라질 수 있다.

탈의실과 조리원 전용 화장실의 위치는 작업장 전체의 위생에 커다란 영향을 미칠 수 있으므로 사무실 포함 후생시설은 조리 구역과 식당을 통과하지 않고 배치하는 것이 바람직하다. 특히 출퇴근 평상복을 조리위생복으로 갈아입는 탈의실은 접근성이 좋은 곳에 위치하는 것이 좋으며, 직원 출입구에 설치되어야 한다. 직원 화장실은 작업장과 가까운 곳에 설치하되 이중 출입구와 식재료가 다루어지는 공간과는 분리되어야 하며, 급식 작업 전 조리작업자들이 손을 씻을 수 있는 별도의 손 세정실을 설치해야 한다.

3. 급식 작업설비 관리

급식관리자는 안전하고 위생적이며 효율적으로 급식을 운영하기 위해 적절한 시설·설비를 갖추고 관리해야 한다. 급수·배수, 환기, 냉·난방, 조명시설, 가열기구, 창문과 바닥 등의 시설은 급식소의 매우 중요한 시설이므로 철저하게 관리, 감독해야 한다.

1) 급수·배수 설비

조리실에서 사용되는 물은 모두 음용수 기준에 적합한 물이어야 하며, 1일 작업 중 사용하는 물의 총량은 조리용, 일반 위생용, 세정대 용량과 물 채우는 횟수, 식기세척기 사용량, 바닥과 벽체 등 청소 사용량 등을 기준으로 산정해야 한다. 수압이 적절해야

• 곡선형 : S, P, U형 트랩

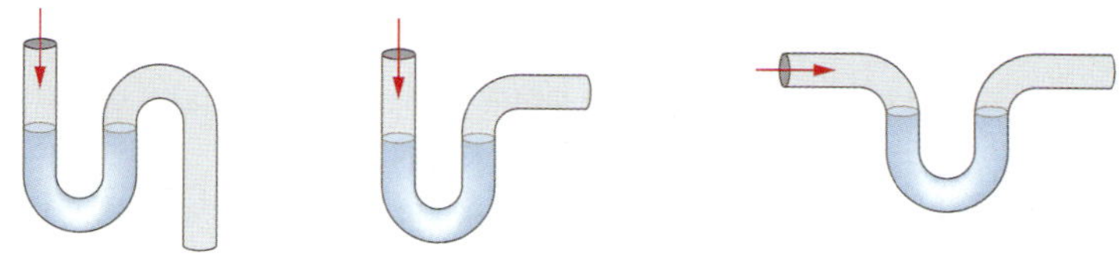

• 수조형 : 음식물 쓰레기가 많은 경우 적합함, 그리스 트랩, 드럼 드랩, 벨 트랩

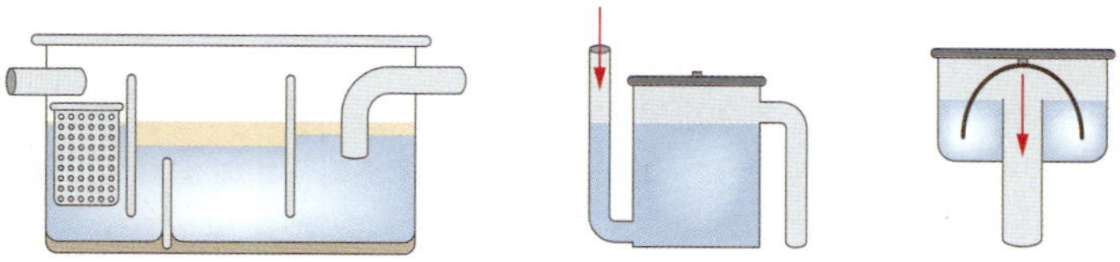

*그리스 트랩 : 식기, 식재료 세척 후 오염된 물로 인한 배관의 막힘을 막기 위해 배수구에 설치한 장치, 특히 지방이 하수구로 들어가 관을 막히게 하는 것을 방지함
*곤충이나 설치류 등의 유입과 하수도로부터 악취 역류를 방지하기 위해 설치한 것으로 오수의 종류에 따라 적절할 배수 형식을 택해야 함

그림 6-5 ▸▸ 트랩의 종류와 형태

하며 수도전의 높이는 95~105 cm 정도가 바람직하고, 호스 사용 시 호스가 바닥면에 닿지 않도록 해야 한다. 급수 배관은 필요시 청소가 용이하고 동절기 응결수가 발생하지 않도록 단열재 등으로 보온 처리한다.

바닥 배수로(트랜치trench)의 폭과 깊이는 신속한 배수가 되도록 설계되어야 하고, 위생적 관리가 될 수 있도록 배수로 전체에 틈새 없이 세척이 용이하고 녹슬지 않은 재질인 스테인리스 스틸로 마감되어야 한다. 배수로의 폭과 깊이가 20~30 cm 정도 충분해야 하며, 이물질, 모래와 유분의 분리가 가능하고 물이 고이지 않도록 그리스 트랩grease trap을 설치해야 한다 그림 6-5. 배수구는 청소가 용이하도록 덮개의 개폐가 쉬워야 하고, 휘거나 이탈되지 않도록 견고한 재질이어야 하며, 인체에 무해한 재질이어야 한다.

배수로와 배관은 퇴적물이 쌓이지 않도록 퇴적물의 종류에 따라 적합한 모양, 폭, 기울기를 설정해야 하며, 청결구역과 일반구역의 배수관이 연결되지 않도록 해야 하나,

심화 학습

급식소의 주요 기기별 배수구(트랜치) 설계 예

트랜치

바닥의 배수가 용이하도록 바닥을 파서 만든 수로로 이를 통해 오염된 물이 배수구로 이용되며 덮개가 덮여 있음

- 배수구 가장자리를 5~7 cm 여유를 두어 조리실 바닥 파손 방지(사진 ①)
- 국솥, 튀김솥 부분의 배수구 덮개는 스틸그레이팅(격자무늬)으로 설치하고(사진 ②), 이동식 기구가 이동하는 배수구 덮개는 타공(엠보싱) 처리된(사진 ③) 스테인리스 스틸로 제작
- 국솥, 튀김솥 부분의 트랜치는 물을 쏟을 경우, 배수구 밖으로 물이 넘치지 않도록(사진 ⑦, ⑧) 충분한 길이와 폭, 깊이로 시공(사진 ②, ⑨)
- 스틸 그레이팅 배수구는 가로로 절개하여 무게를 줄이고 청소가 용이하도록 설치
- 국솥, 취사기, 세척기 등의 대형 급식기구 밑에는 바닥의 물빠짐이 용이하도록 배수구 설치
- 유수분리 기능을 갖춘 그리스 트랩은 기름 섞인 하수가 발생하는 공정이 있는 다음의 배관에 연결 설치하는 것이 이상적이나 악취의 우려가 있으므로 조리장과 정화조 사이에 위치하도록 조리실 밖에 설치하고, 조리장 내부에는 배수, 청소가 용이한 구조의 찌꺼기 거름망 설치

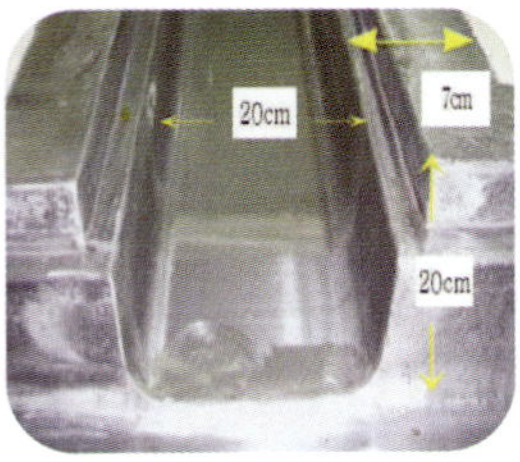

① 트랜치 규격

② 국솥 · 튀김솥 앞 그레이팅 트랜치

③ 트랜치 미끄럼 방지 처리

④ 트랜치 곡선 처리(경북)

⑤ 트랜치 곡선 처리(경북)

⑥ 화강석 트랜치(일신초)

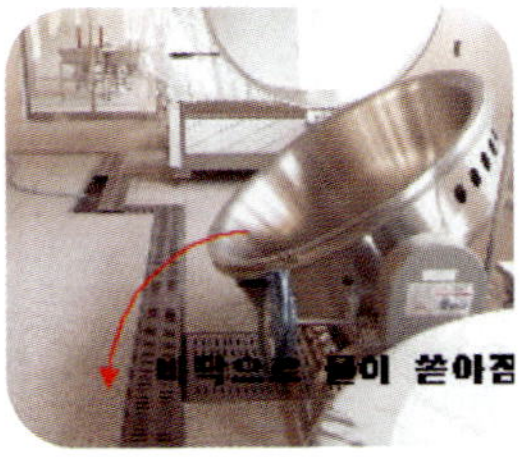
⑦ 트랜치 위치 부적정

⑧ 바닥으로 물넘침 현상

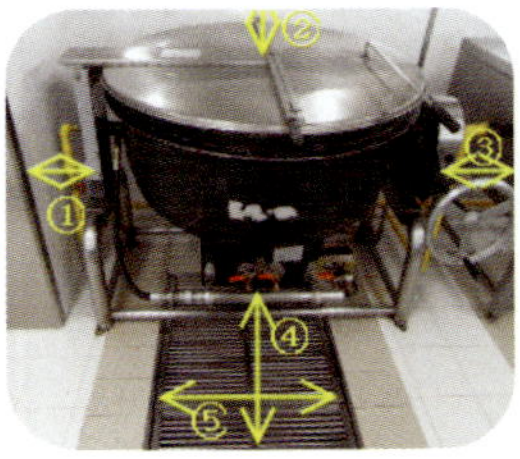

⑨ 국솥 트랜치

만약 연결된 경우에는 청결구역에서 일반구역으로 흐르도록 설계해야 한다. 급식소의 바닥에는 사용된 물이 고이지 않게 배수구 방향으로 2° 이상의 경사를 유지해야 하며, 경사도가 더 클 경우 작업에 방해가 될 수 있으므로 주의해야 한다.

2) 환기 설비

급식소의 가열조리 구역은 조리 중 발생되는 유증기와 냄새, 폐가스로 작업 환경이 오염되어 있으며, 이와 같은 물질을 배출하기 위한 후드hood와 닥트duct 시공이 필수적이다. 이때 배출 공기량이 충분하지 못할 경우 조리시설이 덥고 습해져 위생문제뿐만 아니라 작업 환경에 문제가 생길 수 있으므로 설계 시 주의해야 한다. 최근 급식 시설을 위생적으로 관리하기 위해 드라이 시스템을 적용하는 급식 시설들은 배기만이 아닌 급배기방식의 후드를 설치하여 주방 내의 온도와 습도를 함께 조정하기도 한다. 간혹 내부의 쾌적한 작업 환경을 유지하기 위해서는 외부로 배출되는 배기만을 고려하여 환기 시스템을 설계디자인하는 경우가 있으나 시설 내 균형을 맞추기 위해서는 외부에서 유입되는 급기량 역시 함께 고려하여 배기와 급기의 균형을 맞추는 것이 중요하다.

급식소 내부에 퍼져 있는 내기를 원활하게 배출하기 위해 배기후드는 열기구보다 사방 15 cm 이상 커야 하며, 스테인리스 스틸 재질로 제작하며, 30° 정도의 각도를 유지하는 것이 좋다 그림 6-6. 유증기로 인해 후드에 생긴 응축수가 바닥이나 조리된 음식이나 기구로 떨어질 경우 위생문제와 낙상 및 화재와 같은 안전사고가 발생될 수 있으므로 볶음이나 튀김에 사용되는 열기구의 후드에는 반드시 스테인리스 스틸 재질의

그림 6-6 ▸▸ 배기 후드 시공의 예

심화 학습

조리실 내 배기방식

주방후드만을 이용한 배기방식	급기공급 및 주방후드 배기방식
조리공간에서 발생되는 연기와 열기를 후드를 통해 집중 흡입하여 외부로 배출하는 방식	외부로부터 유입된 신선한 공기가 공급되어 조리기구의 열을 배기하는 방식

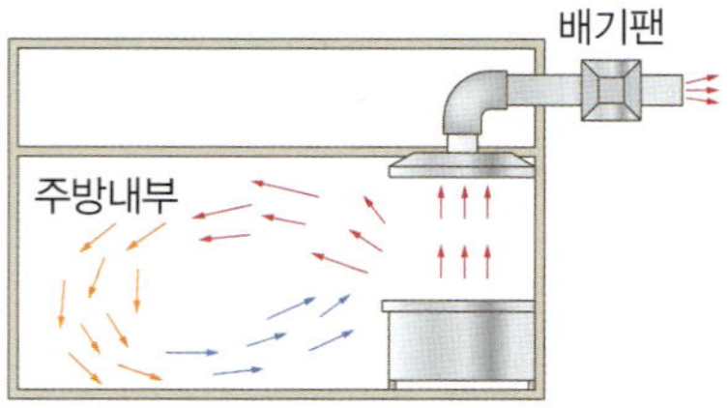

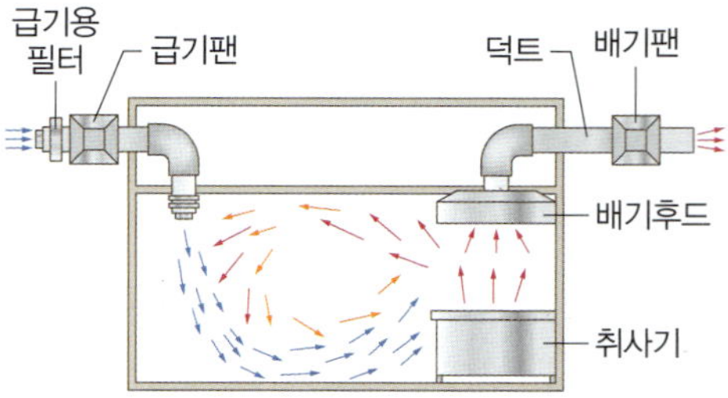

유망 필터를 제작 설치하고 응축수가 모일 수 있는 통을 부착하는 것이 좋다.

구역별로 후드의 흡인력을 조정해야 하며, 조리구역의 열원 상부에는 0.25~0.5 m/sec (20~30 m^3/hr)의 흡인력을 가지는 후드를, 식품저장고는 체적 1 m^3당 5 m^3/hr의 환기 시설을 설치하되 공기의 흐름이 청결 작업구역에서 일반 작업구역으로 흐르도록 하며, 급·배기구에는 방충, 방서 시설을 갖춰야 한다.

3) 냉·난방 설비

조리장 내 실내온도는 18℃ 이하를 유지하는 것이 이상적이며, 구역별 냉·낭방 시스템이 구축되어야 한다. 천장 실내기는 실내온도 및 기류 분포를 균일하게 하여 국소 냉방이 필요한 경우 에너지 절감이 우수한 장점이 있지만, 주방 내에 실내기 본체가 설치되어 수분 및 유지분에 의한 효율이 저하되고 고장이 잦은 단점이 있으므로 주의하여 설치해야 한다. 그에 비해 닥트 연결 실내기는 실내온도 및 기류 분포가 균일하여 국소 냉방 필요시 에너지 절감이 우수하고, 실내기가 취사기 외에 설치되어 관리가 용이하나 초기 투자비가 천장형에 비해 많이 드는 단점이 있다. 패키지 에어컨(난방, 전기 가열기)은 초기 투자비가 저렴하고 별도의 관리 인원이 필요하지 않다는 장점이 있으나,

실내온도 및 기류 분포가 균일하지 못하고 위치에 따라 쾌감도 차이가 큰 단점이 있다. 마지막으로 공조형은 닥트를 이용한 것으로 초기 설치비용은 높으나 관리가 용이하고, 필터링 효과가 커서 국소 냉·난방에 적합하다.

4) 열기구 설비

급식시설 내 가스시설, 전기시설에 문제가 발생될 경우 대형 인명사고로 이어질 수 있으므로 시설의 관리, 점검이 정기적으로 이루어져야 한다.

(1) 가스시설

급식시설에서는 주로 LPG와 LNG 가스가 일반적으로 사용되며, LPG는 공기보다 무거워서 가스가 누출되면 바닥으로 가스가 쌓이므로 가스누출감지기를 바닥면에서 30 cm 이내 위치에 설치해야 한다. 가스 저장소 역시 환기가 잘되는 장소에 설치해야 한다. 반면에 LNG는 공기보다 가벼워 가스 누출 시 천장 상부에 모이므로 감지기는 천장면과 30c m 이내에 설치해야 한다 그림 6-7.

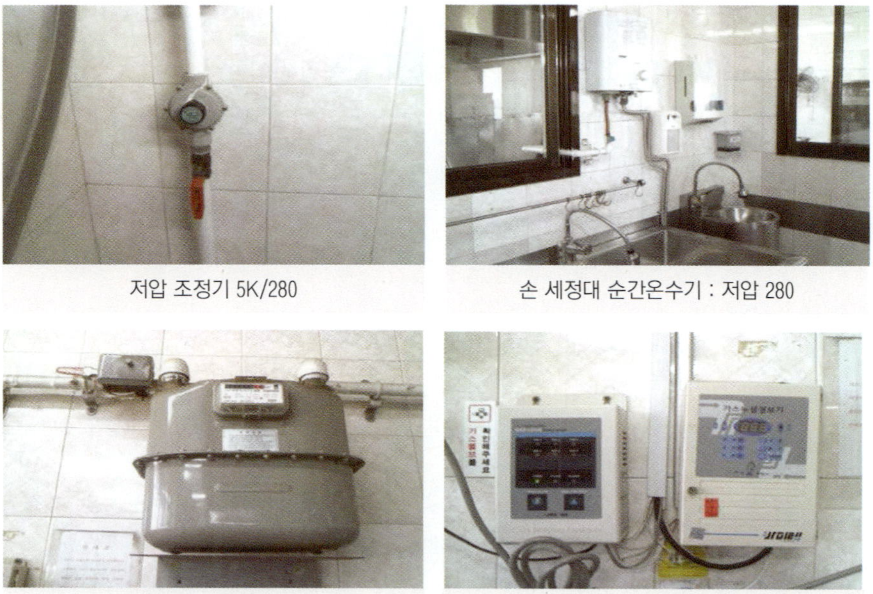

저압 조정기 5K/280 | 손 세정대 순간온수기 : 저압 280

계량기 용량 : 20 m^3 | 제어부 및 경보기

그림 6-7 ▸▸ LNG 공급 설비 예

급식소에서는 주기적으로 작업 전 가스 밸브와 배관 연결부 등을 비눗물이나 가스 누설감지기 등을 통해 점검하고, 가스경보기의 정상 작동 여부를 확인해야 한다. 작업장에서 가스가 누설 시에는 다음과 같이 응급조치를 취해야 한다.

- 가스가 새는 것을 발견하면 먼저 연소기 코크와 중간 밸브를 잠가서 공급 차단
- 창문과 출입문을 열고 누설된 가스를 밖으로 환기(환기를 위해 선풍기나 배기팬 사용 금지)
- LPG 가스를 사용하는 경우 신문지 등을 이용하여 연기를 쓸어내듯이 밖으로 몰아냄

(2) 전기 공급시설

전기는 급식소에서 가장 빈번하게 사용되는 열원으로 물에 의해 감전사고가 발생될 수 있으므로 주의해야 한다. 특히 전기설비외함에서 전기선 간의 접지가 불량일 경우 감전사고 위험이 있으므로 정기적으로 접지 상태를 확인해야 하며, 분전반 내에 스위치에는 위치를 표기하여 점검이 용이하도록 해야 한다 그림 6-8.

급식소에서는 전기 기기와 설비의 향후 증·개축 및 기기 교환 등의 경우를 대비하여 여분의 전기용량을 확보해 두어야 한다. 메뉴 변화, 기기 변화 등으로 시설을 개·보수하는 많은 급식소는 다양한 전열기구를 구입, 설치하면서 전기 증설공사를 해야 한다. 따라서 증설공사 시 막대한 비용으로 부담을 느끼기 때문에 초기 설계 시 전기 용량을 여유 있게 확보해 놓는 것이 좋다. 전기 공급시설 설계 시 주요 고려사항은 다음과 같다.

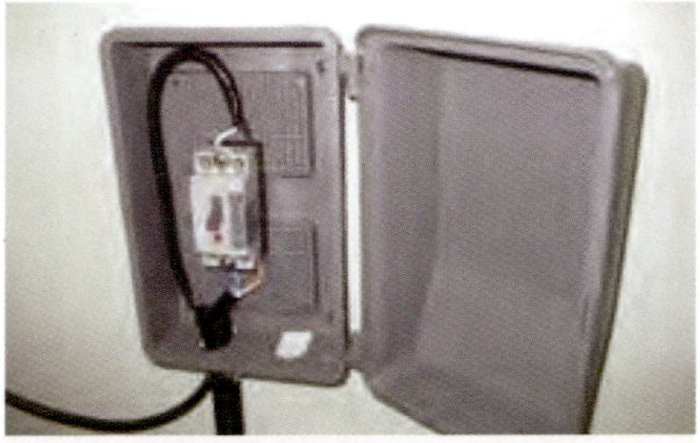
차단기 절연외함 내 설치

분전반 충전부 방호 및 접지

그림 6-8 ▸▸ 전기 공급시설

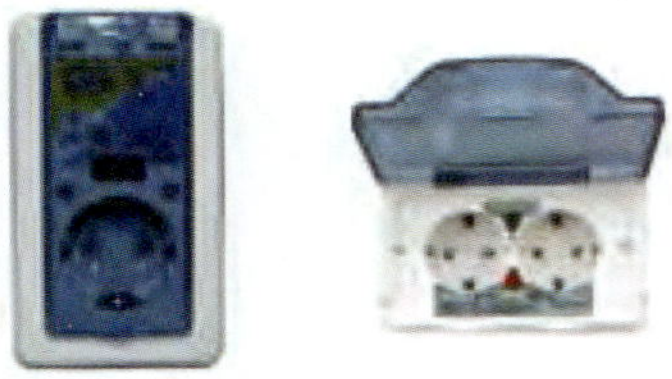

콘센트형 누전 차단기

인체 보호형 누전 차단기

그림 6-9 ▸▸ 누전 차단기

- 기기별 필요 전기용량을 확인한 후 충분히 확보해야 함
- 전기 콘센트는 바닥면으로부터 1.2 m 이상 높이에 설치해야 하며, 방수 콘센트를 사용해야 함
- 전체 주방 설계 시 기기 사용의 적정한 위치를 고려하여 콘센트 설치해야 함
- 모든 부하용 차단기는 감전사고 예방을 위한 누전차단기를 설치해야 함 그림 6-9

5) 조명 설비

급식시설은 오염물질을 제거하고 위생적으로 조리, 배식하기 위해 모든 작업이 밝은 조명 내에서 이루어져야 한다. 작업구역별로 조명 밝기를 살펴보면 검수 구역 540럭스lux(기호 lx), 전처리 구역 220럭스, 조리 구역 350~400럭스, 배선 구역 300럭스 이상, 기타 구역은 110럭스 이상의 조도를 유지하는 것이 바람직하다. 작업장에서 조명 램프가 파손되어 식품에 이물질이 혼입되는 것을 방지하기 위해 모든 조명 램프에는 보호장치를 구비해야 한다 그림 6-10. 간혹 식재료 및 조리된 음식의 색을 오인할 수 있으므로 문제가 되는 조명은 사용을 자제해야 하며, 직사광선이 차단되는 지하에 위치한 급식소의 경우 항상 적절한 조도 확보가 필요하다.

그림 6-10 ▸▸ 보호 덮개가 부착된 함몰형 조명장치의 예

6) 바닥, 벽, 창문, 천장 설비

(1) 급식소 바닥

바닥은 청소가 용이하고 내구성이 있으며, 미끄러지지 않고 쉽게 균열이 가지 않는 재질이 적합하다. 또한 트랜치로 물이 모일 수 있도록 경사(구배)를 두어야 하며, 바닥의 타일이나 바닥재는 잦은 물 사용으로 인해 파손되지 않도록 견고한 재질을 선택해야 한다. 장기간 사용으로 바닥재의 미끄럼 저항능력이 낮아질 경우 미끄럼방지용 약품 처리 혹은 테이프를 부착하는 것이 좋다. 바닥재가 파손된 경우 즉시 교체하거나 보수해서 미생물의 증식 및 오염을 방지해야 한다.

(2) 내벽

급식소 내벽은 물에 강하고(내수성), 청소가 용이하도록 시공하는 것이 좋으며, 타일로 마감할 경우 운반용 카트와의 충돌로 금이 가지 않도록 그림 6-11과 같이 보호장치를 별도 설치하는 것이 좋다.
내벽과 바닥의 경계면은 청소가 용이하고 모서리 부분의 타일이 손상되지 않도록 코너 비드corner bead와 같은 보호대로 마감하는 것이 좋다 그림 6-12.

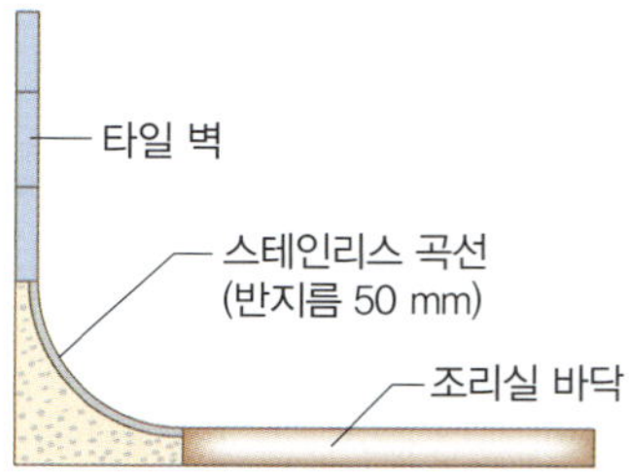

그림 6-11 ▸▸ 바닥, 벽체의 곡면 처리

그림 6-12 ▸▸ 내벽 보호 설비

(3) 천장

급식소의 천장 내부의 높이는 바닥에서 3 m 이상이 바람직하고, 천장의 마감재는 내수성, 내화성을 가진 알루미늄 재질이나 금속 재질이 적당하다.

(4) 창문

창문에는 벌레나 곤충이 내부로 유입되지 않도록 방충망을 설치해야 하고, 창문틀은 45° 이내의 경사 처리가 되어야 하며, 채광을 위한 창문은 바닥면적의 1/4 이상이 되도록 설계해야 한다. 창문 외 출입문에는 해충 및 쥐의 침입을 막을 수 있는 방충망 등을 갖추어야 한다.

(5) 기타

조리작업자의 출입구와 식재료 반입을 위한 출입구는 구분하여 설치하며, 자동문을 설치하되 에어커튼air-curtain과 방충문을 설치해야 한다. 또한 조리 전용 신발장과 발판 소독조, 손 세정시설을 설치해야 한다 그림 6-13.

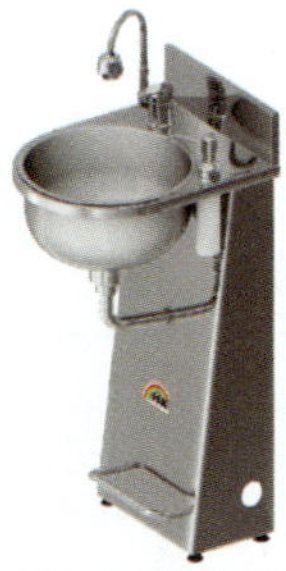

페달식 손 세정대

자동식 손 세정대

손톱 솔

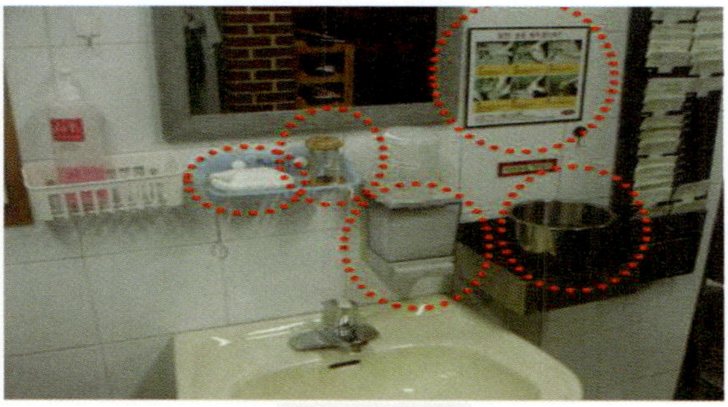

손 세정대 예

그림 6-13 ▸▸ 손 세정시설

4. 급식 기기 및 집기류 관리

1) 구역별 기기관리

(1) 검수·저장 구역

냉장고와 냉동고는 식재료의 보관, 냉동 식재료의 해동, 가열조리된 식품의 냉각 등에 사용되는 기기로 저장 온도를 냉장고 5℃ 이하, 냉동고 -18℃ 이하로 유지해야 한다 그림 6-14. 식수가 많은 급식소에서는 워크인 냉장냉동고walk-in refrigerator를 설치, 사용할 수 있으며, 식재료는 냉장·냉동 시설 최대 용량의 70% 정도 저장 보관하는 것이 좋다. 냉장·냉동고 내부는 정기적으로 세척, 관리해야 한다.

그림 6-14 ▸▸ 냉장·냉동고

(2) 전처리 구역

전처리 구역에서는 다양하고 많은 식재료를 조리가 용이하도록 처리하기 때문에 다양한 기기와 설비가 필요하며, 주요 기기는 표 6-3과 같다.

(3) 조리 구역

식품과 접촉하는 부분은 내수성 및 내부식성 재질의 기기, 설비가 좋으며, 소독, 살균이 가능해야 한다. 밥솥, 국솥, 가스테이블 등의 조리기기는 화재·폭발 등의 위험성이 없는 제품을 사용해야 하며, 능률적인 조리를 위해 용량, 활용도를 고려하여 기기를

표 6-3 ▸ 전처리 주요 기기

명칭		활용
작업대		**각종 식재료의 절단 및 성형 작업 수행** • 높이를 사용자의 신장에 맞추어 규격 선정(높이 800~850 mm) • 벽에 붙이는 뒷받침이 없는 것이어야 함 • 작업대 내부 선반은 물이 빠질 수 있도록 타공(1 cm 정도 크기)이 있는 것이 좋고, 작업대 밑에 칸이 없는 것이 좋음 • 재질은 스테인리스 스틸로 하며, 급식 학생수를 고려한 충분한 크기로 설치 • 기기의 다리 부분은 청소가 용이하도록 18cm 이상으로 하며, 받침판이 있는 경우는 튀는 물과 청소를 고려하여 떼어 낼 수 있는 평판 구조로 제작 • 종류 : 고정식, 이동식
세정대	 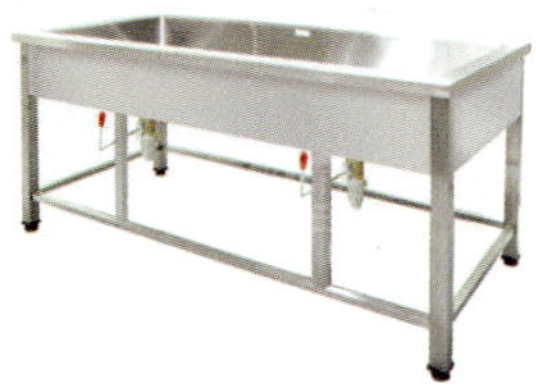	**식재료 세척(2조 이상 필요)** • 위생적인 작업을 위해 채소용, 생선용, 육류용, 기구세척용으로 구분하여 실시 • 재질은 스테인리스 27종이어야 함 • 스테인리스 볼밸브 처리여야 함 • 냉온수도 시설(원터치식)을 설치 • 세정대의 배수구는 기본 φ50이나 배수시간 단축을 위하여 배수구 및 배관을 크게 설치하는 것을 권장함 • 배수구는 배수관과 직선 연결 구조 • 세정대 수도배관 아래 볼밸브(ball valve)를 설치하여 유지관리가 용이 • 종류 : 1, 2, 3조 **담금용 세정대** • 바퀴가 있어 이동이 편리하여야 하며, 바퀴의 재질은 우레탄이어야 함 • 물이 빠질 수 있도록 배수 구멍의 크기가 적절해야 함 • 재질은 스테인리스 27종이어야 함 • 효율적인 애벌 세척을 위해 담금세정대와 애벌세정대 수량을 충분히 확보해야 함(공간 부족 시 애벌세척기 등 세척 보조기기 활용 고려)
선반		**식재료 및 가공 기기류 보관** • 청소 시 물이 튀지 않도록 맨 아래 선반은 바닥으로부터 60 cm 이상 띄워 설치 • 재질은 스테인리스 27종이어야 함
세미기		**많은 양의 쌀을 세척하기 위해 사용** • 적정한 수압이 유지되도록 함(1회 사용 용량은 20~80 kg까지 다양) • 분리하여 세척과 소독이 용이하도록 함 • 배수관과 직접 연결하여 배수되도록 설치 • 종류 : 수압식, 전동식, 공기방울식

명칭		활용
구근탈피기 채소절단기 분쇄기	  	**무, 감자, 당근 등의 껍질 제거용/용도별 채소류 절단/육류 및 양념류 분쇄** • 내부가 완전 분리되어 세척과 소독이 용이하여야 함 • 배관에 의한 직접 배수 • 바닥배수의 덮개는 스틸 그레이팅으로 설치(물이 바닥에 퍼지지 않도록 함) • 절단기는 다양한 모양과 크기로 절단이 가능한 기능의 것 • 절단기와 분쇄기는 분리가 가능하며 전용받침대를 설치함 • 재질은 스테인리스 스틸로 함
냉장고		**전처리 후 식재료 보관** • 냉장·냉동이 분리되어 있어야 함(상업용 냉장고를 사용함) • 에너지효율이 높은 기기를 선택하는 것이 바람직함 • 조리 전, 조리 후 냉장고를 구분하여 설치함 • 외부에서 읽을 수 있는 0.1℃ 단위의 온도계가 부착되어 있는 것으로 선택 • 냉장·냉동 저장 기능을 고려하여 냉장고의 형태를 결정하고, 간접 냉각방식이 좋음(냉장창고 냉장고) • 급식인원이 많거나 2식 이상인 학교에서는 냉장창고를 설치하는 것이 바람직함 • 하부는 바닥에 기초를 만들어 올리는 설치법으로 시공 • 기기와의 틈은 코킹 처리를 하고 기초와 바닥의 모서리에는 5 cm 이상의 곡면을 두어 물이나 오물이 들어가지 않게 시공 • 냉장창고는 조리실 바닥과 동일 높이 설치 • 배수관과 직접 연결하여 배수되도록 설치 • 종류 : 양문형냉장고, 워크인냉장고

설치해야 한다. 급식소에서 사용되는 기기는 다음과 같다 표 6-4.

가열기기는 조리될 음식의 종류와 양, 시간 등을 고려하여 설치해야 하고, 항상 기기 최대용량을 80% 정도를 유지하여 사용함으로써 과부하를 방지해야 한다.

(4) 세척 구역

위생적이며, 효율적으로 잔반을 처리하고 식기 수거를 용이하게 하기 위해 잔반 처리대, 식기 세정대, 식기세척기, 건조대, 식기 소독기 등의 기기를 설치해야 한다 표 6-5.

표 6-4 ▸ 주요 조리 기기

명칭		활용
렌지 (오븐 포함)	 	**생선조림, 찜 및 일반 가열 시 이용** • 안전을 위하여 다리 받침대는 고정식으로 되어 있어야 함 • 쉽게 점화되는 것이어야 함 • 화구가 2개 이상 있는 것이 좋음 • 작업대의 높이와 같게 설치 • 그릴(오븐)은 없는 것이어야 함 **만능 오븐** • 조리기능, 성능, 회전율 등 고려 • 전기와 가스 중 유지관리의 경제성 고려 • 작업공간을 고려한 규격 선정 및 작업량을 고려한 부속품 선택 • 종류 : 가스식, 전기식, 20단, 40단
튀김기 (fryer)		**튀김류 조리 시 사용** • 솥 및 트랜치 혹은 솥 지름, 길이는 솥 받침대를 기준하여 뒤로 2 cm에서부터 앞쪽 트랜치까지 연결하여 시공 • 트랜치 덮개는 격자무늬의 그레이팅을 설치, 가로로 절개하여 세척이 용이하도록 제작 • 회전식이어야 하며 뚜껑이 부착 • 종류 : 스테인리스 스틸솥, 무쇠솥, 코팅솥
회전식 국솥		**대량 국, 탕 조리 시 이용** • 회전식이어야 하며 뚜껑이 부착되어 있어야 함 • 국솥의 전체적인 바닥 두께가 두꺼워야 함 • 재질은 스텐리스 27종이어야 함 • 급식 인원수를 고려한 크기 및 수량 선정 • 원터치식 점화장치가 채택된 기구 구입(열기구 공통사항) • 국솥 및 트랜치 폭은 국솥 지름, 길이는 국솥받 침대를 기준하여 뒤로 20 cm에서부터 앞쪽 트랜치까지 연결하여 시공 • 트랜치 덮개는 격자무늬의 그레이팅을 설치하며 가로로 절개하여 세척이 용이하도록 제작 • 종류 : 스팀식, 가스식(연료고리)
부침기		**굽기 및 부침 시 이용** • 부침판은 기름이 흐르도록 약간의 경사가 있어야 하며 덮개 설치 • 기름받이는 용량이 최대한 큰 것이어야 함 • 안전을 위하여 다리 받침대는 고정식으로 되어 있어야 함
취반기	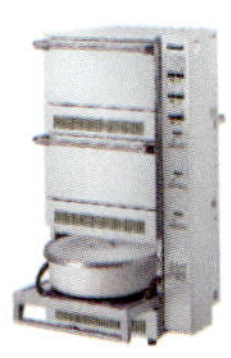	• 직화식, 스팀식 취사기 중 식수와 배식방법을 고려하여 효율성이 높은 것을 선택(스팀식 취사기인 경우 압력계는 2개 부착) • 직화식 취사기의 경우 기기의 부식 방지를 위해 바닥부터 50 cm 높이로 시공하며, 바닥면의 수평 유지 확인 • 밥밧트 및 뚜껑은 스테인리스 27종이어야 함 • 종류 : 스팀다단식, 가스다단식, 가스무압력 취사기, 가스직화식(3단)
스팀쿠커		• 식품 중심온도까지 골고루 익혀주고 단시간에 쪄내는 기기

표 6-5 ▸▸ 세척 구역 내 주요 기기

명칭	활용
식기 자동 세척기	• 온수 기능이 내장된 2탱크 이상 건조식이 좋음(에너지 절전장치가 내장된 세척기 고려) • 린스에서 건조까지 자동 세척되어야 하며, 분리하여 수리가 가능하여야 함 • 재질은 스테인리스 27종이어야 함(스테인리스 스틸 배관으로 설치함) • 세척기와 벽 사이 간격 : 50~60 cm • 세척기와 식기소독보관고 사이 간격 : 100 cm 이상 • 이동식 작업대 및 담금세정대의 수용이 용이하도록 공간 확보 • 세척기의 세척, 헹굼온도(71℃이상) 등 기능이 확실한 것으로 설치 • 종류 : 1탱크, 2탱크, 3탱크
전기 식기 소독고	• 적정온도 관리를 위해 소독고 문에 설치된 고무패킹 부분은 기밀성이 있는 것으로 선택 • 급식 학생수를 고려한 충분한 수량 확보 • 전면에 문이 양쪽으로 여닫을 수 있는 캐비넷식이어야 함 • 내부에서 식기 보관 선반은 물기가 잘 빠지도록 타공(1 cm 정도 크기)이 있어야 함 • 다리 받침대는 6개 이상이어야 함 • 내부 선반 받침대는 스테인리스 27종이어야 함 • 종류 : 단문형, 양문형

2) 용도별 집기류 관리

(1) 칼

칼은 식품을 메뉴에 따라 다양하게 절단하는 도구로 조리방법에 따라 용도별 알맞은 칼을 선택해야 한다. 손잡이가 편해야 하며, 날이 휘거나 금이 가지 않은 단단한 재질의 칼을 구비해야 한다.

(2) 계측기

검수, 조리 중 필요한 계측기는 저울 그림 6-15, 계측용 기구(계량스푼, 계량컵), 온도계와 시계가 있으며, 용도에 맞게 사용해야 한다.

온도를 측정하는 기구는 용도에 따라 식품내부측정 온도계, 오븐 온도계, 튀김용 온도계(고온 온도계), 저온 온도계 등이 있다 그림 6-16.

(3) 운반기기

운반기구류는 노동력의 절약과 작업의 효율을 높여주는 역할을 하며 종류는 그림 6-17와 같다.

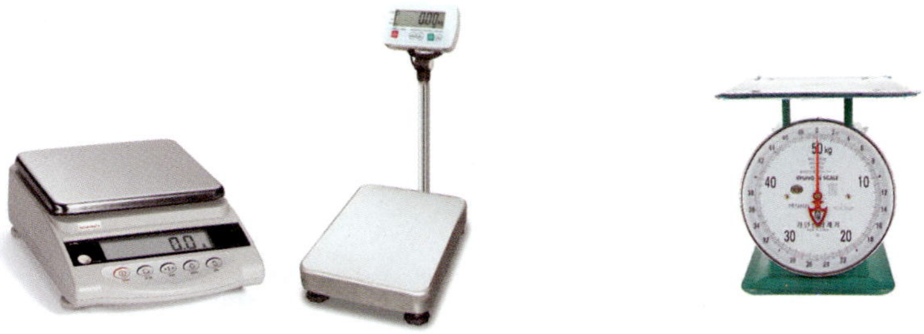

그림 6-15 ▸▸ 계측기의 종류

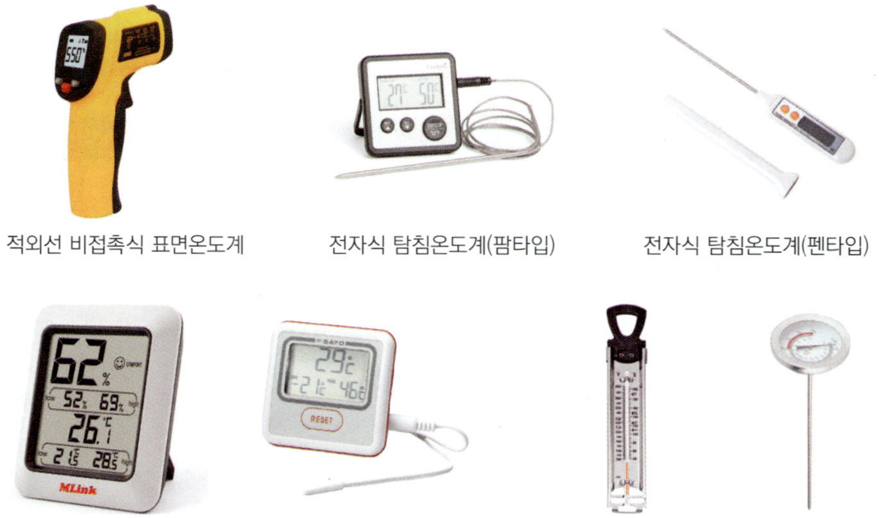

그림 6-16 ▸▸ 온도계의 종류

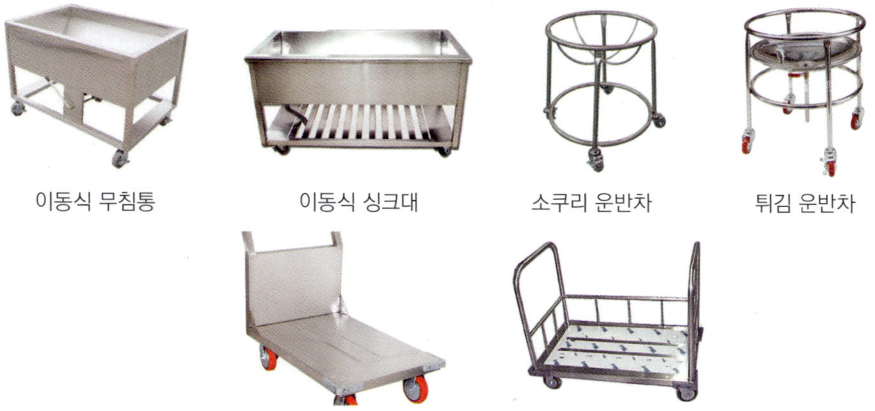

그림 6-17 ▸▸ 다양한 운반기기

- 이동 작업대(이동식 무침통, 이동식 씽크대)
- 운반차(L형, 식기용, 식판용, 2단, 소쿠리용, 튀김용, 통 운반차 등)

(4) 기타 식기류

급식소에서 사용되는 식기는 도자기, 유리, 스테인리스 스틸, 법랑, 플라스틱, 폴리카보네이트 등이 있으며, 식기류는 안전성, 위생성, 내구성, 편리성, 경제성 등을 고려하여 선택해야 한다. 급식소에서 필요한 식기는 좌석수의 3배 정도이며, 컵은 4배 정도가 적당하다. 식기의 재질에 따른 특성은 표 6-6과 같다.

표 6-6 ▸ 식기의 재질에 따른 특성

재질	종류	특징	사용법
도자기	질그릇(earthen) 돌그릇(stoneware) 도자기(china) 자기(porcelain)	급격한 온도 변화에 약함 충격에 약함	사용 후 잘 닦아 산성 음식에 의한 유약칠의 벗겨짐 방지
플라스틱	식기류, 접시류, 컵, 쟁반, 소쿠리	충격열세제에 강함 가볍고 견고함 열전도율이 낮고 냉각상태에서 잘 견딤 착색 성능이 좋음	열에 주의 음식의 색에 의한 변색 주의 재료가 무르므로 닦을 때 주의
유리	컵	급격한 온도변화에 약함 충격에 약함	보관에 주의
금속 (스테인리스 스틸)	주방 용품, 식기류	부식되지 않고 영구적임 광택이 좋고 닦기 쉬움 열전도가 고르지 못하고 무거움 가격이 비쌈	주로 식기나 기기의 표면 처리재로 많이 쓰이므로 세척 시 표면이 긁히지 않도록 주의
폴리카보네이트	식기류	내구성이 있으며 가벼움 냄새가 배이지 않고 산성에 강함 내열성내약품성	표면이 긁히지 않아 사용 용이함 자동식기세척기 사용의 건조 열풍에 강함
멜라민 수지	식기류	가격이 저렴함 디자인과 색상이 다양함 견고한 편임 때가 잘 묻지 않고 변색이 안 됨	열에 주의

자료 : 양일선 외, 2011

(5) 기타 조리도구

- 소도구 : 조리에 사용하는 소도구로는 뒤집개, 국자, 밥주걱, 구멍수저, 망사주걱, 체 등
- 강판grater : 과일을 가는 기구
- 박피기peeler : 감자나 무, 사과의 껍질을 깎는 기구
- 채칼 : 채소를 채로 썰 때 사용하는 기구
- 달걀 절단기egg slicer : 삶은 달걀을 같은 크기로 써는 기구
- 달걀 거품기egg beater : 달걀의 흰자위를 거품 낼 때 사용하는 기구
- 스쿠퍼scooper : 아이스크림이나 으깬 감자mashed potato를 같은 분량만큼 나누는 데 쓰는 기구
- 냄비 : 냄비는 손잡이가 달려 있는 소스팬sauce pan과 대량 식사를 준비할 때 사용하는 팟pot이 있음. 또 구조에 따라 2중 또는 3중 냄비와 압력 냄비 등이 있음

7 원가 및 정보 관리

1. 원가관리의 개요
2. 원가의 분류 및 구조
3. 원가계산
4. 원가통제
5. 재무제표 및 손익분기
6. 급식 원가 정보관리

학습목표

1 원가의 개념과 원가관리의 과정을 이해할 수 있다.
2 원가를 다양한 기준에 의해 분류할 수 있다.
3 원가의 구조를 설명할 수 있다.
4 원가 구성의 3요소에 따라 원가를 계산하는 과정을 설명할 수 있다.
5 원가통제의 과정을 이해하고 원가 구성의 3요소에 따라 원가통제의 방법을 설명할 수 있다.
6 대차대조표(재무상태표)와 손익계산서(운영성과표)의 구성요소를 설명할 수 있다.
7 손익분기점의 개념을 이해하고, 손익분기점 매출량 및 매출액을 산정할 수 있다.
8 급식원가 정보관리를 위해 사용되는 문서의 성격을 파악할 수 있다.

1. 원가관리의 개요

원가란 제품의 제조, 판매, 배급 따위에 든 재화와 용역을 단위에 따라 계산한 가격으로, 원가계산을 근거로 하여 경영활동 전반을 합리화하고, 원가절감을 도모하도록 하는 경영활동의 관리를 원가관리라고 한다. 단체급식에서의 원가관리는 표준원가를 설정하여 실제로 사용된 원가의 비교 근거를 마련하고, 실제원가와의 비교를 통해 표준원가와의 차이가 있다면 원인을 파악하여 차이를 줄여나가는 과정으로 진행된다.

2. 원가의 분류 및 구조

1) 원가의 분류

원가는 관리목적에 따라 다양한 방법으로 분류된다. 원가의 3요소에 따른 분류, 제품 생산과의 관련성, 경영활동의 기능, 비용과 생산량 관계 그리고 비용 통제 가능성 여부에 따른 분류로 나눌 수 있다.

(1) 원가의 3요소에 따른 분류

원가의 3요소는 재료비, 인건비, 경비로 분류된다. 재료비와 인건비가 원가 중 가장 큰 부분을 차지하므로 재료비와 인건비를 합해 주요원가prime cost라고 부른다.

① 재료비 : 제품 생산에 들어가는 재료의 가치를 화폐단위로 환산한 것을 뜻한다. 급식에서는 식재료비에 해당된다.

② 인건비 : 제품 생산을 위해 직·간접적으로 소비되는 노동력의 가치를 화폐단위로

심화 학습

- 임금 : 임금(wage)이란 사용자가 근로의 대가로 근로자에게 지급하는 봉급 및 기타 여하한 명칭으로 지급하는 일체의 금품을 말한다. 즉, 노동이 기업에 제공한 생산적 공헌에 따라 지급되는 일체의 대가를 의미한다. 여기에는 통상의 임금 또는 급료 등의 정상적인 지급 외에 배당, 상여금 등 각종 임시적 지급까지 포함한다.
- 급료 : 급여는 봉급이나 임금을 총칭하는 것이고, 급료는 고용주가 근로자에게 지급하는 보수로서 주급, 월급(salary) 등의 형태에 해당한다.

환산한 것을 뜻한다. 임금, 급료, 각종수당, 퇴직금 등이 포함된다.

③ 경비 : 원가 중 재료비와 인건비를 제외한 원가요소를 경비라고 한다. 시설사용료(임대료, 설비비, 기기수선비, 감가상각비 등), 수도광열비(가스, 전기, 수도 등), 소모품비(식기, 집기, 세제, 문구 등), 관리비(광고선전비 등), 기타 경비(통신비, 회의비, 교육훈련비 등) 등으로 구분할 수 있다.

(2) 제품 생산과의 관련성에 따른 분류

원가는 제품 생산과의 관련 정도에 따라 직접비와 간접비로 나눌 수 있다.

① 직접비 : 원가 중 특정 제품을 제조하는 데 직접적으로 쓰인 비용으로 직접재료비, 직접인건비, 직접경비가 이에 속한다.

② 간접비 : 원가 중 여러 제품에 공통으로 사용되어 특정 제품 제조를 위한 비용이 추적 가능하지 않을 때 이 비용을 간접비로 분류한다. 간접재료비, 간접인건비, 간접경비가 이에 속한다.

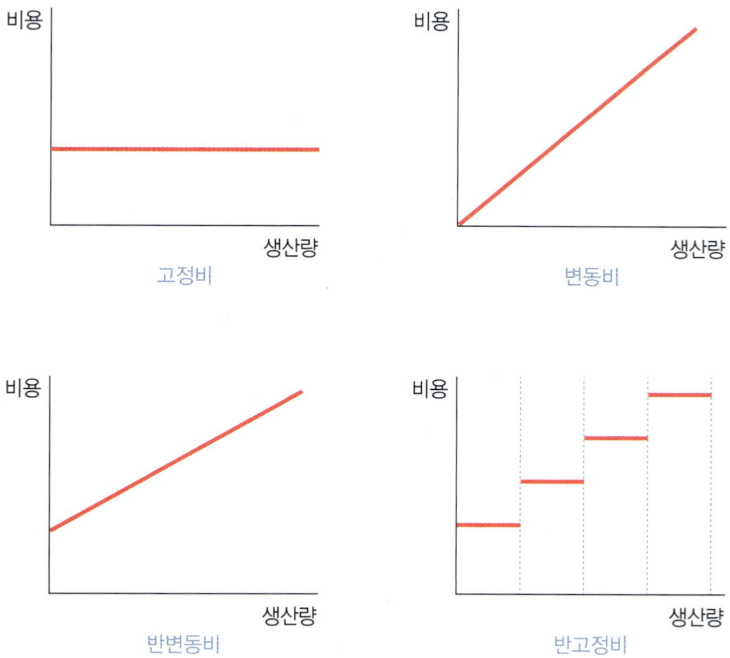

그림 7-1 ▸▸ 고정비, 변동비, 반변동비, 반고정비

(3) 비용과 생산량 관계에 따른 분류

원가는 생산량의 변동에 따라 일정한 양상으로 변하는데 변화 양상에 따라 고정비, 변동비, 반변동비, 반고정비로 나눌 수 있다.

① 고정비 : 생산량의 증감에 관계없이 항상 일정하게 발생하는 원가로 감가상각비, 보험료, 임차료 등이 있다.

② 변동비 : 생산량의 증감에 따라 비례적으로 변화하는 원가이다. 직접재료비, 직접 인건비 등이 이에 속한다.

③ 반변동비 : 고정비와 변동비의 성격을 동시에 갖고 있는 비용으로 혼합원가mixed costs라고도 한다. 수도광열비가 대표적으로 가스·전기·수도요금은 기본요금이 있어 생산량이 없어도 요금이 일정하게 발생하며, 기본요금을 기준으로 생산량이 증가하면 비례적으로 증가한다.

④ 반고정비 : 일정한 범위의 생산량 내에서는 일정한 금액이 발생하지만 범위를 벗어나면 발생액이 달라지는 비용을 반고정비, 계단원가step costs라고도 한다. 생산량에 따라 시간제 종업원을 일시적으로 고용하는 경우에 해당되는데, 예를 들면 100식수가 증가할 때마다 시간제 종업원 1명이 추가로 고용된다면 0~100식수는 0명, 100~200식수는 1명, 200~300식수는 2명으로 생산량의 증가에 따라 계단식으로 시간제 종업원의 인건비가 증가하는 양상을 보인다.

(4) 비용 통제 가능성 여부에 따른 분류

원가관리를 위해서는 원가통제가 필요한데 모든 원가가 통제 가능한 것은 아니다. 통제 가능성에 따라 통제 가능 원가와 통제 불가능 원가로 나뉜다.

① 통제 가능 원가 : 식재료비, 인건비, 수도광열비 등이 이에 속한다. 예를 들면, 식재료비는 정확한 식수 예상을 통해 적당한 재료 구매를 하여 낭비되는 재료가 없게 하거나 남은 식재료의 적절한 활용, 표준 제공량 준수 등을 통해 통제 가능하다.

② 통제 불가능 원가 : 임차료, 감가상각비 등과 같이 관리자가 통제할 수 없는 비용을 말한다.

2) 원가의 구조

급식이 생산되어 판매되기까지 사용된 식재료, 인건비, 경비 등의 원가에 이윤이 더해지면 판매가격이 된다. 원가는 직접원가, 제조원가, 총원가 순으로 원가의 구조가 이루어진다.

- 직접원가 : 제품을 제조하기 위해 투입된 직접적 비용(직접비)으로 직접재료비, 직접인건비, 직접경비로 구성된다. 직접원가는 현실적으로 추정이 가능한 원가로, 경비의 경우는 판매량에 따라 일정률로 지급되는 판매수수료 또는 특허사용료 등 특별한 경우를 제외하고는 대부분 측정이 용이하지 않다.
- 제조원가 : 직접원가에 제품을 제조하기 위해 간접적 비용(간접비)을 합한 원가이다. 간접비는 간접재료비, 간접인건비, 간접경비로 구성된다. 감가상각비, 보험료, 수도광열비 등이 포함된다.
- 총원가 : 제조원가에 제품을 판매하기 위한 비제조원가(직·간접 판매비, 일반관리비)를 합한 것이다. 판매원가라고도 한다. 판매비에는 광고비, 판매촉진비 등이 포함되며 관리비에는 기업의 유지와 관리를 위한 연구 개발 활동, 자금 조달 및 운용활동을 위해 발생한 비용으로 임원의 급료 등이 있다.
- 판매가격 : 총원가에 일정한 이익을 합한 것이다.

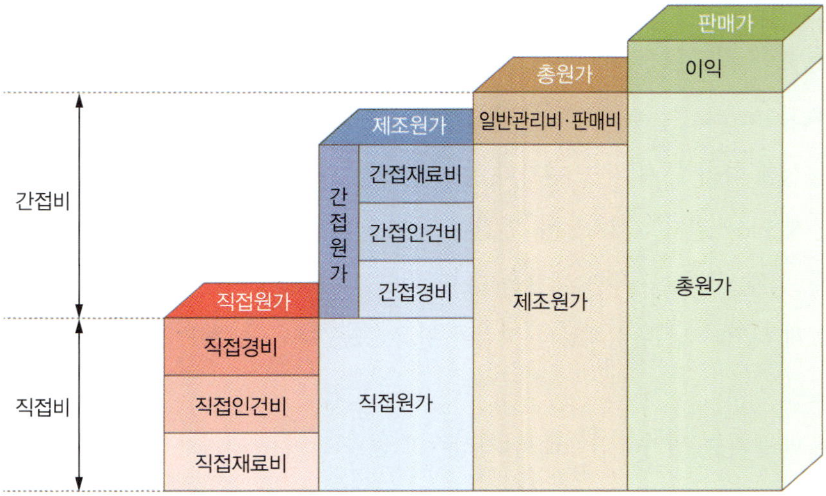

그림 7-2 ▶▶ 원가의 구조

3. 원가계산

원가관리를 위해서는 정확한 원가계산으로 분석의 기초자료를 만드는 것이 중요하다. 원가계산은 일정기간 급식에 사용된 원가를 산출하는 절차를 뜻하는데, 미리 설정된 표준원가와 급식 생산에 사용된 실제원가를 비교하여 차이의 원인을 분석하는 과정이 필요하다. 차이의 원인을 분석하고 개선하여 차이를 줄여나가는 과정이 원가관리 과정이다.

원가계산 및 분석은 가격결정 및 회계관리를 위한 손익계산서, 차기 예산 편성 등에 기초자료로 사용된다.

원가계산은 원가구성의 3요소에 따라 재료비, 인건비, 경비로 나누어 계산한다.

1) 재료비

원가의 3요소 중 가장 높은 비율을 차지하는 것이 식재료비이다. 외식업체와 비교하여 급식소에서는 식재료비의 비율이 더 높은데, 전체 원가구성에서 50~60%를 차지할 정도로 원가요소 중 가장 비중이 크다. 식재료비의 표준원가는 표준조리법, 표준구매명세서와 표준산출률을 기준으로 산정한다. 실제원가는 재료소비량의 계산과 구입당시의 실거래 가격으로 계산할 수 있다.

(1) 표준원가

과학적·통계적 분석을 통해 미리 목표가 될 만한 원가를 설정하여 실제 원가와의 비교를 통한 원가관리를 위해 표준원가가 계산된다. 표준원가를 설정하기 위해 함께 표준화되어야 하는 것에는 표준레시피, 물품구매명세서, 표준산출률이 있다.

① 표준레시피

표준레시피에는 각 메뉴 품목을 생산하기 위해 필요한 1인분에 해당하는 표준분량과 조리법, 조리도구, 제공량, 제공방법 등이 구체적으로 제시되어 있다. 표준레시피에는 투입된 재료비를 계산하여 판매가격을 결정하는 기능, 업무통일의 기능, 직원교육을 위한 기능 등 3가지 기능이 있다. 표준조리법을 사용하면 조리사가 바뀌어도 동일한 품질의 제품을 생산해 낼 수 있다(4장 참조).

② 물품구매명세서

물품구매명세서specification는 메뉴 품목을 만들기 위한 재료 품목들에 대해 원하는 품질, 크기, 중량 등을 상세하게 기술해 놓은 것이다. 물품구매명세서가 있으면 구매 시 정확한 기준을 제시할 수 있고, 비교 견적을 쉽게 받을 수 있는 장점이 있어 원가 관리에 도움이 된다(3장 참조).

③ 표준산출률

식재료는 구매 시와 조리된 상태의 중량이 차이가 난다. 준비단계에서의 재료 손질로 인한 비가식 부위의 제거, 특정 형태로 다듬기 등을 통해 일어날 수도 있고, 조리과정에서 수분 증발로 인해 일어날 수도 있다. 판매상태의 식품에서 원식재료의 중량을 나누면 산출률이 된다. 이상적인 산출률인 표준산출률을 설정하면 중간단계에서 불필요한 중량의 손실을 점검하고 줄일 수 있는 기준이 되므로 원가관리에 도움이 된다.

(2) 실제 원가계산

실제 원가(실제 재료비)는 재료소비량에 단가를 곱해 계산되므로 실제 재료비를 계산하기 위해서는 재료소비량과 단가를 파악해야 한다.

① 재료소비량의 계산

재료소비량을 파악하기 위해서는 영구재고법과 실사재고법이 사용된다.

- 영구재고법 : 이 방법은 식재료를 동일한 종류별로 분류하고 입·출고 시마다 재고량을 기록하여 특정 시점의 재고량이나 재료소비량을 파악하는 방법이다.
- 실사재고법 : 실사재고법은 당기(이번 회계기간 : 1달 또는 3개월) 구입량과 전기(지난 회계기간) 이월량을 더한 재고량에서 기말에 조사된 재고량을 빼면 실제 사용한 당기 사용량이 나오는 방법으로 재료소비량을 계산하는 방법이다.

당기소비량 = (전기이월량 + 당기구입량) - 기말재고량

② 단가계산

재료는 구매시기나 구매처에 따라 가격 변동이 있다. 실제 원가계산 시 매입가격을 단가로 책정하는 방법을 취득원가법 또는 개별법이라 하는데 가장 이상적인 방법이다.

그러나 이 방법을 사용하기 위해서는 과도한 시간과 노력이라는 비용이 발생하여 현실적이 않은 면이 많다. 따라서 일반적으로 단가를 계산할 때 재고자산의 평가에서 사용되는 방법(총평균법, 선입선출법, 후입선출법, 최종구매가법, 이동평균법, 실제 구매가법)이 사용된다.

2) 인건비

인건비는 제품 생산을 위해 소비된 노동력을 화폐가치로 나타낸 것이다. 노무비는 계산목적에 따라 지급임금과 소비임금으로 나눌 수 있다.

(1) 지급임금

지급임금은 기업이 노동력의 구입대가로 지불하는 금액을 말하는데, 급식을 생산하는 종업원에게 지급되는 임금, 급료, 상여금 등을 합한 금액이다. 개인의 학력, 경력, 직종 등에 따라 임률이 달라지므로 지급 임금은 개인별로 다르게 계산된다. 임률wage rate은 시간당 임금 또는 생산량당 임금을 뜻한다.

(2) 소비임금

소비임금은 구입한 특정 제품의 제조 활동에 사용된 노동력에 지불하는 금액을 말한다. 특정 제품을 만드는 데 소요된 작업시간 수에 소비임률을 곱하여 계산된다. 소비임률은 개인임률이나 평균임률을 사용할 수 있는데 개인임률은 개인의 시간당 임금을 뜻하며, 평균임률은 제품 생산에 참여한 모든 종사원의 개별임률을 평균 낸 것이다.

소비임금 = 특정 제품의 제조에 소요된 작업시간수 × 소비임률 (개인임률 또는 평균임률)

3) 경비

경비는 원가 중 식재료비와 인건비를 제외한 비용으로 운영비라고도 한다. 경비는 발생액의 파악방법에 따라 지급경비, 월할경비, 측정경비 등으로 나눌 수 있다.

- 지급경비 : 지급청구액이 발생할 때마다 계산된다.
  예) 여비교통비, 수리비 등

심화학습

감가상각비

기업경영을 위해서는 자산이 필요한데 자산은 고정자산과 유동자산으로 나눌 수 있다. 고정자산은 토지, 건물, 기계나 가구 등과 같이 쉽게 현금화하지 못하는 자산을 뜻하며, 유동자산은 현금, 증권, 원재료 등과 같이 쉽게 현금화할 수 있는 자산을 뜻한다. 고정자산은 일정기간이 지나면 가치가 떨어지는 성질을 가지고 있는데 사용에 따라 손상이 되기도 하지만, 기계와 같은 경우는 사용을 하지 않아도 시간이 지남에 따라 구형이 되므로 상대적으로 가치가 떨어지기도 한다. 이러한 가치의 감소를 연도에 따라 할당하여 자산의 가치를 감소시켜 나가는 것을 감가상각이라 한다.

감가상각비를 계산하는 방법에는 해마다 같은 가치를 감하는 정액법과 초기에는 높은 비율로 감하고 시간이 흐를수록 낮은 비율로 감하는 정률법이 있다. 예외적으로 영구 사용이 가능한 토지 등의 경우에는 감가상각에서 제외된다.

정액법

감가상각비 = 〔구입가격-잔존가격(내용연수에 이르렀을 때의 가치)〕/내용연수(사용 가능한 연수)

정률법

감가상각비 = 미상각잔액(구입가격-감가상각비 누계액)×상각률

상각률 = $1-\sqrt[n]{\text{잔존가치}/\text{구입가격}}$ (n = 내용연수)

함께 풀어보기 7-1

구입가격이 10,000,000원, 잔존가치가 100,000원, 내용연수가 5년인 냉장고의 감가상각비를 정액법과 정률법으로 계산하시오.

- 월할경비 : 월별로 분할해서 계산된다.
  예) 감가상각비, 보험료, 임차료 등
- 측정경비 : 일정기간의 소비금액이 측정계기로 산정된다.
  예) 전력비, 가스료, 수도광열비 등

4. 원가통제

원가관리는 메뉴관리, 구매관리, 재고관리, 생산관리, 작업관리 등 급식경영관리 전반에서 통합적으로 이루어져야 한다.

원가관리는 다음과 같은 단계로 이루어진다.

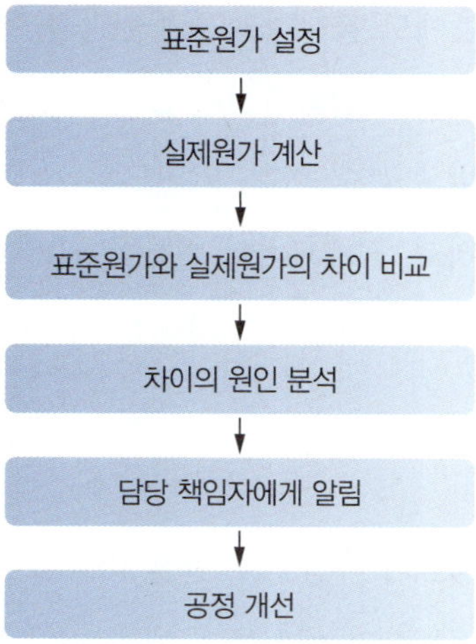

그림 7-3 ▸▸ 원가관리 단계

1) 재료비 통제

급식 예산에서는 원가의 3요소 중 식재료비가 가장 높은 비율을 차지하므로 식재료비의 통제가 실제원가에 미치는 영향이 가장 크다. 식재료비의 통제를 위해서는 식수 예측, 식품구매, 저장, 조리 및 배식에 대해 최적의 방법을 찾아 관리하는 것이 필요하다.

식재료비의 표준원가와 실제원가의 차이가 났을 때 체크리스트는 다음과 같다.

표 7-1 ▸▸ 표준원가와 실제원가의 차이가 났을 때 체크리스트

체크리스트	Yes	No
판매예상은 적절하였는가?		
구매량은 적절하였는가?		
표준산출률을 지켜 재료를 준비하였는가?		
과도하게 많은 양이 밑재료로 준비되지는 않았는가?		
조리기술의 부족이나 부주의로 인해 식재료가 낭비되지는 않았는가?		
표준레시피를 지켜 분량대로 조리하였는가?		
1인 분량을 제대로 지켜 제공하였는가?		
식재료의 보관이 적절하였는가?		
남은 식재료의 활용을 적절히 하였는가?		
도난·절도는 없었는가?		

모든 절차를 제대로 지켰음에도 불구하고 표준원가와 실제원가에 차이가 발생할 수 있는데, 이는 식재료의 매입가격이 심하게 변동했을 때 또는 목표매출액과 실제매출액의 차이가 크게 생겼을 때 발생할 수 있다. 그러므로 시장의 식재료비 변화에 꾸준한 관심을 가지고 현황을 파악하고, 식재료비의 변화를 미리 예측하여 이를 메뉴 계획 시에 적절히 반영하여 표준원가와 실제원가의 차이를 최소화할 필요가 있다.

2) 인건비 통제

급식 예산에서 인건비는 식재료비 다음으로 높은 비율을 차지하고 있다. 약 30%를 차지하고 있는데 최적의 인력 구성 및 배치를 통해 인건비 통제가 가능하다. 인력 구성은 운영에 필요한 최소 인원으로 구성하되 일별, 끼니별 예상 식수를 고려한 시간대별 필요 인력을 구성한다. 또한 업무 수행능력을 고려한 인력 배치가 필요한데, 임률이 높은 고급의 조리기술을 가진 조리작업자가 단순 기능업무에 많은 시간을 할애하지 않도록 효율적인 인력 배치를 해야 한다.

3) 경비 통제

급식 예산에서 경비는 약 10%를 차지한다. 경비는 통제 가능한 변동비 성격의 경비와 통제가 가능하지 않은 고정비 성격의 경비로 나눌 수 있다. 통제가 가능한 변동비 성격의 경비는 표준원가와 실제원가를 비교하여 통제할 수 있다.

경비는 시설관리와 작업관리가 가장 중요한 원가통제 방법이다.

(1) 시설관리

노후된 시설로 인한 효율성 저하로 수도광열비가 증가될 수 있으므로 에너지 효율이 최적화된 시설 및 설비에 장기적인 관점에서 투자할 필요가 있다. 한편 시설의 고장이나 파손도 식재료의 낭비로 식재료비의 증가를 가져올 수 있고, 수선비 발생으로 인해 경비의 증가를 가져올 수 있다. 냉장·냉동고 등이 고장나면 부패하기 쉬운 식재료의 낭비뿐 아니라 급식 계획에 차질을 가져올 수 있다. 따라서 평소 시설관리 매뉴얼을 만들어 주기적으로 시설점검 및 관리를 하여 경비를 절감할 필요가 있다.

(2) 작업관리

종사원의 작업관리를 통해 기기 등의 올바른 사용법을 숙지할 수 있도록 하여 기기 등의 고장이나 파손을 막고, 적정하게 시설·설비 등을 운영하여 수도광열비를 줄일 수 있도록 한다. 세제 등 소모품의 절약도 경비 절감에 도움이 된다.

5. 재무제표 및 손익분기

재무제표는 일정기간 기업의 경영상태를 보여 주는 회계보고서이다. 기업의 재무상태, 경영성과, 현금의 변동 상황 등의 정보를 제공하기 위해 작성된다. 단체급식에서 다루는 재무제표에는 일정시점에서 기업의 재무상태를 나타내는 대차대조표balance sheet와 일정기간의 영업이익 또는 손실을 나타내는 손익계산서income statement가 있다. 경영자는 재무제표를 이용해 업체의 효율성을 판단하고 자본 투자 등 의사 결정을 위한 분석을 한다.

1) 대차대조표

대차대조표는 일정기간 기업의 재무상태를 보여주는 표로 기업의 자금 조달 현황, 자금 투자 현황, 이익 발생 현황 등을 보여 주는 보고서이다. 대차대조표는 자산, 부채, 자본의 항목으로 기록한다. 왼쪽(차변)에 자산, 오른쪽(대변)에 부채와 자본을 기록하는데 차변과 대변의 합이 일치해야 한다.

(1) 자산

자산asset은 개인이나 기업이 소유하고 있는 재산을 말하는데 유동자산과 고정자산으로 분류한다. 유동자산은 현금, 외상매출, 재고 등 단기간(보통 1년) 내에 현금화가 가능한 자산을 뜻하며 고정자산은 토지, 건물, 기계 등과 같이 단기간 내에 현금화가 가능하지 않는 자산을 뜻한다.

(2) 부채

부채liability는 타인에게 갚아야 할 빚을 의미한다. 경영활동 중 기업이 필요로 하는 자

자산		부채	
유동자산	현금	유동부채	미지급 급여
	외상매출		외상 매입금
	재고		미지급 이자
고정자산	토지	고정부채	사채
	건물		장기 차입금
	기계	자본	투자 자금
			이익 잉여금

그림 7-4 ▸▸ 대차대조표의 구조

산을 취득하기 위한 자금을 조달하는 방법으로는 빚을 내는 방법과 경영자의 개인 투자나 주주들의 투자를 받는 방법이 있다. 이 중 빚을 내어 조달한 자금을 부채라고 한다. 부채에도 자산과 마찬가지로 현금화 가능 여부에 따라 유동부채와 고정부채로 나눌 수 있다. 유동부채는 단기간(보통 1년) 내에 상환해야 하는 부채로 미지급 급여, 외상 매입금, 미지급 이자 등이 있다. 고정부채에는 사채, 장기 차입금 등이 있다.

(3) 자본

자본capital이란 자산에서 부채를 차감한 것으로 소유주의 순수한 재산이라 할 수 있

표 7-2 ▸▸ 대차대조표의 예

OO 급식소 2016. 3. 31 (단위 : 천 원)			
1. 자산		2. 부채	
현금	200,000	대출이자	10,000
재고	200,000	미지급 임금	200,000
외상매출	300,000	미지급 비용	200,000
토지	400,000	3. 자본	
건물	150,000	자본금	600,000
		차기이월이익잉여금 (당기순이익)	240,000
합계	1,250,000	합계	1,250,000

다. 자본에는 창업 시 소유주가 투자한 자금과 사업 중에 소유주 또는 주주가 투자한 자금이 포함되어 있고 경영활동으로 얻은 이익 등이 포함된다.

2) 손익계산서

손익계산서income statement는 일정기간 기업의 경영상태를 보여 주는 회계보고서로 수익sales, 비용cost, 순이익profit의 관계를 보여 준다. 급식업에서 수익은 급식을 판매하여 얻은 총매출액 등을 뜻하고, 비용은 급식을 생산하기 위해 지출된 금액을 뜻하며, 순이익은 수익에서 비용을 빼고 남은 금액을 뜻한다.

급식경영자는 손익계산서를 사용해 일정기간의 급식소 운영 성과, 비용의 효율적 관리 여부 등을 알 수 있다. 또한 전년도의 손익계산서와 비교하여 수익, 비용, 이익의 변동 추이 등을 파악해 당 회기년도의 운영성과를 평가하고, 차기년도의 예산 수립 시 분석 결과를 참고할 수 있다.

(1) 수익

수익이란 일정기간 벌어들인 돈으로 기업이 상품이나 서비스를 제공하고 대가로 받은 현금이나 기타 자산을 뜻한다. 일정기간 자산이 증가하거나(이자수익 증가) 부채가 감소하여(이자비용 감소) 경제적 이익이 증가한다. 수익은 영업활동 관련 여부에 따라 매출액, 영업 외 수익, 특별이익 등으로 구분된다. 매출액은 급식 판매 등 영업활동을 통해 발생한 금액이며, 영업 외 수익과 특별이익은 영업활동과 무관하게 발생한 금액이다. 영업 외 수익에는 이자수익, 임대료 수익, 유형자산 처분 수익 등이 포함된다. 특별이익에는 보험 차익 등으로 얻은 금액이 있다.

(2) 비용

비용이란 일정기간 수익을 얻기 위해 소비한 금액을 뜻한다. 수익을 얻기 위해 소비된 현금, 상품, 서비스 등과 같은 자산이 포함되며 자본을 감소시키는 원인이 된다.

- 매출원가 : 식재료비, 인건비, 경비
- 판매비와 일반관리비(영업비용) : 마케팅 활동에 소비된 판매비 및 관리활동에 소비된 일반관리비

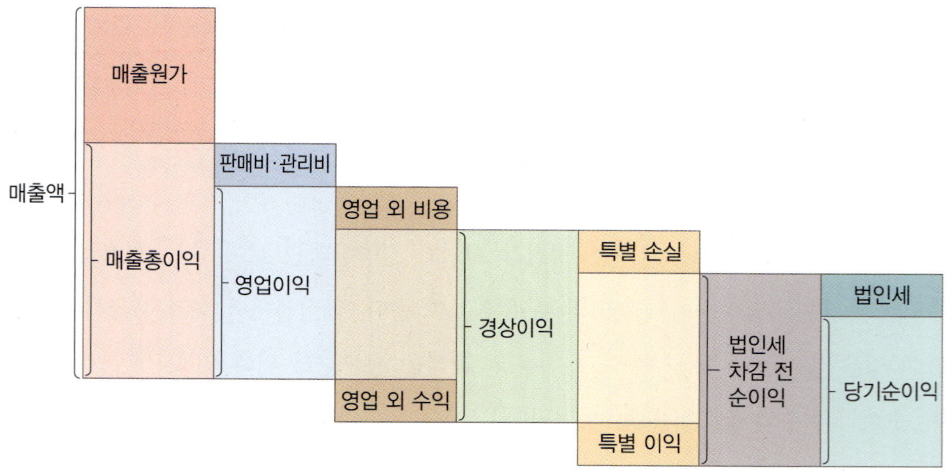

그림 7-5 ▸▸ 손익계산서의 구조

표 7-3 ▸▸ 손익계산서의 예

손익계산서 2016. 1. 1.~ 2016. 12. 31. ○○ 급식소		(단위 : 천 원)
총매출액		90,000
생산원가	재료비(식재료비, 식품비, 식자재비)	35,000
	인건비(임금, 급료, 잡급)	25,000
	경비(전력비, 가스비, 수도광열비)	25,000
영업비용	판매비(광고비, 포장비, 여비, 판매촉진비)	800
	관리비(임대료, 수선비, 감가상각비, 기타비용)	900
- 총원가(매출원가)		-86,700
영업이익		3,300
+ 영업 외 수익	이자수익, 임대수익	+150
- 영업 외 비용	지급이자, 매출할인	-20
경상이익		3,430
+ 특별이익	보험 차익	+50
- 특별손실	자산 처분 손실, 재해 손실	-100
- 세금	법인세, 사업소득세	-50
당기순이익		3,330

- 영업 외 비용 : 지급이자, 매출 할인 등
- 특별손실 : 자산 처분 손실, 재해 손실 등
- 세금 : 사업소득세(개인 납부), 법인세(법인 납부) 등

(3) 순이익

순이익은 일정기간에 발생한 수익에서 비용을 뺀 금액을 뜻한다. 수익이 비용보다 클 경우 순이익이 발생하지만, 수익보다 비용이 큰 경우에는 손실이 발생한다.

3) 대차대조표와 손익계산서

대차대조표와 손익계산서의 관계는 그림 7-6과 같이 나타낼 수 있다.

손익계산서를 통해 일정기간(당기) 순이익이 얼마만큼 발생했는지를 알 수 있다. 순이익은 대차대조표상의 자본에 이익잉여금으로 유입되어 자본이 증가됨을 통해 자산 증가의 결과를 가져 온다. 반면, 순이익이 발생하지 않고 순손실이 발생하면 자본이 감소하여 결과적으로 자산이 감소하게 된다.

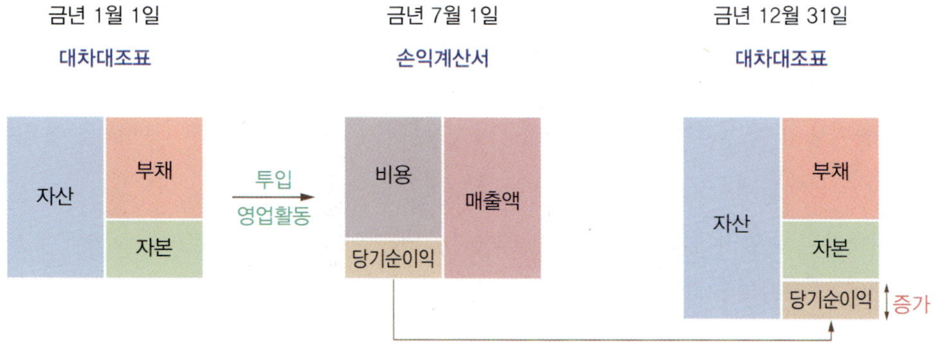

그림 7-6 ▸▸ 대차대조표와 손익계산서

4) 손익분기

기업의 경영활동의 목표는 적정한 수익을 창출하는 것이지만 '집단급식소란 영리를 목적으로 하지 아니하면서 특정 다수인에게 계속하여 음식물을 공급하는 … 급식시설(「식품위생법」 제2조의 제12호)'이라는 정의에 의거하면 기업이 운영하는 위탁급식소

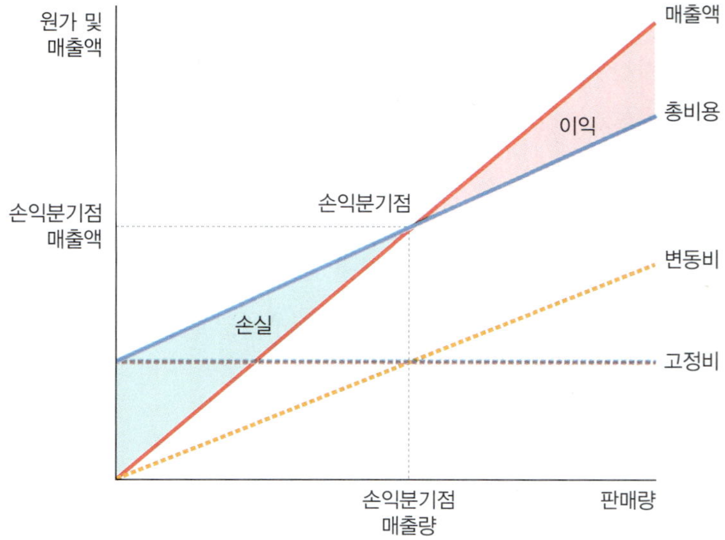

그림 7-7 ▸ 손익분기점

와는 달리 직영급식소의 경영활동의 목표는 순이익이나 순손실이 없이 경영하는 것, 즉 수익과 비용이 같은 수준으로 되는 것을 목표로 삼을 수 있다.

총수익과 총비용이 일치할 때는 영업에 따른 이익이나 손실이 발생하지 않는데, 이 지점을 손익분기점break even point, BEP이라고 한다. 손익분기점을 파악하기 위해서는 우선 총비용이 계산되어야 한다. 총비용을 충당하기 위해 얼마만큼의 매출을 올려야 하는지 목표매출액을 설정할 수 있어 운영목표 수립에 유용하다.

손익분기점을 파악하기 위한 비용항목에는 고정비와 변동비가 있다.

변동비는 급식공급이 늘어날수록 증가하는 비용으로 급식 생산을 위한 재료비, 소모품비, 수도광열비 등이 여기에 해당한다. 고정비는 급식공급량과 상관없이 발생하는 비용으로 조리종사원에 대한 인건비, 임차료, 감가상각비 등을 들 수 있다.

총매출액에서 총변동비를 뺀 값을 공헌마진contribution margin 또는 공헌이익이라 하는데 손익분기점 계산을 위해 중요한 값이다. 손익분기점에서는 순수익이 0이므로 총매출액은 총비용과 같아지는 지점이다. 따라서 총매출액에서 총변동를 뺀 공헌마진이 총고정비와 같아지는 지점이 손익분기점이다.

손익분기점 총매출액 = 총비용(변동비 + 고정비) + 순수익(0)
손익분기점 총매출액 = 총비용(변동비 + 고정비)
(총공헌마진) 손익분기점 총매출액 - 변동비 = 고정비

(1) 손익분기점의 매출량

손익분기점의 매출량은 다음과 같이 계산할 수 있다.

손익분기점 총공헌마진 = 고정비
손익분기점 총공헌마진 = 단위당(메뉴별) 공헌마진×(손익분기점) 매출량
단위당(메뉴별) 공헌마진×(손익분기점) 매출량 = 고정비
(손익분기점) 매출량 = 고정비/단위당 공헌마진

함께 풀어보기 7-2

메뉴 가격이 5,000원, 메뉴별 단위당 변동비가 3,000원, 연간 고정비가 50,000,000원인 급식소의 손익분기점 매출량을 구하시오.

(2) 손익분기점의 매출액

손익분기점의 매출액은 다음과 같이 계산할 수 있다.

손익분기점 총공헌마진 = 고정비
손익분기점 총공헌마진 = (손익분기점) 매출액×공헌마진 비율
(손익분기점) 매출액×공헌마진 비율 = 고정비
(손익분기점) 매출액 = 고정비 / 공헌마진 비율(1 - 변동비율)

함께 풀어보기 7-3

변동비율이 매출의 60%, 연간 고정비가 50,000,000원인 급식소의 손익분기점 매출액을 구하시오.

6. 급식 원가 정보관리

급식소에서는 효율적인 경영활동을 위해 각종 정보를 기록하고 분류하여 정리하고 처리하는 정보관리가 필요하다. 정보관리란 자원으로서 가치가 있는 정보를 유효하게 이용하기 위하여 효율적, 통합적으로 관리하는 일로 현대에는 컴퓨터 및 인터넷 등 전산장비에 의한 전산화를 통해 정보관리가 보다 체계적으로 이루어지고 있다.

1) 급식 정보관리의 전산화

현재 대부분의 급식소에서는 대부분 전산화가 이루어져 있어 정보의 기록과 분류, 정리 등이 효율적으로 운영되고 있다. 최근에는 급식소의 정보관리가 급식경영 정보시스템foodservice information system으로 발전하였다. 급식경영 정보시스템은 급식 운영 전반에 걸쳐 사용된 정보의 기록, 분류, 검색, 처리 등 기존 정보관리의 차원에 분석 기능이 더하여져 급식경영에 있어 필요한 정보를 즉각 제공하여 의사 결정에 도움을 줄 수 있도록 만들어진 시스템을 뜻한다.

급식소는 이러한 정보관리의 전산화를 통해 비용, 이익, 매출 등의 변화 추이를 추적하고 경영상의 적절한 의사결정을 할 수 있도록 하여 급식운영의 효율성을 증대시킬 수 있다.

학교급식의 경우 NEISnational education information system 급식 시스템으로 정보관리가 이루어지고 있다. NEIS 급식 시스템은 학교급식 업무의 표준화를 이루고, 교육청 및 급식 관련기관과의 정보 공유가 가능하도록 하는 등 업무의 효율화를 목적으로 하고 있다.

2) 급식 문서관리

급식 정보관리는 급식 운영과 관련된 문서를 기록하고 보관하는 데에서 출발한다. 정보관리에 사용되는 각종 문서를 장표라 한다. 급식소에서 사용되는 장표는 급식소에 따라 유형이 다른데 최근에는 대부분 전산 프로그램을 이용하여 관리한다.

급식소에서 사용하는 장표는 장부와 전표로 분류할 수 있는데 장부란 계속적, 반복적으로 기록되는 문서이고, 전표는 의사 전달이 필요할 때마다 새롭게 작성되는 일회

표 7-4 ▸ 장부와 전표의 특성

종류	성질		기능
장부	고정성	일정 장소에서 기입되고 보관됨	•기록, 현상의 표시 •대상의 통제
	집합성	동일 대상에 대해 누적 기록함	
전표	이동성	업무 절차에 따라 관련 부서로 이동됨	•경영의사의 전달 •대상의 상징화
	분리성	하나의 사항에 대해 1개의 전표를 사용하고 매회 새로 작성됨	

표 7-5 ▸ 급식 관리업무를 위한 장표의 종류

급식관리업무	장표의 종류	장부	전표
메뉴관리	식단표	○	○
	메뉴 기호도 조사표		○
	만족도 조사표		○
구매관리	입찰서		○
	견적의뢰서		○
	물품구매명세서		○
	구매요구서		○
	구매발주서		○
	식재료 반품확인서		○
	검수일지	○	
	거래명세서	○	
	실사재고 조사지, 영구재고 조사지	○	
생산관리	검식일지	○	
	보존식기록표	○	
	워크 샘플링 시트지	○	
시설관리	기기대장	○	
위생 및 안전관리	급식실 안전·보건점검표	○	
수익관리	손익계산서	○	

*전표는 1회성의 성격을 가지지만 묶어서 보관한 후 문서화되면 장부가 된다.

성 문서를 뜻한다. 필요할 때마다 작성된 전표가 계속적으로 축적되면 장부의 성격을 가지기도 한다. 급식소 정보관리에서 장표는 급식 관리업무에 따라 메뉴관리, 구매관리, 생산관리, 시설관리, 위생 및 안전관리, 수익관리 등으로 나누어 관리하는 것이 편리하다.

함께 풀어보기 정답

7-1 정액법 : (10,000,000-100,000)/5=1,980,000(원/년)

정률법 : 상각률 $=1-\sqrt[5]{100,000/10,000,000}=1-5\times0.1=0.5$

(단위 : 천 원)

연도	계산과정	감가상각비	상각누계액	기말장부액
1년	10,000×0.5	5,000	5,000	5,000
2년	5,000×0.5	2,500	7,500	2,500
3년	2,500×0.5	1,250	8,750	1,250
4년	1,250×0.5	625	9,375	625
5년	★ 625-100	525	9,900	100

★ 5년차 계산과정은 625,000-312,500=312,500원이 기말장부액이 되지만, 마지막 연도는 잔존가치가 되도록 맞춘다. 잔존가치가 100,000원이었으므로 4년차 기말장부액 625,000원에서 잔존가치 100,000원을 빼면 525,000원이 감가상각비로 되고, 상각누계액은 990,000원이 된다.

※ 위 예제는 정액법과 정률법의 원리를 이해하기 위해 임의로 지정한 내용연수와 잔존가치를 이용한 것이다. 법인세법에 의하면 정률법에 의하여 감가상각비를 구하는 경우, 취득가치의 5%를 잔존가치로 산정하여 계산한다. 감가상각이 종료되는 마지막 연도에는 취득가치의 5%와 실제 잔존 가치 중 적은 금액을 기말장부액으로 남기고 일시상각하여 처분시점까지 사후관리를 한다.

한편, 내용연수는 법인세법에서 자산의 종류와 업종을 감안하여 정한 법정내용연수를 따르도록 한다.

7-2 (손익분기점) 매출량=고정비/단위당 공헌마진

(손익분기점) 매출량=50,000,000/(5,000-3,000)

=25,000 (식)

7-3 (손익분기점) 매출액=고정비/공헌마진 비율(1-변동비율)

(손익분기점) 매출액=50,000,000/(1-0.6)

=125,000,000 (원)

참고문헌

교육부 유아교육정책과(2014). 유치원 급식 “식단 및 적정량 제공” 길라잡이.

교육인적자원부(2012). 학교급식 위생관리지침서.

권순자, 김미리, 손정민, 김종희, 이연경, 최경숙, 정현아(2009). 식생활관리. 파워북.

김경주, 정진은, 윤해려, 전영옥(2007). 최신급식경영학. 광문각.

김완배, 김성훈(2016). 농식품유통론. 박영사.

김정숙, 박경숙, 신동주, 유경혜, 윤옥현, 이윤정(2014). 에센스 단체급식관리. 지구문화사.

농촌진흥청, (사)대한지역사회영양학회(2012). 실물로 보는 건강한 상차림 길잡이. 질환예방 및 관리를 위한 식품성분표. ㈜교문사.

대한영양사회(2001). 단체급식 표준조리레시피.

문혁준, 권희경, 김명애, 김상희, 김정희, 김혜금, 김혜연, 안효진, 이경옥, 이윤경, 이희선(2013). 아동건강교육. 창지사.

백옥희, 윤기선, 한은숙, 김옥선, 고성희(2012). 식품구매. 파워북.

백희준(2015). 이론을 실무로 단체급식실습서. 파워북.

보건복지부, 한국영양학회(2020). 2020 한국인 영양소 섭취기준.

보건복지부, 한국영양학회(2015). 2015 한국인 영양소 섭취기준.

보건복지부(2010). 보육시설 급식운영 관리 매뉴얼.

(사)대한영양사협회(2007). 급식관리지침서.

(사)대한영양사협회(2005). 영양사가 알려주는 신장질환식 상차림.

(사)대한영양사협회(2004). 영양사가 알려주는 당뇨병 상차림.

(사)대한영양사협회(1997). 예방과 치료를 위한 사계절 당뇨식단 180.

서울특별시교육청학교보건진흥원(2021). 꼭 알아야 할 학교 급식실 산업안전보건 매뉴얼.

식품의약품안전처(2016). 식중독 예방 진단 컨설팅 매뉴얼.

식품의약품안전처(2016). 식품안전관리지침서.

식품의약품안전처(2016). 학교급식 납품업체의 위생적 관리 매뉴얼.

식품의약품안전처(2015). 주요식재료검수도감.

식품의약품안전처(2014). 식중독 예방진단 컨설팅 매뉴얼.

식품의약품안전청(2013). 어린이급식관리지침서.

안전보건공단(2013). 안전보건 실무길잡이 교육서비스업.

양일선, 박문경, 이해영(2004). 심층면접(In-depth interview)을 활용한 위탁급식전문업체 인증제도 도입에 대한 요구 조사 및 관련분야 제도에 대한 고찰. 대한영양사협회학술지, 10(2): 218-223.

양일선, 이보숙, 차진아, 한경수, 채인숙(2014). 단체급식. 교문사.

양일선, 이보숙, 차진아, 한경수, 채인숙, 이진미(2011). 단체급식(제3판). 교문사.

양일선, 이영은, 차진아, 유태용, 정라나(2002). 워크샘플링에 의한 학교급식 전담직원의 직무분석. Journal of nutrition and health, 35(2).

연세암센터, CJ프레시웨이, 세브란스병원 영양팀(2011). 암 치료에 꼭 필요한 식단가이드. 삼호미디어.

윤지현, 권수연, 김옥선, 류시현, 이영미, 한규상, 김미영, 이기원(2016). 이해하기 쉬운 단체급식관리. 파워북.

윤지현(2011). 취약계층 어린이 급식 안전관리 지원 콘텐츠 개발을 위한 연구-2014년 지역아동센터 운영 매뉴얼. 식품의약품안전청.

이성노, 이슬기(2014). 비전세무회계. 경영과 회계.

이순형, 이성옥, 민하영, 이영미, 한유진, 장영은, 최나영, 김지현, 김진경, 정현심(2013). 영유아 건강교육. 학지사.

이영미(2013). 유치원 급식 운영관리 지침서. 육아정책연구소.

이영미(2000). 도시지역 저소득 노인을 위한 무료급식 현황 파악 및 급식 개선을 위한 관리 지침서의 개발. 한국학술진흥재단.

이은(1999). 표준레시피의 실례(IX). 국민영양, 대한영양사협회.

이은정, 이영숙(2006). 메뉴엔지니어링기법과 CMA 기법을 이용한 메뉴 분석에 관한 연구. 한국식생활문화학회지, 21(3): 1-7.

이은정, 이두찬, 이경란(2012). 메뉴관리론. 양서원.

이종미, 강남이, 김혜영, 정진은, 조미숙, 조우균, 허채옥(2013). 단체급식. 파워북.

이종성(2001). 델파이 방법. 교육과학사.

장영주(2013). 노인장기요양기관의 급식현황과 질 제고방안. 국회입법조사처.

전도근, 조효연(2010). 우리 아이 편식이 달라졌어요-편식을 고치는 미각교육. 교육과학사.

전도근(2008). 아동요리교육의 이론과 실제. 교육과학사.

전희정, 주나미, 백재은, 배현주, 정현아(2014). 단체급식관리. 파워북.

정우석, 변광인, 박성수(2008). 메뉴 엔지니어링, CMA분석방법에 의한 일식 메뉴 비교분석-특1급 A호텔 레스토랑 사례. 한국식생활문화학회지, 23(5): 595-604.

조우균(2015). 하남시 어린이급식관리지원센터 운영지침서.

조우균(2014). 하남시 어린이급식관리지원센터 운영지침서.

조진숙, 김기남(2014). 델파이기법에 의한 한국 성인의 식습관 조사용 설문지 개발. 대한지역사회영양학회지, 19(3).

차성미, 정라나, 정서진, 김광옥, 한귀정, 이새롬(2010). 델파이 기법을 이용한 대표적인 한국의 맛과 음식에 관한 연구. KOREAN J. FOOD COOKERY SCI., 26(2).

교육부(2016). 학교급식위생관리 지침서.

현기순, 홍성야, 임양순, 이애랑, 이영우(2010). 단체급식관리. 수학사.

Chris Thomas, Edwin J. Norman, Costas Katsigris (2014). Design and Equipment for Restaurants and Foodservice: A Management View, 4th Edition. Wiley.

Drysdale, J.A., Aldrich, J. (2002). A profitable menu planning. Prentice Hall.

John R. Walker, Jack E. Miller (2016). Student Study Guide to accompany Supervision in the Hospitality Industry, 8e. Wiley.

June Payne-Palacio, Monica Theis (2015). Foodservice Management: Principles and Practices. Prentice Hall.

Mary Gregoire (2016). Foodservice Organizations: A Managerial and Systems Approach. 9th ed. Pearson.

The Culinary Institute of America (CIA) (2017). Menu Development, 1st Edition. Wiley.

참고 사이트

국가법령정보센터 http://www.law.go.kr

농수산물 사이버거래소 http://school.eat.co.kr/index.jsp

농촌진흥청 농식품종합정보시스템 국가표준식품성분표 http://koreanfood.rda.go.kr/kfi/fct/fctFoodSrch/list

대한급식신문 http://www.fsnews.co.kr

대한영양사협회 http://www.dietitian.or.kr

보건복지부 www.mohw.go.kr

삼성웰스토리 http://www.samsungwelstory.com/research/foodinfra/distributionSystem.jsp

CJ프레시웨이 http://www.cjfreshway.com/recruit/job_sub4.asp

식품의약품안전처 http://www.mfds.go.kr/index.do

식품의약품안전처-식중독예방 교육 및 홍보 http://www.mfds.go.kr/fm 2014.

식품의약품안전처-2016 식품의약품통계연보 http://www.mfds.go.kr/index.do?mid=1587

식품의약품안전청 식품나라 http://foodnara.go.kr

조달청 http://www.pps.go.kr/kor/jsp/business/purchase_goods/purchase_outline.pps#

㈜라셀르 http://www.lassele.com/

주식회사 HK www.hkk.co.kr

주식회사 대륭 daeryung.net

한국생산성본부 http://www.kpc.or.kr/Productivity

한국영양학회 http://www.kns.or.kr

현대그린푸드 http://www.hyundaigreenfood.com/po/INDEX.hgc

환경부 http://www.me.go.kr

찾아보기

ㅇ

ㅈ

저자 소개

감수
이종미 정진은 허채옥

강남이 이화여자대학교 대학원 식품영양학전공 이학박사
현재 을지대학교 식품영양학과 교수

조미숙 이화여자대학교 대학원 식품영양학전공 이학박사
현재 이화여자대학교 식품영양학과 교수

조우균 이화여자대학교 대학원 식품영양학전공 이학박사
현재 가천대학교 식품영양학과 교수

백희준 한양대학교 대학원 식품영양학전공 이학박사
현재 한양여자대학교 식품영양학과 교수

이혜란 이화여자대학교 대학원 식품영양학전공 이학박사
현재 배화여자대학교 식품영양학과 교수

이경란 이화여자대학교 대학원 식품·외식전공 이학박사
현재 안산대학교 식품영양학과 교수

오지은 이화여자대학교 대학원 식품영양학전공 이학박사
현재 이화여자대학교 신산업융합대학 교수

개정판

단체급식

2017년 3월 10일 초 판 발행
2022년 3월 5일 개정판 발행

지은이 | 강남이·조미숙·조우균·백희준
이혜란·이경란·오지은

발행인 | 유제구
발행처 | 파워북
주 소 | 경기도 고양시 일산동구 호수로 358-25
동문타워 2차 529호
전 화 | (02) 730-1412
팩 스 | (031) 908-1410
등 록 | 1997. 1. 31. 제2014-000067호

정 가 22,000원
ISBN 978-89-8160-472-1 (93590)